承压特种设备磁粉检测

史龙潭　乔慧芳　徐广祎　古洪杰　郑甜甜
王淑芳　沈　波　吴　彩　杨　一　赵予龙　编著

黄河水利出版社
·郑州·

内 容 提 要

本书针对承压类特种设备行业的特点，以《特种设备无损检测人员考核规则》（TSG Z8001—2019）为依据，紧扣《承压设备无损检测　第4部分：磁粉检测》（NB/T 47013.4—2015），对承压类特种设备进行了介绍，并充分描述磁粉检测的基础知识，重点介绍了磁粉检测在承压类特种设备检验中的实际应用，包含应用实例、典型案例、检测设备等的介绍，且用单独章节专门对特种设备无损检测人员考核要求做出了详细叙述，以满足承压类特种设备的实际检测需要。

本书除可作为特种设备射线检测人员资格考核培训教材外，也可供企业生产一线人员、质量管理人员、安全监察人员、研究机构、大专院校相关专业师生阅读参考。

图书在版编目（CIP）数据

承压特种设备磁粉检测/史龙潭等编著. —郑州：黄河水利出版社，2021.4

ISBN 978-7-5509-2969-2

Ⅰ.①承…　Ⅱ.①史…　Ⅲ.①承压部件-设备-磁粉检验　Ⅳ.①TB4

中国版本图书馆 CIP 数据核字（2021）第070587号

组稿编辑：简群　　电话：0371-66026749　　E-mail：931945687@qq.com

出 版 社：黄河水利出版社　　网址：www.yrcp.com

地址：河南省郑州市顺河路黄委会综合楼14层　　邮政编码：450003

发行单位：黄河水利出版社

发行部电话：0371-66026940、66020550、66028024、66022620（传真）

E-mail：hhslcbs@126.com

承印单位：广东虎彩云印刷有限公司

开本：787 mm×1 092 mm　1/16

印张：11.5

字数：266 千字　　印数：1—1 000

版次：2021年4月第1版　　印次：2021年4月第1次印刷

定价：68.00元

前　言

无损检测是一门应用范围极为广泛的技术检测学科。它是在不损伤被检物质使用性能及形态的前提下,利用物质的某些物理特性,借助先进的仪器和设备,通过检测来了解和评价被检测的材料、产品和设备构件的性质、状态、质量或内部结构等的一种特殊的检测技术。磁粉检测同射线检测、超声检测一样,也是工业无损检测的一个重要专业门类,属于常规无损检测方法之一,其最主要的应用是探测试件表面及近表面的宏观几何缺陷。

承压类特种设备在我国经济发展和人民安全生活中占有重要地位,并且是具有一定危险性的重要设备,一旦发生事故,不但损毁设备、破坏生产、造成经济损失,还会危害人民的生命安全,后果十分严重,无损检测技术在确保承压类特种设备制造和安全运行中,起到至关重要的作用,其中以磁粉检测应用最为广泛。

本书针对承压类特种设备行业的特点,以《特种设备无损检测人员考核规则》(TSG Z8001—2019)为依据,紧扣《承压设备无损检测　第4部分:磁粉检测》(NB/T 47013.4—2015),对承压类特种设备进行了介绍,并充分描述磁粉检测的基础知识,重点介绍了磁粉检测在承压类特种设备检验中的实际应用,包含应用实例、典型案例、检测设备等的介绍,且用单独章节专门对特种设备无损检测人员考核要求做出了详细叙述,以满足承压类特种设备的实际检测需要。

本书共分10章,具体编写分工为:第1章~第3章由史龙潭、乔慧芳、徐广祎编写,第4章、第5章由古洪杰、郑甜甜、王淑芳、吴彩、赵予龙编写,第6章由沈波、杨一编写,第7章、第8章由古洪杰、王淑芳、沈波、郑甜甜、杨一编写,第9章、第10章及附录由吴彩、赵予龙、乔慧芳、徐广祎编写。全书由史龙潭统稿。

由于经验不足,时间仓促,书中难免存在不当之处,敬请广大读者批评指正。

作　者

2021年1月

目 录

第1章 概 述

1.1 承压类特种设备

1.1.1 承压类特种设备及其用途

1.1.1.1 定义

1. 特种设备

《中华人民共和国特种设备安全法》指出，特种设备是指对人身和财产安全有较大危险性的锅炉、压力容器(含气瓶)、压力管道、电梯、起重机械、客运索道、大型游乐设施、场(厂)内专用机动车辆，以及法律、行政法规规定适用本法的其他特种设备。

2. 承压类特种设备

锅炉、压力容器(含气瓶)、压力管道为承压类特种设备。

(1)锅炉：是指利用各种燃料、电或者其他能源，将所盛装的液体加热到一定的参数，并通过对外输出介质的形式提供热能的设备，其范围规定为设计正常水位容积大于或者等于30 L，且额定蒸汽压力大于或者等于0.1 MPa(表压)的承压蒸汽锅炉；出口水压大于或者等于0.1 MPa(表压)，且额定功率大于或者等于0.1 MW的承压热水锅炉；额定功率大于或者等于0.1 MW的有机热载体锅炉。

(2)压力容器：是指盛装气体或者液体，承载一定压力的密闭设备，其范围规定为最高工作压力大于或者等于0.1 MPa(表压)的气体、液化气体和最高工作温度高于或者等于标准沸点的液体、容积大于或者等于30 L且内直径(非圆形截面指截面内边界最大几何尺寸)大于或者等于150 mm的固定式容器和移动式容器；盛装公称工作压力大于或者等于0.2 MPa(表压)，且压力与容积的乘积大于或者等于1.0 MPa·L的气体、液化气体和标准沸点等于或者低于60 ℃液体的气瓶；氧舱。

(3)压力管道：是指利用一定的压力，用于输送气体或者液体的管状设备，其范围规定为最高工作压力大于或者等于0.1 MPa(表压)，介质为气体、液化气体、蒸汽或者可燃、易爆、有毒、有腐蚀性、最高工作温度高于或者等于标准沸点的液体，且公称直径大于或者等于50 mm的管道。公称直径小于150 mm，且其最高工作压力小于1.6 MPa(表压)的输送无毒、不可燃、无腐蚀性气体的管道和设备本体所属管道除外。其中，石油天然气管道的安全监督管理还应按照《中华人民共和国安全生产法》、《中华人民共和国石油天然气管道保护法》等法律法规实施。

1.1.1.2 承压类特种设备的用途

1. 锅炉的用途

锅炉产生的蒸汽或热水可以供给用户用以采暖、空调、通风、制冷，也可用于为工业加热、烘干、蒸煮、消毒提供热能,锅炉产生的蒸汽还可以成为发电设备、机车、轮船的动力,服务人民生活的诸多方面。

2. 压力容器的用途

压力容器广泛用于石油、化工、冶金、医药以及人民生活的各个领域。尤其在石油、化工等行业,使用更为普遍。因为这些部门的生产所涉及的各种工艺过程在许多场合下,需要在有压力的特定容器中进行或者完成。

压力容器的用途根据其工艺特点进行分类,主要用于压力流体的物理或者化学反应;介质的热量交换;介质流体压力平衡缓冲和气体净化分离;储存、盛装和运输气体、液体、液化气体等介质。

3. 压力管道的用途

压力管道按用途分为长输管道、公用管道、工业管道三种。长输(油气)管道是指产地、储存库、使用单位之间的用于输送商品介质的管道;公用管道是指城市或者乡镇范围内的用于公用事业或民用的燃气管道和热力管道;工业管道是指企事业单位所属的用于输送工艺介质的工艺管道、公用工程管道及其他辅助管道、火力发电厂用于输送蒸汽、汽水两相介质的管道。

1.1.2　承压类特种设备的特殊性和发生事故的危害性

1.1.2.1　承压类特种设备的特殊性

我国承压类特种设备安全监察始于中华人民共和国成立之初,1855 年设立专门机构,实行专项监察。1955 年 4 月 25 日,天津第一棉纺厂发生一起铆接锅炉爆炸事故,造成 8 人死亡,69 人受伤,引起国务院重视。当时苏联劳动保护专家提出在中国建立锅炉安全监察机构的建议。同年 6 月,国务院批准在劳动部设立锅炉安全监察总局,对锅炉、压力容器、起重机械等特种设备进行专门监督管理。

目前,我国的承压类特种设备生产已经是全球主要生产国之一,承压类特种设备在工业生产中是常见设备,因为其温度、压力、介质等工况的特殊性,所以其事故率比较高,危害性比较严重,失效形式大概有以下几种。

1. 强度失效

1)总体塑性变形

总体塑性变形是指承压设备在静载荷作用下,随着载荷的逐渐增大,整个壁厚的材料达到屈服,从而使承压设备沿壁厚全部产生塑性变形。在介质压力或其他机械载荷的作用下,当某些点的材料发生屈服后,承压设备在局部区域开始出现小的塑性区。由于该局部区域的塑性变形被其周围的低应力弹性材料所包围,因此塑性变形的进一步发展扩大受到了限制。随着载荷的持续增加,塑性区的范围越来越大,当载荷增大到一定程度时,塑性区扩展到整个结构的壁厚,产生显著的塑性流动,使承压设备失去了继续承载的能力。这时,其塑性变形即为总体塑性变形;例如,承受介质压力的平封头,当外载荷增大到使其在全厚度范围内的材料都发生屈服时的塑性变形即为总体塑性变形。因此,承压设备的总体塑性变形是由于其承受了过量的静载荷产生的,如果载荷不加以限制,最终会导致承压设备的破裂。

2) 渐增塑性变形

在实际问题中,外载荷往往在一定范围内变化。当载荷在一定范围内做周期性的变化或按其他规律变化时,则称此载荷为变动载荷。在变动加载作用下,要计算承压设备的安定载荷。当外载荷控制在安定载荷以下时,承压设备除了在最初几次加载循环中产生少量的塑性变形外,在以后的加载历史中将始终保持弹性行为,不会出现新的塑性变形。如果承压设备在经历有限次塑性变形而达到一定的残余应力状态后,外载荷的继续作用将使该承压设备在此残余应力之上仍作弹性响应的话,则可认为承压设备是安全的,称之为处于安定状态。

2. 刚度失效

由于承压设备过度的弹性变形引起的失效,称为刚度失效。刚度失效和强度失效的本质是不同的,它所指的是承压设备及其零部件虽然不会因强度不足而发生破裂或过量的塑性变形,但由于弹性变形过大也会使其丧失正常工作的能力。例如:法兰、螺栓等密封连接件,由于刚性不足,在内压作用下,因为法兰变形过大会使密封结构发生泄漏;换热器中的管板,在介质压力作用下,如果变形过大,会使换热管变弯。因此,承压设备设计时必须使构件在载荷作用下的变形数值不超过工程中所给定的允许范围,从而保证它的正常使用,也就是确保构件有足够的刚度。

3. 失稳失效

在压应力作用下,承压设备突然失去其原有的规则几何形状引起的失效,称为失稳失效。当承压设备所承受的横向外压达到某极限值时,其横断面会突然失去原来的圆形,被压扁或出现有规则的波纹,此种现象称为外压设备的周向失稳;当承压设备所承受的轴向外压或轴向均布载荷达到某极限值时,其轴向截面会突然形成有规则的波纹,则称为承压设备的轴向失稳。

4. 泄漏失效

泄漏失效,顾名思义,由于承压设备发生泄漏而引起的失效,则称为泄漏失效。一般来说,承压设备发生泄漏的原因有多种,有的是因为安装材料选择不当造成,如在一些密封件、连接件及辅助装置等承压设备连接部件的安装过程中,部件结构和安装材料选择不当等,将有较大可能引起设备泄漏失效;有的则是因为安装工艺不精造成部件破损,从而引发泄漏失效,如在承压设备的制作和安装过程中,工作人员存在技术上的失误,在焊接中使得相关部件或构成材料出现裂纹、气孔等,部件缺陷的出现也是造成泄漏失效的主要原因之一。除以上两方面原因之外,环境因素的影响也有可能引起设备泄漏,比如化学介质对设备连接部件,尤其是密封件的腐蚀、工作温度和压力的波动、机械运作时振动和对设备的冲击等,都能够引起泄漏失效。

1.1.2.2 承压类特种设备发生事故的危害性

承压类特种设备因其工作温度压力和有毒有害介质的特殊性,存在多种失效的可能,特别是存在爆炸的风险,一旦发生失效,危害性极大,造成的损失难以估量。

2016年8月11日14时49分,湖北省当阳市马店矸石发电有限责任公司热电联产项目在试生产过程中,2号锅炉高压主蒸汽管道上的“一体焊接式长径喷嘴”(企业命名的产品名称,是一种差压式流量计,以下简称事故喷嘴)裂爆,导致发生一起重大高压蒸汽管道裂爆事故,造成22人死亡,4人重伤,直接经济损失约2 313万元。

2000年7月10日12时20分,渭南市饲料添加剂厂合成车间二楼环氧乙烷1号计量罐突然从下封头和锅筒连接环缝处撕开,裂缝长150 mm,液态环氧乙烷在有压的情况下高速喷出后急剧汽化,使周围空间迅速达到爆炸极限,引起火灾并导致周围储罐及罐车爆炸,事故导致该厂合成车间遭到毁灭性破坏,全厂生产、生活系统瘫痪,2人死亡,4人重伤,26人轻伤,工厂直接经济损失640万元,工厂外周边单位和居民楼损失178万元。事故损失30 200个工作日。

2002年12月15日8时30分左右,辽宁省大连市西岗区林茂一巷发生煤气管道泄漏重大事故,造成7人中毒死亡。

1.1.3 承压类特种设备安全技术规范及标准

1.1.3.1 承压类特种设备安全技术规范

与承压类特种设备相关的主要安全技术规范见表1-1。

表1-1 与承压类特种设备相关的主要安全技术规范

序号	标准编号	标准名称
1	TSG 11—2020	锅炉安全技术规程
2	TSG G0002—2010	锅炉节能技术监督管理规程
3	TSG G0003—2010	工业锅炉能效测试与评价规则
4	TSG G8001—2011	锅炉水(介)质处理检测人员考核规则
5	TSG ZF003—2011	爆破片装置安全技术监察规程
6	TSG 21—2016	固定式压力容器安全技术监察规程
7	TSG R0005—2011	移动式压力容器安全技术监察规程
8	TSG 23—2021	气瓶安全技术规程
9	TSG 24—2015	氧舱安全技术监察规程
10	TSG D0001—2009	压力管道安全技术监察规程——工业管道
11	TSG D7004—2010	压力管道定期检验规则——公用管道
12	TSG D7003—2010	压力管道定期检验规则——长输(油气)管道
13	TSG D7005—2018	压力管道定期检验规则—工业管道
14	TSG D7006—2020	压力管道监督检验规则
15	TSG 07—2019	特种设备生产和充装单位许可规则
16	TSG 08—2017	特种设备使用管理规则
17	TSG Z8002—2013	特种设备检验人员考核规则
18	TSG Z6001—2019	特种设备作业人员考核规则
19	TSG Z8001—2019	特种设备无损检测人员考核规则
20	TSG Z7005—2015	特种设备无损检测机构核准规则
21	TSG Z7004—2011	特种设备型式试验机构核准规则
22	TSG Z6002—2010	特种设备焊接操作人员考核细则
23	TSG Z0002—2009	特种设备信息化工作管理规则
24	TSG 03—2015	特种设备事故报告和调查处理导则

1.1.3.2　承压类特种设备主要技术标准

1. 锅炉主要安全技术标准

锅炉主要安全技术标准见表 1-2。

表 1-2　锅炉主要安全技术标准

序号	标准编号	标准名称
1	GB/T 16507.1~8—2013	水管锅炉
2	GB/T 16508.1~8—2013	锅壳锅炉
3	GB/T 1576—2018	工业锅炉水质
4	GB 50273—2009	锅炉安装施工及验收规范
5	DL 5190.2—2019	电力建设施工技术规范　第 2 部分:锅炉机组
6	DL/T 438—2016	火力发电厂金属技术监督规程
7	NB/T 47014—2011	承压设备焊接工艺评定
8	NB/T 47013.1~5—2015	承压设备无损检测　第 1 部分~第 5 部分
9	GB/T 713—2014	锅炉和压力容器用钢板
10	NB/T 47016—2011	承压设备产品焊接试件的力学性能检验
11	GB/T 5310—2017	高压锅炉用无缝钢管
12	GB/T 12145—2016	火力发电机组及蒸汽动力设备水汽质量
13	NB/T 47018.1~5—2017	承压设备用焊接材料订货技术条件

2. 压力容器主要安全技术标准

压力容器主要安全技术标准见表 1-3。

表 1-3　压力容器主要安全技术标准

序号	标准编号	标准名称
1	GB/T 150—2011	压力容器
2	GB/T 151—2014	热交换器
3	NB/T 47041—2014	塔式容器
4	NB/T 47042—2014	卧式容器
5	GB/T 12337—2014	钢制球形储罐
6	GB 50094—2010	球形储罐施工规范
7	JB 4732—1995	钢制压力容器——分析设计标准(2005 年确认)
8	NB/T 47012—2010	制冷装置用压力容器
9	JB/T 4745—2002	钛制焊接容器
10	GB/T 713—2014	锅炉和压力容器用钢板

续表 1-3

序号	标准编号	标准名称
11	GB/T 3531—2014	低温压力容器用低合金钢板
12	GB/T 24511—2017	承压设备用不锈钢和耐热钢钢板和钢带
13	NB/T 47008—2017	承压设备用碳素钢和合金钢锻件
14	NB/T 47009—2017	低温承压设备用合金钢锻件
15	NB/T 47010—2017	承压设备用不锈钢和耐热钢锻件
16	GB/T 25198—2010	压力容器封头
17	GB/T 30583—2014	承压设备焊后热处理规程
18	GB/T 30579—2014	承压设备损伤模式识别
19	NB/T 47015—2011	压力容器焊接规程
20	NB/T 47016—2011	承压设备产品焊接试件的力学性能检验
21	NB/T 47018. 1~5—2017	承压设备用焊接材料订货技术条件
22	NB/T 47013—2015	承压设备无损检测
23	GB/T 18442. 7—2017	固定式真空绝热深冷压力容器　第 7 部分：内容器应变强化技术规定

3. 压力管道主要安全技术标准

压力管道主要安全技术标准见表 1-4。

表 1-4　压力管道主要安全技术标准

序号	标准编号	标准名称
1	GB/T 20801. 1~6—2020	压力管道规范　工业管道
2	GB 50316—2000	工业金属管道设计规范(2008 年版)
3	GB 50235—2010	工业金属管道工程施工规范
4	GB 50236—2011	现场设备、工业管道焊接工程施工规范
5	GB 50184—2011	工业金属管道工程施工质量验收规范
6	GB 50683—2011	现场设备、工业管道焊接工程施工质量验收规范
7	SH 3501—2011	石油化工有毒、可燃介质钢制管道工程施工及验收规范
8	GB/T 32270—2015	压力管道规范　动力管道
9	GB 50028—2006	城镇燃气设计规范
10	CJJ 33-2005	城镇燃气输配工程施工及验收规范
11	CJJ 63—2018	聚乙烯燃气管道工程技术规程
12	GB/T 38942—2020	压力管道规范　公用管道

续表 1-4

序号	标准编号	标准名称
13	GB 50251—2015	输气管道工程设计规范
14	GB 50253—2014	输油管道工程设计规范
15	GB/T 19285—2014	埋地钢质管道腐蚀防护工程检验
16	GB/T 30582—2014	基于风险的埋地钢质管道外损伤检验与评价
17	GB/T 27512—2011	埋地钢质管道风险评估方法
18	GB/T 9711—2017	管线输送系统用钢
19	GB 32167—2015	油气输送管道完整性管理规范
20	GB/T 27699—2011	钢质管道内检测技术规范
21	SY/T 0087.1—2018	钢质管道及储罐腐蚀评价标准 第 1 部分：埋地钢质管道外腐蚀直接评价
22	GB/T 34275—2017	压力管道规范　长输管道
23	GB/T 37368—2019	埋地钢质管道检验导则
24	GB/T 37369—2019	埋地钢质管道穿跨越段检验与评价
25	NB/T 47014—2011	承压设备焊接工艺评定
26	GB/T 31032—2014	钢质管道焊接及验收
27	NB/T 47013—2015	承压设备无损检测
28	GB/T 30579—2014	承压设备损伤模式识别

1.2　磁粉检测的发展和现状

1.2.1　磁粉检测的发展

磁粉检测是利用磁现象来检测材料和工件中缺陷的方法。人们发现磁现象比电现象更早,远在春秋战国时期,我国劳动人民就发现了磁石吸铁现象。用磁石制成了“司南”,在此基础上制成的指南针是我国古代的伟大发明之一,并最早应用于航海。17 世纪法国著名物理学家对磁力进行了定量研究。19 世纪初期,丹麦科学家奥斯特发现了电流周围也存在着磁场。与此同时,法国科学家毕奥、沙伐尔及安培,对电流周围磁场的分布进行了系统的研究,得出了一般规律。生长于英国的法拉第首创了磁力线的概念。这些伟大的科学家在磁学史上树立了光辉的里程碑,也给磁粉检测的创立奠定了基础。

早在 18 世纪,人们就已开始从事磁通检漏试验。1868 年,英国工程杂志首先发表了利用罗盘仪探查磁通发现枪管上不连续性的报告。8 年之后,Hering 利用罗盘仪检查钢轨不连续性获得美国专利。

1918 年,美国人 Hoke 发现,由磁性夹具夹持的硬钢块上磨削下来的金属粉末,会在该钢块表面形成一定的花样,而此花样常与钢块表面裂纹形态相一致,被认为是钢块被纵向磁化,它促使了磁粉检测法的发现。

1928 年,Forest 为解决油井钻杆断裂失效原因时,研制出周向磁化,还提出了使用尺寸和形状受控并具有磁性的磁粉的设想,经不懈努力,使磁粉检测方法基本研制成功,并获得了较可靠的检测结果。

1930 年,Forest 和 Doane 将研制出的干磁粉成功应用于焊接接头及各种工件探伤。

1934 年,生产磁粉探伤设备和材料的 Magnaflux(美国磁通公司)创立,对磁粉检测的应用和发展起了很大的推动作用。在此期间,首次用来演示磁粉检测技术的一台试验性的固定式磁粉探伤装置问世。

磁粉检测技术早期被用于航空、航海、汽车和铁路行业,用来检测发动机、车轮轴和其他高应力部件的疲劳裂纹。20 世纪 30 年代,固定式、移动式磁化设备和便携式磁轭相继研制成功,并得到应用,退磁也得到解决。

1935 年,油磁悬液在美国开始使用。

1936 年,法国申请了在水磁悬液中添加润湿剂和防锈剂的专利。

1938 年,德国出版了《无损检测论文集》,对磁粉检测的基本原理和装置进行了描述。

1940 年 2 月,美国编写了《磁通检验的原理》教科书。

1941 年,荧光磁粉投入使用。磁粉检测从理论到实践,已初步形成一种无损检测方法。苏联全苏航空研究院的瑞加德罗,为磁粉检测的发展做出了卓越的贡献。20 世纪 50 年代初期,他系统研究了各种因素对检测灵敏度的影响,在大量试验的基础上,制定出了磁化规范,被世界许多国家认可并采用。

1949 年前,我国仅有几台进口美国的蓄电池式直流探伤机,用于航空工件的维修检查。1949 年后,从 50 年代初开始,先后引进苏联、欧美等国家的磁粉检测技术,制定出我国的标准规范,还研发了新工艺和新设备材料,使我国磁粉检测从无到有,并得到很大发展,广泛应用于航空、航天、机械工业、兵器、船舶、电力、火车、汽车、石油、化工、锅炉压力容器、压力管道和其他设备上。进入 21 世纪以来,在广大磁粉检测工作者和设备器材制造者的共同努力下,磁粉检测已发展成为一种成熟的无损检测方法。

1.2.2　磁粉检测的现状

科技发达国家很重视磁粉检测设备的开发,因为只有检测设备的先进,才能给磁粉检测带来成功的应用。目前国外磁粉检测设备从固定式、移动式到便携式,从半自动、全自动到专用设备,从单向磁化到多向磁化,设备已系列化和商品化。由于可控硅等电子元器件和大规模集成化应用于磁粉检测设备,使设备小型化并实现了电流无级调节。微机编程应用到磁粉检测设备,使智能化设备大量涌现,这些设备可以预置磁化规范和合理的工艺参数,进行荧光磁粉检测和自动化操作。

国外还成功地运用电视光电探测器荧光磁粉扫查和激光飞点扫描系统,实现了磁粉检测观察阶段的自动化,将检测到的信息在微机或其他电子装置中进行处理,鉴别可剔除的不连续性,并进行自动标记和分选,大大提高了检测的灵敏度和可靠性,代表了当代磁粉检测的新成就。

我国近年来磁粉检测设备发展也很快,已实现了系列化,三相全波直流探伤超低频退磁设备的性能已达到国外同类设备的水平,交流探伤机用于剩磁法检验时我国率先加装断电相位控制器,保证了剩磁稳定,断电相位控制器利用可控硅技术,可以代替自耦变压器无级调节磁化电流,也为我国磁粉检测设备的电子化和小型化奠定了基础。智能化设备和自动化、半自动化设备已经生产应用,光电扫描图像识别的磁粉探伤机已研制成功,用微机处理磁痕显示的试验研究也有了很大的进展。

磁粉检测的器材,国外开发的很多,如与固定式探伤机配合用的400 W冷光源黑光灯和高强黑光灯。快速断电试验器的开发解决了直流磁化"快速断电效应"的测量问题。标准试片和试块及测量剩磁用的磁强计都形成系列产品配套使用。配制磁悬液使用低黏度、高闪点的无臭味煤油做载液。国外除用14 A荧光磁粉外,还研制出白光下发荧光的荧光磁粉。

我国研制的磁粉检测器材,如LPW-3号磁粉检验载液(无臭味煤油),性能指标已达到国外同类产品要求,可以替代进口国外产品而用于国外转包生产,在国内的许多行业磁粉检测中普遍使用。磁粉检测用B型和E型标准试块,性能和指标均优于国外同类产品,已被国家质量技术监督检验检疫总局批准为"国家标准样品"并被推广使用。ST80(c)照度计和UV-A紫外辐照计性能完全满足检测要求。M1型多功能标准试片与国外KS234试片等效。我国研制的YC2荧光磁粉,灵敏度高,满足磁粉检测的要求,已大力推广使用。磁悬液喷罐使用方便,尤其在特种设备磁粉检测中普遍应用。国产袖珍式磁强计XCJ型和JCZ型被用于快速测定剩磁。但黑光灯的品种还有待开发。

国外有不同规格(包括黑光和白光)的光导纤维内窥镜,能满足孔内壁缺陷的检测要求,仪器型号和生产厂家一般都纳入有关技术标准中。国内已研制出光导纤维内窥镜,希望提高黑光辐照度后能大力推广应用。

在工艺方法方面,我国发明的磁粉探伤——橡胶铸型法,为间断检测小孔内壁早期疲劳裂纹的产生和扩展速率闯出了一条新路,还为记录缺陷磁痕提供了一种可靠的方法,比国外应用了几十年的磁橡胶法有无可比拟的优越性。

磁粉检测的质量控制,是对影响磁粉检测灵敏度和检测可靠性的诸因素逐个地加以控制,国外非常重视,不仅制定了具体控制项目、校验周期和技术要求,并设有质量监督检查机制,保证贯彻执行。同时通过实践对质量控制技术要求进行持续改进。如几年前美国标准要求工件表面白光照度不低于200英尺烛光(相当2 100 lx),现已修正为100英尺烛光(1 000 lx);将磁化规范由直径每英寸800~1 200 A电流修正降为300~800 A电流,使国内外磁粉检测标准的技术要求越来越接近和更合理。

在我国,由于加入世贸组织的需要,磁粉检测的质量控制也日益受到重视,并能很好地贯彻执行。《特种设备无损检测 第4部分:磁粉检测》(NB/T 47013.4—2015),已将质量控制项目纳入标准,可见其重要性。

现在,我国对磁粉检测的基础理论研究比较重视,已取得较大的进展。断裂力学在无损检测领域的应用,为制定更合理的产品磁粉检测验收标准提供了依据。磁粉检测方法日臻完善。由于对特种设备的规范统一管理,对无损检测人员的培训和资格鉴定空前重视,人员素质也有较大提高。我们相信,磁粉检测在特种设备等行业将得到更加广泛的应用和重视,为控制产品质量,防患于未然做出应有的贡献。

1.3 漏磁场检测与磁粉检测

1.3.1 漏磁场检测

铁磁性材料工件被磁化后,在不连续性处或磁路截面变化处,磁力线离开和进入工件表面形成的磁场称为漏磁场。所谓不连续性,就是工件正常组织结构或外形的任何间断,这种间断可能会也可能不会影响工件的使用性能。通常把影响工件使用性能的不连续性称为缺欠。

由于磁力线逸出工件表面形成磁极并形成可检测的漏磁场,检测漏磁场的方法称为漏磁场检测,包括磁粉检测与检测元件检测。其区别是,磁粉检测是利用铁磁性粉末——磁粉,作为磁场的传感器,即利用漏磁场吸附磁粉形成的磁痕(磁粉聚集形成的图像)来显示不连续性的位置、大小、形状和严重程度。检测元件检测是利用磁带、霍耳元件、磁敏二极管或感应线圈作为磁场的传感器,检测不连续性处漏磁场的位置、大小和方向。

1.3.2 磁粉检测

磁粉检测(Magnetic Particle TeSting,简称为 MT),又称磁粉检验或磁粉探伤,属于无损检测五大常规方法之一。

1.3.2.1 磁粉检测原理

铁磁性材料工件被磁化后,由于不连续性的存在,使工件表面和近表面的磁力线发生局部畸变而产生漏磁场,吸附施加在工件表面的磁粉,在合适的光照下形成目视可见的磁痕,从而显示出不连续性的位置、大小、形状和严重程度。不连续性处漏磁场分布如图 1-1 所示。

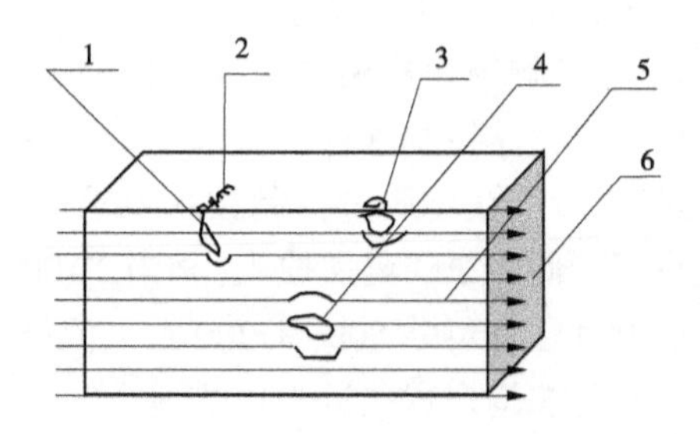

1—裂纹;2—漏磁场;3—近表面气孔;4—内部气孔;5—磁力线;6—工件

图 1-1 不连续性处漏磁场分布

由此可见,磁粉检测的基础是不连续性处漏磁场与磁粉的磁性相互作用。

1.3.2.2 磁粉检测适用范围

(1)适用于检测铁磁性材料(如 Q345R、Q245R、30CrMnSiA)工件表面和近表面尺寸很小、间隙极窄(如可检测出长 0.1 mm、宽为微米级的裂纹)和目视难以看出的缺陷。

(2)适用于检测具有磁性的马氏体不锈钢和沉淀硬化不锈钢材料(如Cr17Ni7、T91/P91),但不适用于检测非铁磁性的奥氏体不锈钢材料(如1Cr18Ni9、1Cr18Ni9Ti)和用奥氏体不锈钢焊条焊接的焊接接头,也不适用于检测铜、铝、镁、钛合金等非磁性材料。

(3)适用于检测未加工的铁磁性原材料(如钢坯)和加工的半成品、成品件在役与使用过的工件及特种设备或零部件。

(4)适用于检测管材、棒材、板材、型材和锻钢件、铸钢件及焊接件。

(5)适用于检测工件表面和近表面的裂纹、白点、发纹、折叠、疏松、冷隔、气孔和夹杂等缺陷,但不适用于检测工件表面浅而宽的划伤、针孔状缺陷、埋藏较深的内部缺陷和延伸方向与磁力线方向夹角小于20°的缺陷。

1.3.2.3　磁粉检测程序

磁粉检测分为七个程序,分别是:①预处理;②磁化;③施加磁粉或磁悬液;④磁痕的观察与记录;⑤缺陷评级;⑥退磁;⑦后处理。

1.3.2.4　表面缺陷无损检测方法的比较

磁粉检测、渗透检测和涡流检测都属于表面缺陷无损检测方法,但其方法原理和适用范围区别很大,并且有各自独特的优点和局限性。如磁粉检测对铁磁性材料工件的表面和近表面缺陷具有很高的检测灵敏度,可发现微米级宽度的小缺陷,所以特种设备对铁磁性材料工件表面和近表面缺陷的检测宜优先选择磁粉检测,确因工件结构形状等原因不能使用磁粉检测时,方可使用渗透检测或涡流检测。表面缺陷无损检测方法的比较见表1-5。

表1-5　表面缺陷无损检测方法的比较

项目	磁粉检测(MT)	渗透检测(PT)	涡流检测(ET)
方法原理	磁力作用	毛细渗透作用	电磁感应作用
能检出的缺陷	表面和近表面缺陷	表面开口缺陷	表面及表层缺陷
缺陷部位的显示形式	漏磁场吸附磁粉形成磁痕	渗透液的渗出	检测线圈输出电压和相位发生变化
显示信息的器材	磁粉	渗透液、显像剂	记录仪、示波器或电压表
适用的材料	铁磁性材料	非多孔性材料	导电材料
主要检测对象	铸钢件、锻钢件、压延件、管材、棒材、型材、焊接件、机加工件在役使用的上述工件检测	任何非多孔性材料、工件及在役使用过的上述工件检测	管材、线材和工件检测;材料状态检验和分选;镀层、涂层厚度测量
主要检测缺陷	裂纹、发纹、白点、折叠、夹渣物、冷隔	裂纹、白点、疏松、针孔、夹渣物	裂纹、材质变化、厚度变化
缺陷显示	直观	直观	不直观
缺陷性质判断	能大致确定	能基本确定	难以判断
灵敏度	高	高	较低
检测速度	较快	慢	很快
污染	较轻	较重	无污染

续表 1-5

项目	磁粉检测(MT)	渗透检测(PT)	涡流检测(ET)
相对优点	1. 可检测出铁磁性材料表面和近表面(开口和不开口)的缺陷。 2. 能直接地观察出缺陷的位置、形状、大小和严重程度。 3. 具有较高的检测灵敏度,可检测微米级宽度的缺陷。 4. 单个工件的检测速度快、工艺简单,成本低、污染轻。 5. 综合使用各种磁化方法,几乎不受工件大小和几何形状的影响。 6. 检测缺陷重复性好。 7. 可检测受腐蚀的在役情况	1. 可检测出任何非松孔性材料表面开口性缺陷。 2. 能直接地观察出缺陷的位置、形状、大小和严重程度。 3. 具有较高的灵敏度。 4. 着色检测时不用设备,可以不用水电,特别适用于现场检验。 5. 检测不受工件几何形状和缺陷方向的影响。 6. 对针孔和疏松缺陷的检测灵敏度较高	1. 非接触法检测,适用于对管件、棒材和丝材进行自动化检测,速度快。 2. 可用检测材料导电率代替硬度检测。了解材料的热处理状态和进行材料分选。 3. 污染很小
相对局限性	1. 只能检测铁磁性材料及其制品,不能检测奥氏体材料及其焊接接头和非铁磁性材料。 2. 只能检测表面和近表面位置的缺陷。 3. 表面的划伤、针孔缺陷等缺陷不易发现。 4. 受几何形状影响,易产生非相关显示。 5. 用通电法和触头法磁化时,易产生电弧烧伤工件,电接触的非导电覆盖层必须打磨掉	1. 只能检测表面开口性缺陷(表面开口性缺陷被堵塞时也检测不出来)。 2. 单个工件检测效率低,成本高。 3. 检测时,缺陷的重复性不好。 4. 污染较严重	1. 对表面下的较深的缺陷不能检测。 2. 对形状较复杂的工件不适用,有边界效应影响。 3. 对缺陷性质难以判断。 4. 对铁磁性材料检测灵敏度不如磁粉检测

第 2 章　磁粉检测物理基础

2.1　磁现象和磁场

2.1.1　磁的基本现象

我国劳动人民远在春秋战国时期就发现了磁石吸铁现象。磁铁能够吸引铁磁性材料的性质叫磁性,凡能够吸引其他铁磁性材料的物体叫磁体,磁体是能够建立或有能力建立外磁场的物体。磁体分为永磁体、电磁体和超导磁体等,永磁体是不需要外力维持其磁场的磁体;电磁体是需要电源维持其磁场的磁体;超导磁体是用超导材料制成的磁体。

磁铁各部分的磁性强弱不同,靠近磁铁两端磁性特别强、吸附磁粉特别多的区域称为磁极。

条形磁铁周围的磁场如图 2-1 所示。

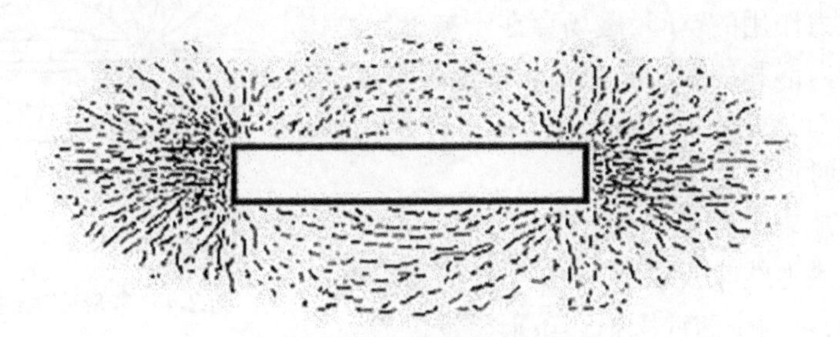

图 2-1　条形磁铁周围的磁场

如果将条形磁铁(或磁针)的中心用线悬挂起来,使它能够在水平面内自由转动,则两极总是分别指向南北方向,通常称磁针指向北的一端为北极,用 N 表示,指向南的一端为南极,用 S 表示。如果用另一磁铁去接近悬挂着的磁铁,则可发现同性磁极相互排斥,异性磁极相互吸引。

地球按地理位置有南极和北极,如果在地球表面放一指南针,可发现指南针的北极(N 极)总是指向地球地理位置的北极,指南针的南极(S 极)总是指向地理位置的南极,根据同性磁极互相排斥,异性磁极相互吸引的原理,则可推断出整个地球也是一个大磁体,存在于地球周围的磁场称为地磁场,地磁场的北极(N 极)位于地球南极附近,地磁场的南极(S 极)位于地球北极附近,所以在地球的北极,地磁场的磁力线方向是指向地球表面,而在地球的南极,地磁场的磁力线方向是离开地球表面,如图 2-2 所示。

当将条形磁铁折断为两段或更多段时,每段即形成新的磁极,并成对出现,自然界没有单独的 N 极和 S 极存在。折断后的条形磁铁形成新的磁极,如图 2-3 所示。

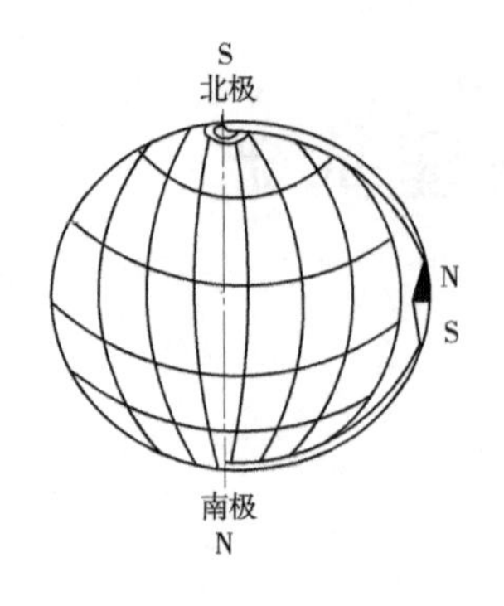

图 2-2　地球的磁场

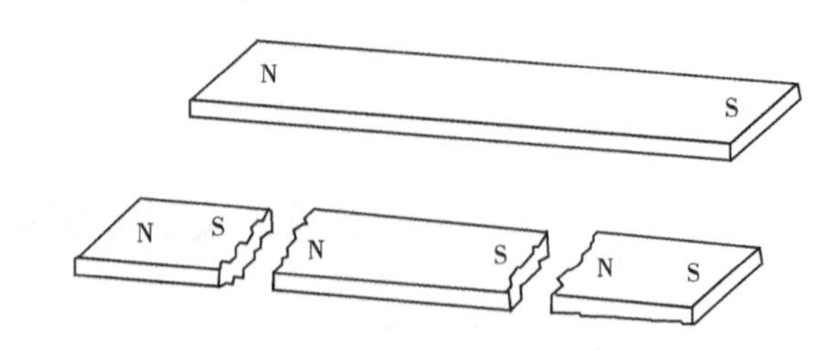

图 2-3　折断后的条形磁铁形成新的磁极

磁极间相互排斥和相互吸引的力称为磁力。磁力的大小和方向是可以测定的，同一个磁体两个磁极的磁力大小相等，但方向相反。把一个磁体靠近原来没有磁性的铁磁性物体时，该物体不仅能被磁体吸引，还能被磁体磁化，并具有了吸引其他铁磁性物体的性质。使原来没有磁性的物体得到磁性的过程叫磁化。

2.1.2　磁场与磁力线

磁体间的相互作用是通过磁场来实现的。所谓磁场是具有磁力作用的空间，磁场存在于被磁化物体或通电导体的内部和周围。它是由运动电荷形成的。磁场的特征是对运动电荷（或电流）具有作用力，在磁场变化的同时也产生电场。

为了形象地表示磁场的大小、方向和分布情况，可以用假想的磁力线来反映磁场中各点的磁场强度和方向。例如，可用小磁针来描述条形磁铁的磁力线分布，见图 2-4。

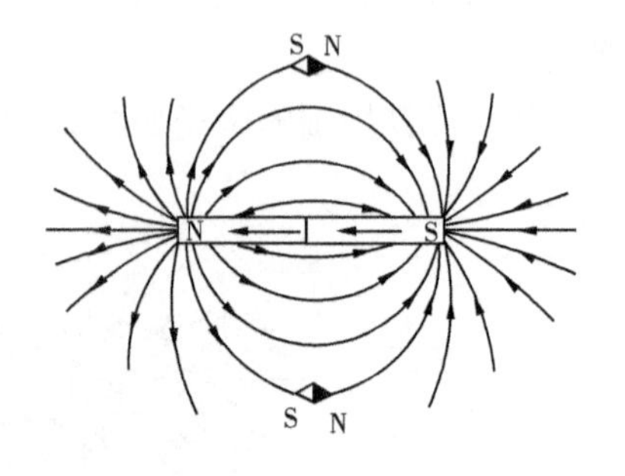

图 2-4　条形磁铁的磁力线分布

小磁针在磁力的作用下都有一定的取向，小磁针 N 极的指向就代表磁场的方向，顺着许多小磁针排列的方向，可以画出磁力线的分布。在磁力线上每点的切线方向都与该点的磁场方向一致。单位面积上的磁力线数目与磁场的大小成正比，因此可用磁力线的疏密程度反映磁场的大小。在磁力线密的地方磁场大，在磁力线稀的地方磁场就小。

2.1.2.1　**磁力线具有以下特性：**

（1）磁力线是具有方向性的闭合曲线。在磁体内，磁力线是由 S 极到 N 极；在磁体外，磁力线是由 N 极出发，穿过空气进入 S 极的闭合曲线。

（2）磁力线互不相交。

（3）磁力线可描述磁场的大小和方向。

（4）异性磁极的磁力线容易沿磁阻最小路径通过，其密度随着距两极的距离增大而减小。

2.1.2.2　**圆周磁场**

马蹄形磁铁如图 2-5（d）所示，具有 N 极和 S 极，磁力线从 N 极出发穿过空气进入 S

极，在磁铁内部，磁力线从 S 极到 N 极闭合，它的两极能吸引铁磁性材料。

将上述磁铁弯曲，使两磁极靠得很近，如图 2-5 所示，磁极间距变小，磁力线离开磁极 N，穿过空气又重新进入磁极 S，产生漏磁场，漏磁场能强烈地吸附磁粉。

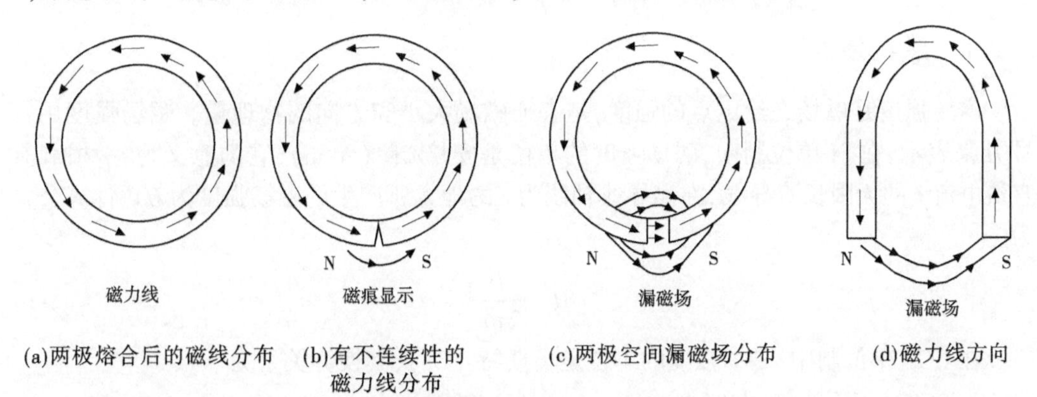

(a)两极熔合后的磁线分布　(b)有不连续性的磁力线分布　(c)两极空间漏磁场分布　(d)磁力线方向

图 2-5　用马蹄形磁铁描述圆周磁场

当磁铁两端再弯曲，两极熔合形成一圆环如图 2-5(a)所示，此时磁铁内既无磁极又不产生漏磁场，因而不能吸引铁磁性材料，但在磁铁内包容了一个圆周磁场或已被周向磁化。

如果已周向磁化的工件存在与磁力线垂直的裂纹，则在裂纹两侧立即产生 N 极和 S 极，形成漏磁场，吸附磁粉形成磁痕，显示出裂纹缺陷，如图 2-5(b)所示。

2.1.2.3　纵向磁化

如果将马蹄形磁铁校直为条形磁铁，在其两端是 N 极和 S 极，能强烈地吸附磁粉，说明该条形磁铁已被纵向磁化[见图 2-6(a)]。

如果磁力线被不连续性或裂纹阻断而在其两侧形成 N 极和 S 极，产生漏磁场，如图 2-6(b)和图 2-6(c)所示，吸附磁粉形成磁痕，从而显示出不连续性或裂纹，这就是磁粉检测的基础。

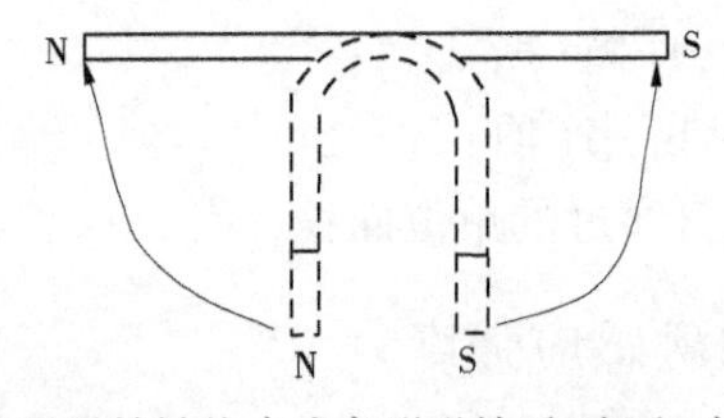

(a)马蹄形磁铁被校直成条形磁铁后N极和S极的位置

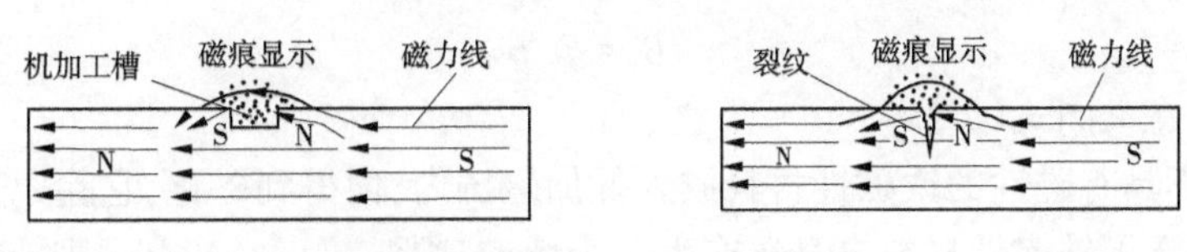

(b)具有机加工槽的条形磁铁产生的漏磁场　(c)纵向磁场裂纹产生的漏磁场

图 2-6　用条形磁铁描述纵向磁化

2.2　磁场的相关物理量

2.2.1　磁场强度

磁场强度是磁场在给定点的强度，是表征磁场大小和方向的物理量。磁场强度用符号 H 来表示，在 SI 单位制中，磁场强度的单位是安培/米（A/m），它的意义为：一根载有直流电流 I 的无限长直导线，在离导线轴线为 r 的地方所产生的磁场强度为 H。计算公式为

$$H = \frac{I}{2\pi r} \tag{2-1}$$

在 CGS 单位制中，磁场强度的单位是奥斯特（Oe），其换算关系为

1 安(培)/米(A/m) = $4\pi\times10^{-3}$ 奥斯特(Oe) ≈0.012 5 Oe

1 奥(斯特)(Oe) = $(1/4\pi)\times10^{3}$ 安(培)/米(A/m) ≈80 A/m

2.2.2　磁通量

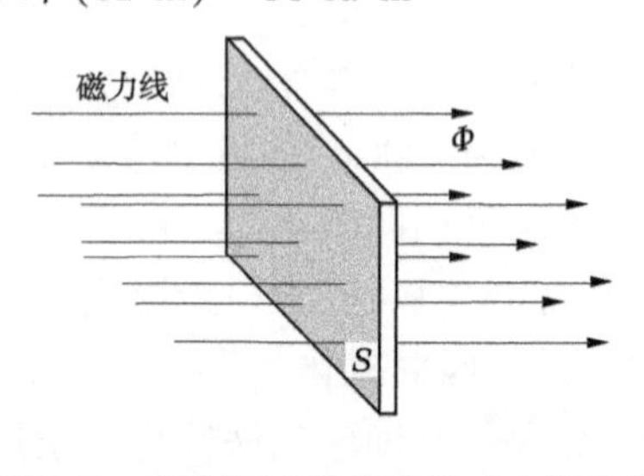

图 2-7　垂直通过某截面的磁力线条数

磁通量简称磁通，它是垂直穿过某一截面的磁力线条数，用符号 Φ 表示，如图 2-7 所示。在 CGS 单位制中，磁通的单位是麦克斯韦（Mx），1 麦克斯韦表示通过 1 根磁力线，在 SI 单位制中，磁通的单位是韦伯（Wb），其换算关系为

1 韦伯(Wb) = 10^{8} 麦克斯韦（Mx）

1 麦克斯韦(Mx) = 10^{-8} 韦伯(Wb)

在均匀的磁场中，当磁感应强度方向垂直于截面 S 时，通过该截面 S 的磁通量表示为

$$\Phi = BS \tag{2-2}$$

式中　B——磁通密度，T[特(斯拉)]；

Φ——磁通量，Wb[韦(伯)]；

S——磁力线垂直穿过的单位面积，m^2。

2.2.3　磁通密度与磁感应强度

垂直穿过单位面积上的磁通量(或磁力线条数)称为磁通密度，用符号 B 表示。

$$B = \Phi/S \tag{2-3}$$

式中，符号的意义同式(2-2)。

将原来不具有磁性的铁磁性材料放入外加磁场内，便得到磁化，它除原来的外加磁场外，在磁化状态下铁磁性材料自身还产生一个感应磁场，这两个磁场叠加起来的总磁场，称为磁感应强度，用符号 B 表示。磁感应强度和磁场强度一样，具有大小和方向，可以用磁感应线表示。通常把铁磁性材料中的磁力线称为磁感应线。磁感应线上每点的切线方向代表该点的磁感应强度的方向，磁感应强度的大小也等于垂直穿过单位面积上的磁通

量,所以磁感应强度又称为磁通密度。在 SI 单位制中,磁感应强度的单位是特斯拉(T),在 CGS 单位制中,磁感应强度的单位是高斯(GS),其换算关系为

1 特斯拉 (T) = 10^4 高斯 (GS)

1 高斯 (GS) = 10^{-4} 特斯拉 (T)

在 CGS 单位制中,磁感应强度 B 用垂直通过每平方厘米截面的磁感应线的条数来表示,如每平方厘米通过 1 根磁感应线称为 1 高斯(GS)。

磁场强度与磁感应强度不同的是,磁场强度只与激磁电流有关,与被磁化的物质无关。而磁感应强度不仅与磁场强度有关,还与被磁化的物质有关,如与材料磁导率 μ 有关。

因为 $B=\mu H$,所以铁磁性材料的磁导率 μ 越大,磁感应强度 B 就越大,这就是铁磁性材料的磁感应强度 B 远大于磁场强度 H 的理由。

2.2.4　磁导率

2.2.4.1　磁导率

磁感应强度 B 与磁场强度 H 的比值称为磁导率,或称为绝对磁导率,用符号 μ 表示。磁导率表示材料被磁化的难易程度,它反映了材料的导磁能力。在 SI 单位制中,磁导率的单位是亨(利)每米(H/m)。磁导率 μ 不是常数,而是随磁场大小不同而改变的变量,有最大值和最小值。

2.2.4.2　真空磁导率

在真空中,磁导率是一个不变的恒定值,用 μ_0 表示,称为真空磁导率,$\mu_0=4\pi\times10^{-7}$ H/m。在 CGS 单位制中,$\mu_0=1$。

2.2.4.3　相对磁导率

为了比较各种材料的导磁能力,把任一种材料的磁导率和真空磁导率的比值,叫作该材料的相对磁导率,用 μ_r 表示,μ_r 为一纯数,无单位。

$$\mu_r=\mu/\mu_0 \tag{2-4}$$

式中　μ_r——相对磁导率;

μ——磁导率(又称绝对磁导率),H/m;

μ_0——真空磁导率,H/m。

磁粉检测还用到材料磁导率、最大磁导率、有效磁导率和起始磁导率,以下进行简单介绍。

2.2.4.4　材料磁导率

材料磁导率是在磁路完全处于材料内部情况下所测得的 B/H,主要用于周向磁化。

2.2.4.5　最大磁导率

在磁化曲线上,B/H 值最大时对应拐点处的磁导率称为最大磁导率,用 μ_m 表示。

2.2.4.6　有效磁导率(表观磁导率)

有效磁导率是指工件在线圈中磁化产生的 B 与空载线圈的 H 的比值。有效磁导率不完全由材料的性质决定,在很大程度上与零件的形状有关,它对纵向磁化很重要。

2.2.4.7 起始磁导率

在 B 和 H 接近零时,测得的磁导率称为起始磁导率,用 μ_a 表示。

2.3 铁磁性材料

2.3.1 磁介质

能影响磁场的物质称为磁介质。各种宏观物质对磁场都有不同程度的影响,因此一般都是磁介质。

磁介质分为顺磁性材料(顺磁质)、抗磁性材料(抗磁质)和铁磁性材料(铁磁质),抗磁性材料又叫逆磁性材料。

顺磁性材料:相对磁导率 μ_r 略大于 1,在外加磁场中呈现微弱磁性,并产生与外加磁场同方向的附加磁场,顺磁性材料如铝、铬、锰,能被磁体轻微吸引(如铝 $\mu_r = 1.000\ 021$,空气 $\mu_r = 1.000\ 003\ 6$)。

抗磁性材料:相对磁导率 μ_r 略小于 1,在外加磁场中呈现微弱磁性,并产生与外加磁场反方向的附加磁场,抗磁性材料如铜、银、金,能被磁体轻微排斥(如铜的 $\mu_r = 0.999\ 993$)。

铁磁性材料:相对磁导率 μ_r 远远大于 1,在外加磁场中呈现很强的磁性,并产生与外加磁场同方向的附加磁场,铁磁性材料如铁、镍、钴及其合金,能被磁体强烈吸引(如工业纯铁的 $\mu_r = 5\ 000$ 左右)。

磁粉检测只适用于铁磁性材料。通常把顺磁性材料和抗磁性材料都列入非磁性材料。

2.3.2 磁畴

任何物质都是由分子和原子组成的,原子是由带正电的原子核和绕核旋转的电子组成的,电子不仅绕核旋转,而且还进行自转,而电子自转效应是主要的,产生此效应,相当于一个非常小的电流环,原子、分子等微观粒子内电子的这些运动便形成了分子流,这是物质磁性的基本来源。在铁磁性内部形成自发磁化的小区域,在每个小区域内分子电流的磁矩方向是相同的,所以把铁磁性材料内部自发磁化的小区域称为磁畴,其体积数量级约为 10^{-3} cm^3。在没有外加磁场作用时,铁磁性材料内各磁畴的磁矩方向相互抵消,对外不显示磁性,如图 2-8(a)所示。当把铁磁性材料放到外加磁场中去时,磁畴就会受到外加磁场的作用,一是使磁畴磁矩转动,二是使畴壁(畴壁是相邻磁畴的分界面)发生位移,最后全部磁畴的磁矩方向转向与外加磁场方向一致,见图 2-8(b),磁性材料被磁化。铁磁性材料被磁化后,就变成磁体,显示出很强的磁性。去掉外加磁场之后,磁畴出现局部转动,但仍保留一定的剩余磁性,见图 2-8(c)。

永久磁铁中的磁畴,在一个方向上占优势,因而形成 N 极和 S 极,能显示出很强的磁性。

在高温情况下,磁体中分子热运动会破坏磁畴的有规则排列,使磁体的磁性削弱。超过某一温度后,磁体的磁性也就全部消失而呈现顺磁性,实现了材料的退磁。铁磁性材料在此

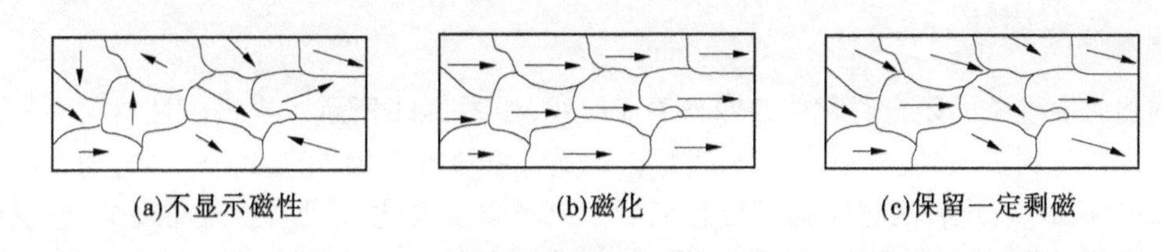

图 2-8　铁磁性材料的磁畴方向

温度以上不能再被外加磁场磁化,并将失去原有的磁性的临界温度称为居里点,或居里温度。从居里点以上的高温冷却下来时,只要没有外磁场的影响,材料仍然处于退磁状态。

铁磁性材料的居里点见表 2-1。

表 2-1　铁磁性材料的居里点

材料	居里点(℃)
铁	769
镍	365
钴	1 150
铁,硅 5%	720
铁,铬 10%	740
铁,锰 4%	715
铁,钒 6%	815

2.3.3　磁特性曲线

初始磁化曲线是表征铁磁性材料磁特性的曲线,用以表示 $M—H$ 或 $B—H$ 的关系。

将铁磁性材料做成环形样品,绕上一定匝数的线圈,线圈经过换向开关 K 和可变电阻 R 接到直流电源上,其电路如图 2-9 所示。通过测量线圈中的电流 I,算出材料内部的磁场强度 H 值。

用冲击检流计或磁通计测量此时穿过环形样品横截面的磁通量 Φ,从而算出磁感应强度 B 值,由此可得到该材料的初始磁化曲线,又称磁化曲线,如图 2-10 所示,它反映了材料磁化程度随外加磁场变化的规律。

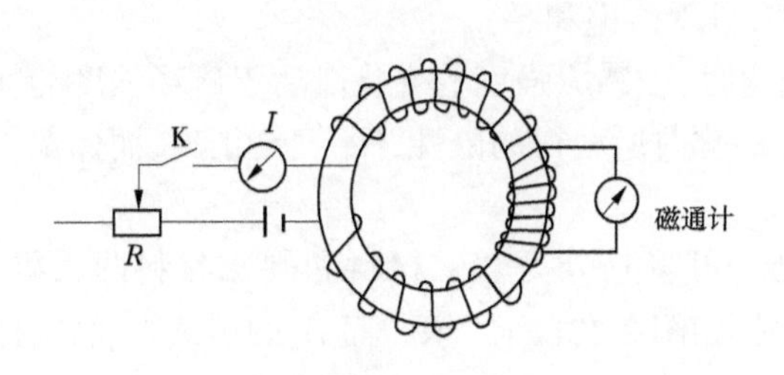

图 2-9　磁化曲线测量示意

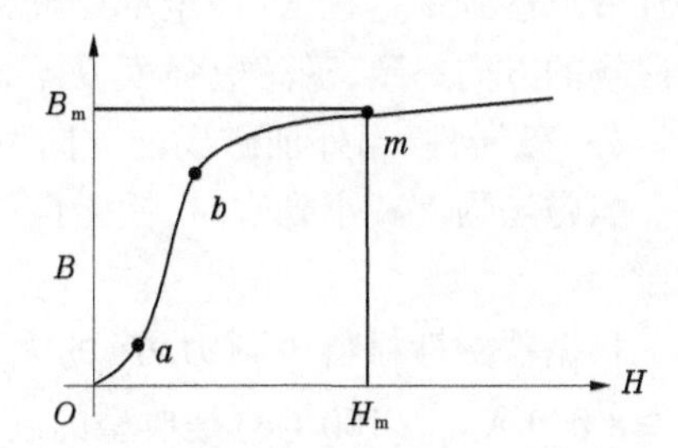

图 2-10　初始磁化曲线

2.3.4 磁滞回线

描述磁滞现象的闭合磁化曲线叫作磁滞回线，如图 2-11 所示。当铁磁性材料在外加磁场强度磁化到 1 点时，减小磁场强度到零，磁感应强度并不沿曲线 1～0 下降，而是沿曲线 1～2 降到 2 点，这种磁感应强度变化滞后于磁场强度变化的现象叫磁滞现象，它反映了磁化过程的不可逆性。当磁场强度增大到 1 点，磁感应强度不再增加，得到的 0～1 曲线称为初始（起始）磁化曲线。当外加磁场强度 H 减小到零时，保留在材料中的磁性，称为剩余磁感应强度，简称剩磁，用 B_r 表示，如图中的 0～2 和 0～5。为了使剩磁减小到零，必须施加一个反向磁场强度，使剩磁降为零所施加的反向磁场强度称为矫顽力，用 H_c 表示，如图中的 0～3 和 0～6。

如果反向磁场强度继续增加，材料就呈现与原来方向相反的磁性，同样可达到饱和点（4），当 H 从负值减小到零时，材料具有反方向的剩磁 $-B_r$，即 0～5。磁场经过零值后再向正方向增加时，为了使 $-B_r$ 减小到零，必须施加一个反向磁场强度，如图中的 0～6，磁场在正方向继续增加时曲线回到 1 点，完成一个循环，如图中的 1—2—3—4—5—6—1，即材料内的磁感应强度 B 是按照一条对称于坐标原点的闭合磁化曲线，称为磁滞回线。只有交流电才产生这种磁滞回线。

图 2-11 中，$\pm B_m$ 为饱和磁感应强度，表示工件在饱和磁场强度 $\pm H_m$ 磁化下 B 达到饱和，不再随 H 的增大而增大，对应的磁畴全部转向与磁场方向一致。α 为初始磁化曲线的切线与 x 轴的夹角，$\alpha=\tan^{-1}(B/H)$，α 的大小反映了铁磁性材料被磁化的难易程度。

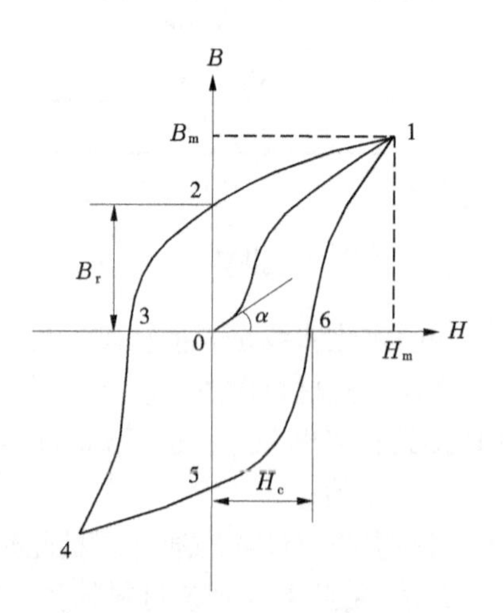

图 2-11　磁滞回线

根据前述内容，可归纳出铁磁性材料具有以下特性：

（1）高导磁性：能在外加磁场中强烈地磁化，产生非常强的附加磁场，它的磁导率很高，相对磁导率可达数百甚至数千。

（2）磁饱和性：铁磁性材料由于磁化所产生的附加磁场，不会随外加磁场增加而无限地增加，当外加磁场达到一定程度后，全部磁畴的方向都与外加磁场的方向一致，磁感应强度 B 不再增加，呈现磁饱和。

（3）磁滞性：当外加磁场的方向发生变化时，磁感应强度的变化滞后于磁场强度的变化。当磁场强度减小到零时，铁磁性材料在磁化时所获得的磁性并不完全消失，而保留了剩磁。

根据铁磁性材料矫顽力 H_c 的大小不同，可将其分为软磁材料和硬磁材料两大类。$H_c \geqslant 8\ 000$ A/m (100 Oe) 是典型的硬磁材料，如图 2-12（c）所示。而 $H_c > 10^4$ A/m 的叫作永磁性材料，适用制作永久磁铁。$H_c \leqslant 400$ A/m (5 Oe) 是典型的软磁材料，如图 2-12（a）所示。一般磁粉检测的铁磁性材料，矫顽力在软、硬磁之间，称为半硬磁材料，其磁滞回线如图 2-12(b)所示。

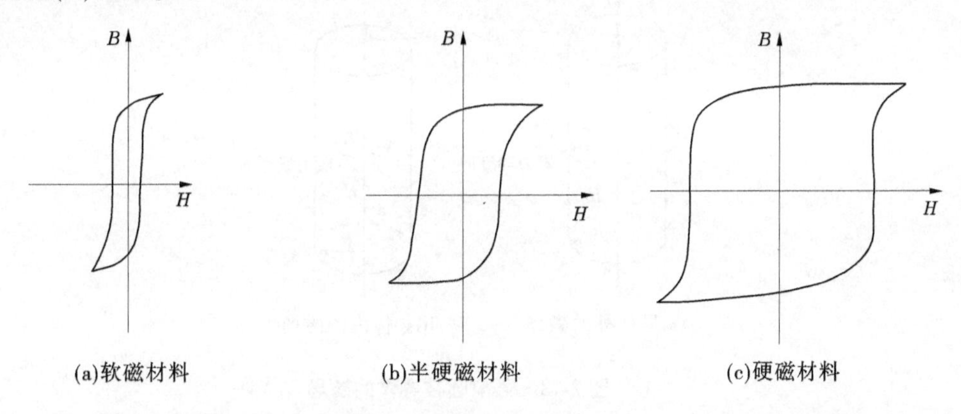

(a)软磁材料　(b)半硬磁材料　(c)硬磁材料

图 2-12　不同材料的磁滞回线

(1)软磁材料:是指磁滞回线狭长,具有高磁导率、低剩磁、低矫顽力和低磁阻的铁磁性材料。软磁材料磁粉检测时,容易磁化,也容易退磁。软磁材料如电工用纯铁、低碳钢和软磁铁氧化体等材料。

(2)硬磁材料:是指磁滞回线肥大,具有低磁导率、高剩磁、高矫顽力和高磁阻的铁磁性材料。硬磁材料磁粉检测时,难以磁化,也难以退磁。硬磁材料如铝镍钴、稀土钴和硬磁铁氧化体等材料。

2.4　电流与磁场

2.4.1　通电圆柱导体的磁场

1820 年,丹麦科学家奥斯特通过试验证明,有电流通过的导体内部和周围都存在着磁场,这种现象称为电流的磁效应。

2.4.1.1　磁场方向

当电流流过圆柱导体时,产生的磁场是以导体中心轴线为圆心的同心圆,如图 2-13 所示,在半径相等的同心圆上,磁场强度相等。

试验证明:磁场的方向与电流方向有关,当导体中的电流方向改变时,磁场的方向也随之改变,其关系可用右手定则确定:用右手握住导体,使拇指指向电流方向,其余四指卷曲的指向就是磁场的方向,如图 2-14 所示。

2.4.1.2　磁场强度计算

通电圆柱导体表面的磁场强度可由安培环路定律$\oint H \cdot dl = \sum I$推导,若采用 SI 单位制因圆周对称,所以沿圆周积分得:$H \times 2\pi R = I$,即

$$H = \frac{I}{2\pi R} \tag{2-5}$$

式中　H——磁场强度,A/m;

I——电流强度,A;

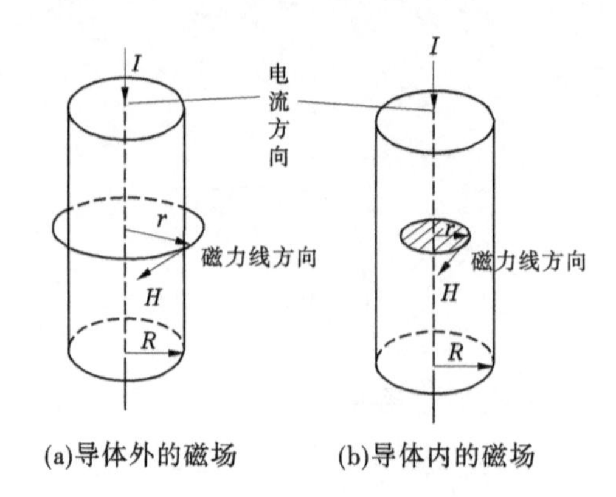

图 2-13　通电圆柱导体的磁场

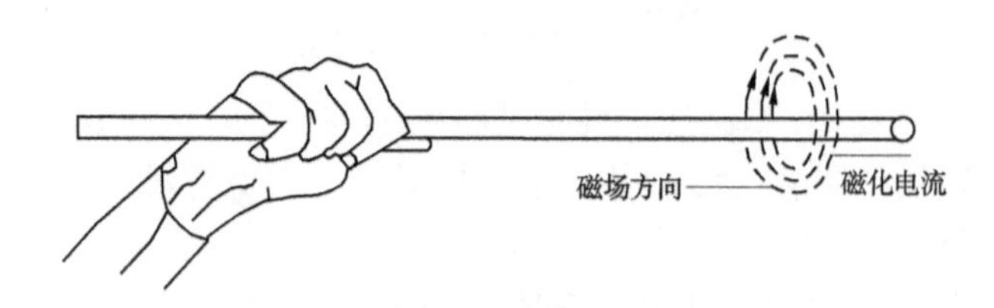

图 2-14　通电圆柱导体右手定则

R——圆柱导体半径,m。

通电圆柱导体外部[见图 2-13(a)] r 处($r>R$)的磁场强度可由安培环路定理推导计算出它与圆柱导体中通过的电流 I 成正比,而与该处至导体中心轴线的距离 r 成反比。

$$H = \frac{I}{2\pi r} \tag{2-6}$$

通电圆柱导体内部[见图 2-13(b)] r 处($r<R$)的磁场强度可由安培环路定理推导计算出,它与圆柱导体中通过的电流 I 成正比,与至圆柱导体中心轴线的距离 r 成正比,而与圆柱导体半径 R 的平方成反比。

$$H = \frac{Ir}{2\pi R^2} \tag{2-7}$$

当 $r=R$ 时,式(2-7)变为与式(2-5)相同。

若采用 CGS 单位制,因 1 Oe≈80 A/m,半径 R 用 cm 作单位,代入式(2-5)得:

$$H = \frac{1}{80} \times \frac{I}{2\pi R/100} = \frac{100}{80 \times 2\pi} \times \frac{I}{R} = \frac{5I}{8\pi R} \quad \text{或} \quad I = 5RH \tag{2-8}$$

式中　H——磁场强度,Oe;

R——圆柱导体半径,cm;

I——电流强度,A。

若将式(2-8)中圆柱导体半径 R 用直径 D 代替,并将 D 的单位用 mm 表示,则得出以下两式:

$$I = \frac{HD}{4} \tag{2-9}$$

式中　H——磁场强度,Oe;

D——圆柱导体直径,mm;

I——电流强度,A。

或

$$I=\frac{HD}{320} \tag{2-10}$$

式中　H——磁场强度,A/m;

D——圆柱导体直径,mm;

I——电流强度,A。

在采用连续法检验时,一般要求工件表面的磁场强度至少达到 2 400 A/m(30 Oe),代入式(2-9)和式(2-10),得

$$I=\frac{HD}{4}=\frac{30D}{4}=7.5D\approx 8D \quad 或 \quad I=\frac{HD}{320}=\frac{2\,400D}{320}=7.5D\approx 8D$$

在采用剩磁法检验时,一般要求工件表面的磁场强度,至少达到 8 000 A/m(100 Oe),代入式(2-9)、式(2-10),得

$$I=\frac{HD}{4}=\frac{100D}{4}=25D \quad 或 \quad I=\frac{HD}{320}=\frac{8\,000D}{320}=25D$$

这就是对圆柱导体磁化时,磁化规范的经验公式 $I=8D$ 和 $I=25D$ 的来源。

【例 2-1】　一圆柱导体直径为 20 cm,通以 1 000 A 的直流电,求与导体中心轴相距 5 cm、10 cm、40 cm 及 100 cm 各点的磁场强度,并用图示法表示出导体内、外和表面磁场强度的变化。

解:1. 与导体中心轴相距 5 cm 的点在导体之内,$r=5$ cm$=0.05$ m,$R=10$ cm$=0.1$ m,代入式(2-7),得:

$$H=Ir/2\pi R^2=(1\,000\times0.05)/(2\times3.14\times0.1^2)\approx800(\text{A/m})$$

与导体中心轴相距 10 cm 的点在导体表面上,$R=10$ cm$=0.1$ m,代入式(2-5),得:

$$H=I/2\pi R=1\,000/(2\times3.14\times0.1)\approx1\,600(\text{A/m})$$

与导体中心轴相距 40 cm 的点在导体之外,$r=40$ cm$=0.4$ m,代入式(2-6),得:

$$H=I/2\pi r=1\,000/2\times3.14\times0.4\approx400(\text{A/m})$$

与导体中心轴相距 100 cm 的点在导体之外,$r=100$ cm$=1$ m,代入式(2-6),得:

$$H=I/2\pi r=1\,000/(2\times3.14\times1)\approx160(\text{A/m})$$

2. 直圆柱导体内外和表面的磁场强度分布如图 2-15 所示。

【例 2-2】　一圆柱导体,长 1 500 mm,直径为 100 mm。进行磁粉检测,要求导体表面的磁场强度达到 2 000 A/m,求需要的磁化电流。

解:(1)用 SI 单位制:导体半径 $R=D/2=100$ mm$/2=50$ mm$=0.05$ m,代入式(2-5),得:

$$H=I/2\pi R,则\ I=2\pi RH=2\times3.14\times0.05\times2\,000=628(\text{A})$$

解:(2)用 CGS 单位制:导体半径 $R=D/2=100$ mm$/2=50$ mm$=5$ cm,$H=2\,000$ A/m$=$25 Oe 代入式(2-8),得:

$$H=5I/8\pi R,则\ I=8\pi RH/5=(8\times3.14\times5\times25)/5=628.1(\text{A})$$

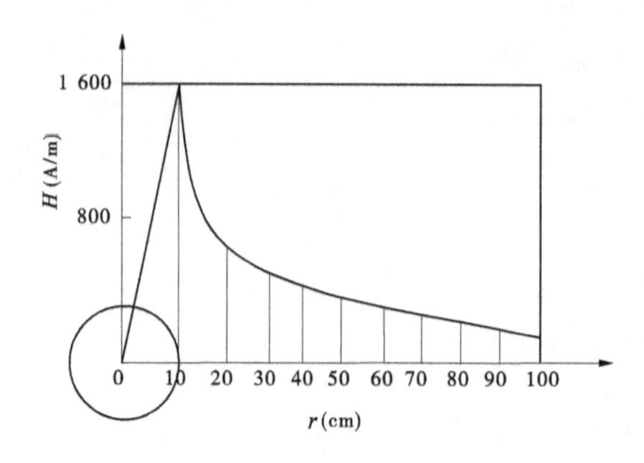

图 2-15　圆柱导体内、外和表面的磁场强度分布

答:需要的磁化电流为 628 A。

此处为了比较计算结果,采用了精确公式,说明无论采用哪种单位制均可得到相同的结果。

2.4.1.3　钢棒通电法磁化

用交流电和直流电磁化同一钢棒时,磁场强度分布见图 2-16,其共同点是:

(1)在钢棒中心处,磁场强度为零。

(2)在钢棒表面,磁场强度达到最大。

(3)离开钢棒表面,磁场强度随 r 的增大而下降。

其不同点是:直流电磁化,从钢棒中心到表面,磁场强度是直线上升到最大值;交流电磁化,由于趋肤效应,只有在钢棒近表面才有磁场强度,并缓慢上升,而在接近钢棒表面时,迅速上升达到最大值。

用交流电和直流电磁化同一钢棒时,磁场强度分布如图 2-16 所示,与图 2-17 的不同点是:

(1)由于钢棒的磁导率高,又因为 $B=\mu H$,所以 B 远大于 H,B_m 远大于 H_m。

(2)离开钢棒表面,在空气中,$\mu_r \approx I$,$B \approx H$,所以磁感应强度突降后与磁场强度曲线重合。

2.4.2　钢管中的磁场

2.4.2.1　钢管通电法的磁化

用交流电和直流电磁化同一钢管时,钢管磁场强度分布见图 2-18(a),磁感应强度分布见图 2-18(b)。从图 2-18 中可以看出,钢管内壁 $H=0$,$B=0$,所以磁场分布不是由钢管中心轴线,而是从钢管内壁到表面逐渐上升到最大值。其余与钢棒通电法磁化磁场分布相同。

2.4.2.2　钢管中心导体法磁化

用直流电中心导体法磁化同一钢管时,磁场强度和磁感应强度分布如图 2-19 所示。

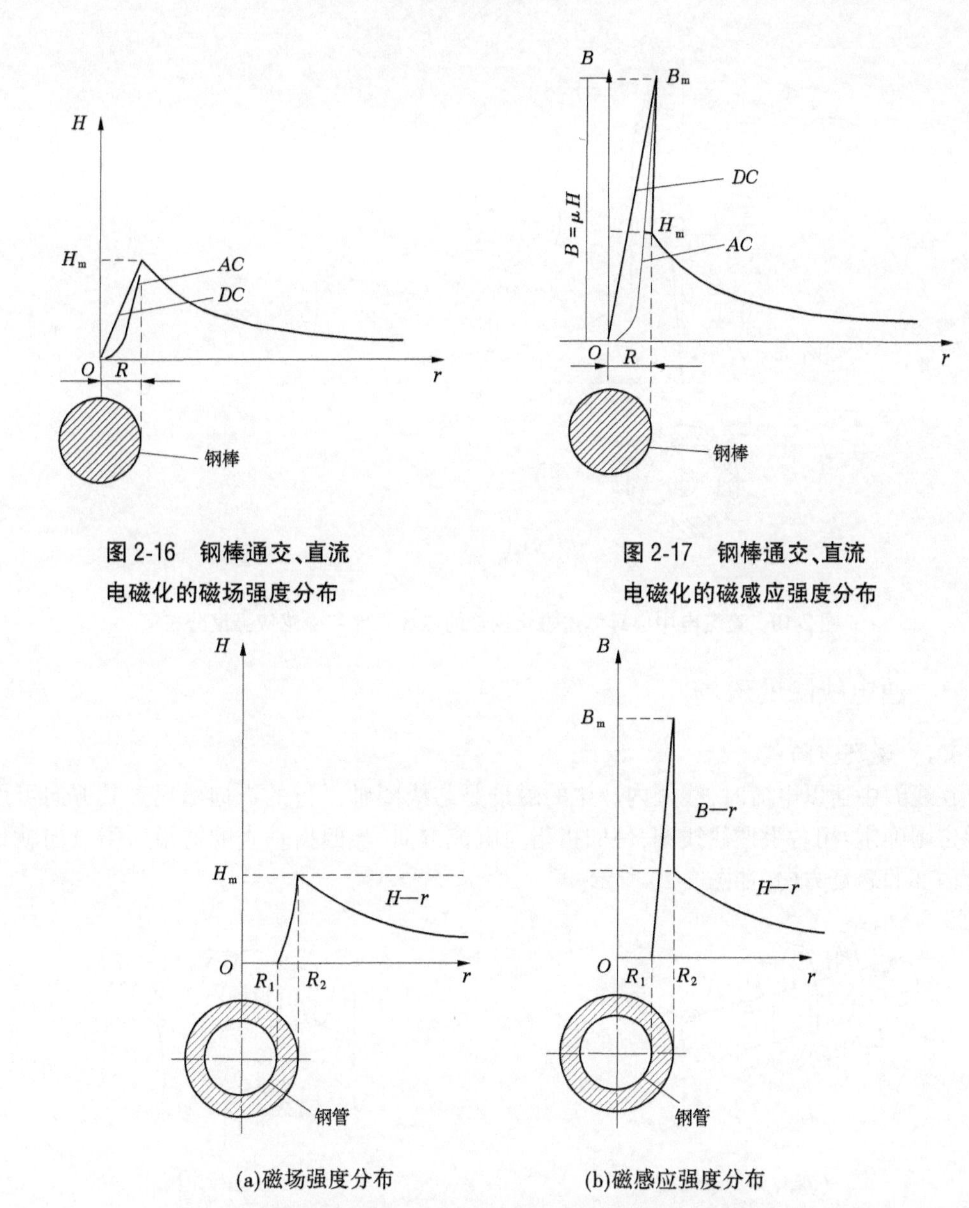

图2-16　钢棒通交、直流电磁化的磁场强度分布

图2-17　钢棒通交、直流电磁化的磁感应强度分布

(a)磁场强度分布　(b)磁感应强度分布

图2-18　钢管通直流电磁化的磁场强度分布和磁感应强度分布

从图2-19中可以看出，在通电中心导体内、外磁场分布与图2-16相同。在钢管内是空气，由于铜棒$\mu_r\approx1$，所以只存在磁场强度H。在钢管上由于$\mu_r\gg1$，所以能感应产生较大的磁感应强度。因为$H=I/(2\pi r)$，钢管内半径r比外半径R小，因而钢管内壁较外壁磁场强度和磁感应强度都大，探伤灵敏度高。离开钢管外表面，在空气中，$\mu_r\approx1$，$B\approx H$，所以磁感应强度突降后，与H曲线重合。

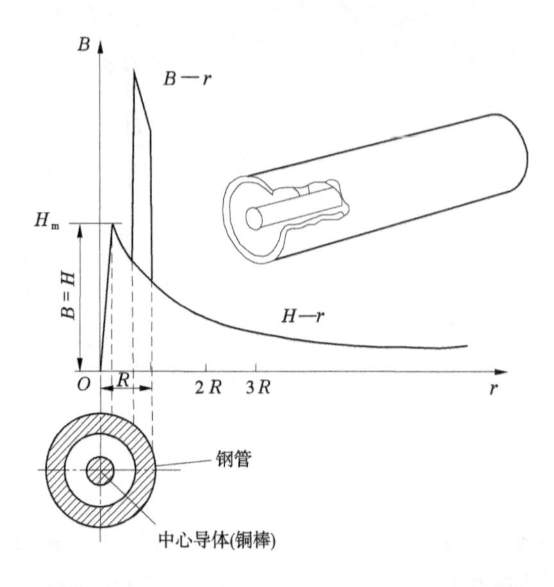

图 2-19　直流电中心导体法磁化钢管的磁场强度和磁感应强度分布

2.4.3　通电线圈的磁场

2.4.3.1　磁场方向

在线圈中通以电流时，线圈内产生的磁场是与线圈轴平行的纵向磁场。其方向可用右手定则确定：用右手握住线圈，使四指指向电流方向，与四指垂直的拇指所指方向就是线圈内部的磁场方向，如图 2-20 所示。

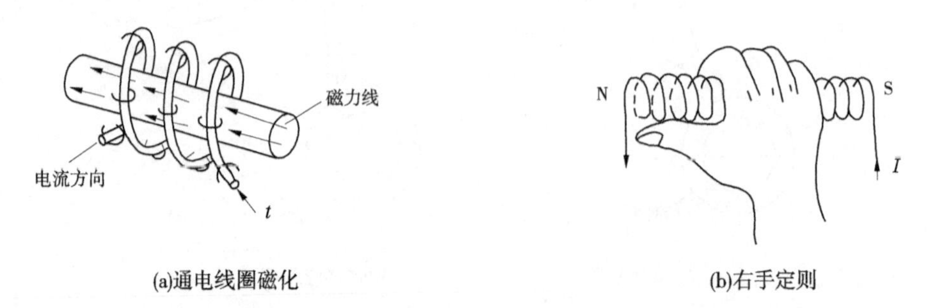

(a)通电线圈磁化　　(b)右手定则

图 2-20　通电线圈产生的纵向磁场

2.4.3.2　磁场强度计算

在图 2-21 中，空载通电线圈中心的磁场强度可用式(2-11)计算：

$$H = \frac{NI}{L}\cos\alpha = \frac{NI}{\sqrt{L^2 + D^2}} \tag{2-11}$$

式中　H——磁场强度，A/m；

N——线圈匝数；

L——线圈长度，m；

D——线圈直径,m;

α——线圈对角线与轴线的夹角。

线圈纵向磁化的磁化力一般用安匝数(IN)表示。

2.4.3.3　线圈分类

1. 按通电线圈的结构划分

(1)用软电缆缠绕在工件上的缠绕线圈。

(2)将绝缘导线绕在骨架内的螺管线圈。螺管线圈是具有螺旋绕组的圆筒形线圈,分单层和多层绕组两种。单层螺管线圈是单根绝缘导线均匀而紧密排列的同轴线圈;多层螺管线圈相当于若干个半径不等的同轴螺管线圈。

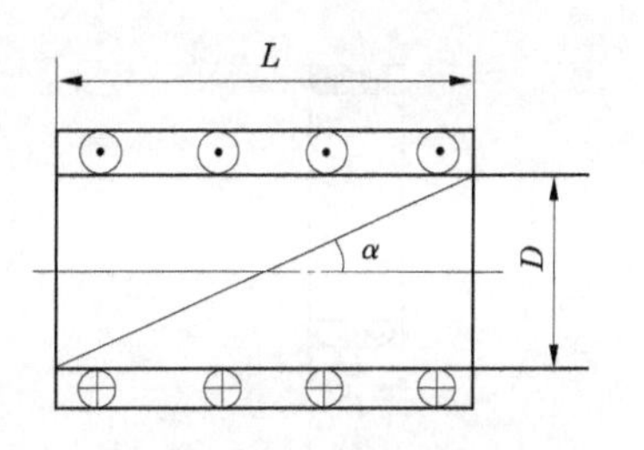

图 2-21　空载通电线圈中心的磁场强度

2. 按线圈横截面面积与被检工件横截面面积之比划分即充填因数(也叫填充系数)划分

(1)低充填因数线圈:线圈横截面面积与被检工件横截面面积之比≥10。

(2)中充填因数线圈:钱圈横截面面积与被检工件横截面面积之比为 2~10。

(3)高充填因数线圈:线圈横截面面积与被检工件横截面面积之比≤2。

3. 按通电线圈的长度 L 和内径 D 的比划分

1)短螺管线圈($L<D$)

在短螺管线圈内部的中心轴线上,磁场分布极不均匀,中心比两端强,如图 2-22 所示。在线圈横截面上,靠近线圈内壁的磁场强度较线圈中心强,如图 2-23 所示。

2)有限长螺管线圈($L>D$)

在有限长螺管线圈内部的中心轴线上,磁场分布较均匀,磁力线方向大体上与中心轴线平行,线圈两端处的磁场强度为中心的 1/2 左右,如图 2-24 所示。在线圈横截面上,靠近线圈内壁的磁场强度较线圈中心强,如图 2-23 所示。

3)无限长螺管线圈($L\gg D$),或在无限远处头尾相接的线圈

无限长螺管线圈内部磁场分布均匀,且磁场只存在于线圈内部,磁力线方向与中心轴线平行。

【例 2-3】　一有限长螺管线圈长 600 mm,内径 400 mm,匝数为 100 匝,要求空载螺管线圈中心磁场强度至少达到 10 000 A/m,需选用多大的磁化电流?

解:因为 $H=\dfrac{NI}{\sqrt{L^2+D^2}}$,所以 $I=\dfrac{H\sqrt{L^2+D^2}}{N}$

式中,$L=600\ \text{mm}=0.6\ \text{m}$,$D=400\ \text{mm}=0.4\ \text{m}$,$H=10\ 000\ \text{A/m}$,$N=100$。

代入公式得:

$$I=\frac{H\sqrt{L^2+D^2}}{N}=\frac{10\ 000\sqrt{0.6^2+0.4^2}}{100}=72.1(A)$$

答:需要 72.1 A 的磁化电流。

【例 2-4】　一有限长交流磁化线圈绕 20 匝,其线圈长度为 500 mm,线圈轴线与对角

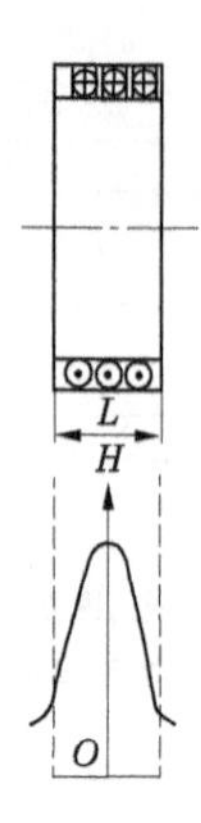

图 2-22　短螺管线圈中心轴线上的磁场分布

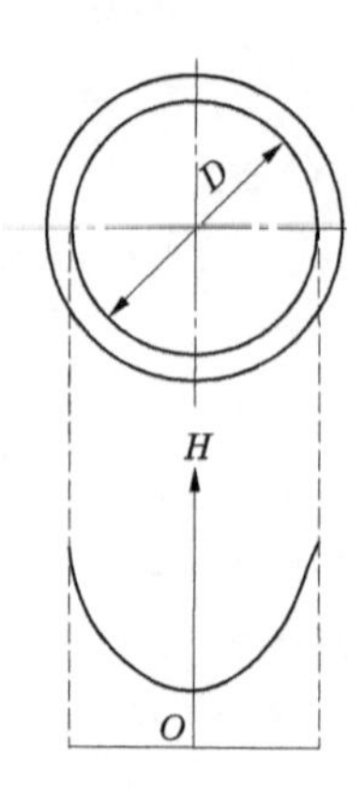

图 2-23　螺管线圈横截面上的磁场分布

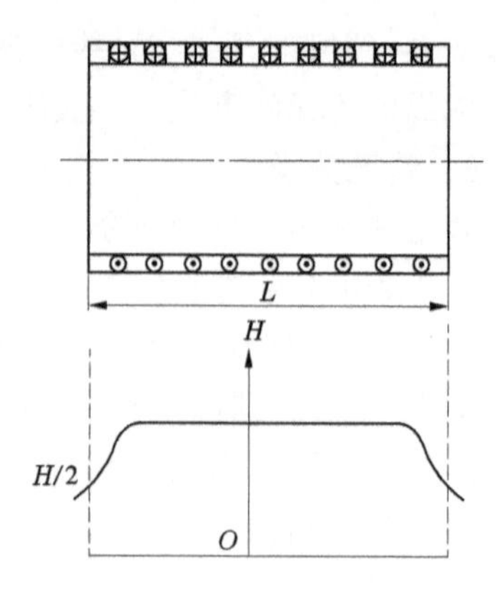

图 2-24　有限长螺管线圈中心轴线上的磁场分布

线夹角为 30°(cos30°=0.866),当磁化电流用 1 000 A 时,求空载线圈中心和线圈端面中心处的磁场强度。

解:线圈中心磁场强度 $H=\frac{NI}{L}\cos\alpha$(SI 单位制)

式中,N=20 匝,I=1 000 A,L=500 mm=0.5 m,$\cos\alpha=\cos30°=0.866$。

代入公式得

$$H=\frac{NI}{L}\cos\alpha=\frac{20\times1\ 000}{0.5}\times0.866=34\ 641(\text{A/m})\approx433(\text{Oe})$$

$$H=34\ 641\ \text{A/m}/2=17\ 320.5\ \text{A/m}=216.5(\text{Oe})$$

答:空载线圈中心的磁场强度为 34 641 A/m(433 Oe)。线圈端面中心处的磁场强度大约为 17 320.5 A/m(216.5 Oe)。

2.4.4　交叉磁轭旋转磁场

2.4.4.1　交叉磁轭的工作原理

旋转磁化是利用交叉磁轭或交叉线圈产生的旋转磁场磁化工件的。这里只讨论特种设备常用的交叉磁轭产生的旋转磁场磁化工件的相关技术问题。

旋转磁化属于复合磁化(多向磁化)。它是利用两相或多相磁场相互叠加而形成的合成磁场对工件进行磁化的,如图 2-25 所示。

交叉磁轭可以形成旋转磁场。它的四个磁极分别由两相具有一定相位差的正弦交变电流激磁。如图 2-26 所示,于是就能在四个磁极所在平面形成与激磁电流频率相等的旋转着的(合成)磁场,旋转磁场因此而得名。

能形成旋转磁场的基本条件是:两相磁轭的几何夹角 α 与两相激磁电流的相位差 Φ 均不等于 0°或 180°。如图 2-26 所示,1、2 两相磁轭的激磁电流分别为:

$$I_x=I_m\sin\omega t \tag{2-12}$$

$$I_y=I_m\sin(\omega t-\Phi) \tag{2-13}$$

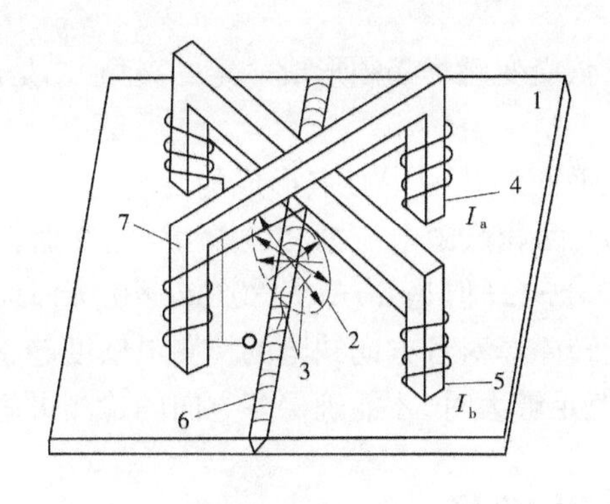

1—工件；2—旋转磁场；3—缺陷；
4、5—交流电；6—焊接接头；7—交叉磁轭

图 2-25　交叉磁轭示意

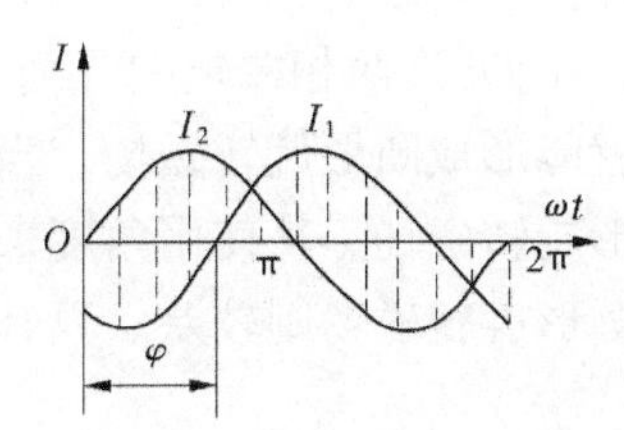

图 2-26　激磁电流波形图

当两相磁轭的几何夹角 α 与两相磁轭激磁电流的相位差 Φ 均为 90°时，在磁极所在面的几何中心点将形成圆形旋转磁场，一周期内其合成磁场轨迹为圆。而且其幅值始终与 H_m 相等，这就是为什么使用交叉磁轭一次磁化操作就能发现任何方向缺陷的原因。另外，由于交叉磁轭形成的旋转磁场，与交流电磁轭的磁场不同，它的磁场没有通过零点的瞬间，所以交叉磁轭的提升力也就远远高于交流电磁轭。

2.4.4.2　旋转磁场的形成及其分布规律

旋转磁场形成的几何模型：旋转磁场只有具备一定条件，才能在两个正弦交变磁场同时存在的情况下形成。由于磁场是矢量，而且磁力线是不能交叉的，当同一位置存在两个磁场时，其合成磁场是由两个磁场矢量叠加的结果。而正弦交变磁场的大小和方向是随时间而变化的。要想求出某一点的合成磁场，只能按照两个正弦交变磁场在某相位时，各自形成的磁场方向和大小进行矢量叠加，从而求出其瞬时的合成磁场的方向和大小。如果求出若干个不同瞬时（相位）的合成磁场，就能描绘出旋转磁场的形成过程。

图 2-27 为交叉磁轭的四个磁极所在平面几何中心点旋转磁场如何形成的几何模型。该图是两相磁轭的几何夹角 $\alpha=90°$，两相磁轭激磁电流的相位差 $\Phi=2\pi/3$ 时，不同瞬间其合成磁场形成的过程。此图是按每隔 $\pi/6$ 的相位角进行一次磁场合成的结果。

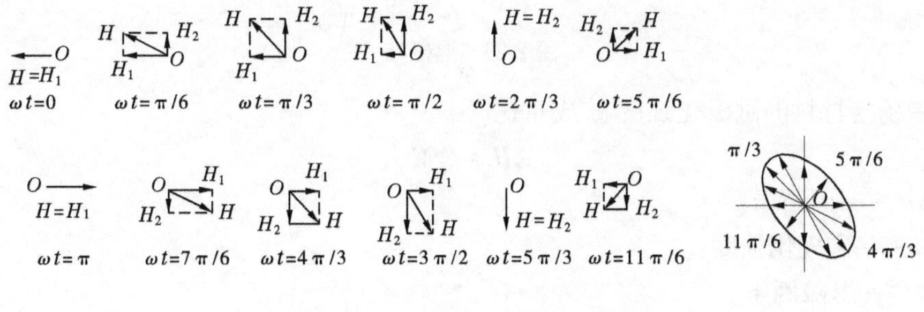

图 2-27　交叉磁轭产生的旋转磁场

由图 2-27 不难看出，随着时间的变化，合成磁场的方向在旋转，当激磁电流相位角 ωt 由 0 逐渐变到 2π 时，其合成磁场正好旋转一周，所需时间为 0.02 s。

2.4.4.3 影响旋转磁场形成的因素

产生旋转磁场的必要条件：一是两相正弦交变磁场必须形成一定的夹角，二是两相交流电必须具有一定的相位差。

评价旋转磁场，通常利用四个磁极所在平面的几何中心点形成的旋转磁场形状进行描述。比如，当两相磁轭的几何夹角 $\alpha=90°$、两相激磁电流的相位差 $\Phi=\pi/2$ 时，几何中心点就能形成圆形旋转磁场。当 $\alpha\neq90°$，$\Phi\neq\pi/2$（但是 $\alpha\neq0°$、$180°$，$\Phi\neq0$、π）时将形成椭圆形旋转磁场。从使用角度来说，圆形旋转磁场对各方向缺陷的检测灵敏度趋于一致，而椭圆形旋转磁场则较差。只有在激磁规范足够大时，才能确保各方向的检测灵敏度。

2.5 退磁场

2.5.1 退磁场

将直径相同、长度不同的几根圆钢棒，放在同一线圈中用相同的磁场强度磁化，将标准试片贴在圆钢棒中部表面，或用磁强计测量圆钢棒中部表面的磁场强度，会发现长径比大的圆钢棒比长径比小的圆钢棒上磁痕显示清晰，磁场强度也大。出现这种现象的原因是，圆钢棒在外加磁场中磁化时，在它的端头产了磁极，这些磁极形成了磁场 ΔH，其方向与外加磁场 H_0 相反，因而削弱了外加磁场 H_0 对圆钢棒的磁化作用。所以，把铁磁性材料磁化时，由材料中磁极所产生的磁场称为退磁场，也叫反磁场，它对外加磁场有削弱作用，用符号 ΔH 表示，见图 2-28。

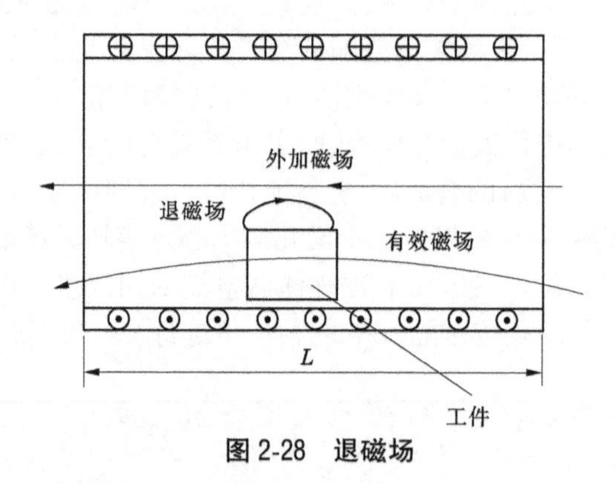

图 2-28 退磁场

退磁场与材料的磁极化强度 M 成正比。

$$\Delta H = NM \tag{2-14}$$

式中 ΔH——退磁场；

M——磁极化强度；

N——退磁因子。

2.5.2 有效磁场

铁磁性材料磁化时，只要在工件上产生磁极，就会产生退磁场，它削弱了外加磁场。

所以,工件上的有效磁场用 H 表示,等于外加磁场 H_0 减去退磁场 ΔH,即退磁场愈大,铁磁性材料愈不容易磁化,退磁场总是起着阻碍磁化的作用,其数学表达式为:

$$H = \Delta H = H_0 - N\left(\frac{B}{\mu_0} - H\right) = H_0 - N\left(\frac{\mu H}{\mu_0} - H\right) = H_0 - NH(\mu_0 - 1) \tag{2-15}$$

$$H = \frac{H_0}{1 + N(\mu_r - 1)} \tag{2-16}$$

式中　H——有效磁场,A/m;

H_0——外加磁场,A/m;

ΔH——退磁场,A/m;

μ_r——相对磁导率。

2.5.3　影响退磁场大小的因素

退磁场使工件上的有效磁场减小,同样也使磁感应强度减小,直接影响工件的磁化效果。为了保证工件磁化结果,必须研究影响退磁场大小的因素,如用适当增大磁场强度或 L/D 值的方法,克服退磁场的影响。

(1)退磁场大小与外加磁场强度大小有关。

外加磁场强度愈大,工件磁化得愈好,产生的 N 极和 S 极磁场愈强,因而退磁场也愈大。

(2)退磁场大小与工件 L/D 有关。

工件 L/D 愈大,退磁场愈小。这可以通过对两根长度相同而直径不同的钢棒分别放在同一线圈中,用相同的磁场强度磁化时,L/D 大的比 L/D 小的钢棒表面磁场强度大,标准试片上磁痕清晰,说明退磁场小。

对于工件横截面为非圆柱形,设横截面面积为 A,计算 L/D,应该用有效直径 D_{eff} 代替直径 D,则

$$D_{eff} = 2\sqrt{\frac{A}{\pi}} \tag{2-17}$$

(3)退磁因子 N 与工件几何形状有关。

纵向磁化所需的磁场强度大小与工件的几何形状及 L/D 值有关。这种影响磁场强度的几何形状因素称为退磁因子,用 N 表示,它是 L/D 的函数。对于完整闭合的环形试样,$N=0$;对于球体,$N=0.333$;长短轴比值等于 2 的椭圆体,$N=0.73$;对于圆钢棒,N 与钢棒的长度和直径比 L/D 的关系是,L/D 越小,N 越大,也就是说,随着 L/D 的减小,N 增大、退磁场增大,如表 2-2 所示。

(4)磁化尺寸相同的钢管和钢棒,钢管比钢棒产生的退磁场小。

设钢棒横截面面积为 D,与钢管外直径 D_0 相等,钢管的有效直径与钢管外直径 D_0 和钢管内直径 D_i 的关系是:

$$D_{eff} = \sqrt{D_0^2 - D_i^2}$$

显然 $D>D_{eff}$,所以,$\frac{L}{D_{eff}}>\frac{L}{D}$,即直径相同的钢管比钢棒的退磁场小。

(5)磁化同一工件,交流电比直流电产生的退磁场小。

表 2-2　圆钢棒的退磁因子与 L/D 的关系

L/D	N	
	SI 单位制	CGS 单位制
1	0.270	3.390
2	0.140	1.760
5	0.040	0.500
10	0.017	0.215
20	0.006	0.070

因为交流电有趋肤效应，比直流电渗入深度浅，所以交流电在钢棒端头形成的磁极磁性小，故交流电比直流电磁化同一工件时的退磁场小。

2.5.4　退磁场计算

【例 2-5】　一长度为 200 mm 的键销，截面为正方形，边长为 15 mm，求 L/D 值。

解：截面面积为 $A=15\times15=225(\text{mm}^2)$，代入式(2-17)，$D_{\text{eff}}=2\sqrt{\dfrac{A}{\pi}}=2\sqrt{\dfrac{225}{3.14}}=16.93$ (mm)

$L/D_{\text{eff}}=200/16.93\approx11.81$

答：L/D 值为 11.81。

【例 2-6】　对圆钢棒长为 1 m，直径分别为 0.1 m、0.2 m 和 0.5 m 的三个钢棒分别用通电线圈磁化，要使钢棒上的有效磁场强度达到 2 400 A/m，求必要的外加磁场强度 H?（从该钢的磁化曲线查到，磁场强度为 2 400 A/m 时，磁感应强度为 0.8 T）。

解：当 $L/D=1/0.1=10$ 时，$N=0.017$。

当 $L/D=1/0.2=5$ 时，$N=0.04$。

当 $L/D=1/0.5=2$ 时，$N=0.14$。

$\mu=B/H=0.8/2\,400\ (\text{H/m})\approx0.000\,33(\text{H/m})$

$$\mu_r=\mu/\mu_0=0.000\,33/(4\pi\times10^{-7})\approx263$$

$$H=2\,400\ \text{A/m}$$

当 $L/D=10$ 时，代入式(2-16)中：

$H_0=H[1+N(\mu_r-1)]=2\,400[1+0.017(263-1)]=13\,090\ (\text{A/m})\approx163(\text{Oe})$

当 $L/D=5$ 时，代入式(2-16)中：

$H_0=H[1+N(\mu_r-1)]=2\,400[1+0.04(263-1)]=27\,552\ (\text{A/m})\approx344(\text{Oe})$

当 $L=2$ 时，代入式(2-16)中：

$H_0=H[1+N(\mu_r-1)]=2\,400[1+0.14(263-1)]=90\,432\ (\text{A/m})\approx1\,130(\text{Oe})$

结果讨论：从 $L/D=10$、$L/D=5$ 和 $L/D=2$ 时求出的必要外加磁场 H_0 可以看出，退磁场与工件的形状即 L/D 关系极大，N 随着 L/D 的增大而下降，退磁场影响也减小，磁化需要的外加磁场强度亦小得多；当 $L/D\leqslant2$ 时，退磁场影响很大，工件磁化需要很大的外加磁场强度。只有外加磁场强度 H_0 远远大于有效磁场强度 H 时，才足以克服退磁场的影响,对工件进行有效的磁化。实际上通电线圈很难产生上千奥斯特的外加磁场强度,所以在实际检测中,对 $L/D \leqslant 2$ 的工件通常采用延长块将工件接长,以增大 L/D 值,减小退磁场的影响。

2.6　磁路与磁感应线的折射

2.6.1　磁路

在铁磁性材料(包括气隙)内,磁感应线通过的闭合路径叫磁路。

铁磁性材料磁化后,不仅能产生附加磁场,而且还能够把绝大部分磁感应线约束在一定的闭合路径上,见图 2-29。

磁路可用电路来模拟。

设一密绕螺线环的面积为 S,长度为 L,见图 2-30。介质的磁导率为 μ,环中的磁场强度为

$$H = NI/L \tag{2-18}$$

式中　N——线圈匝数;

I——每匝线圈中的电流。

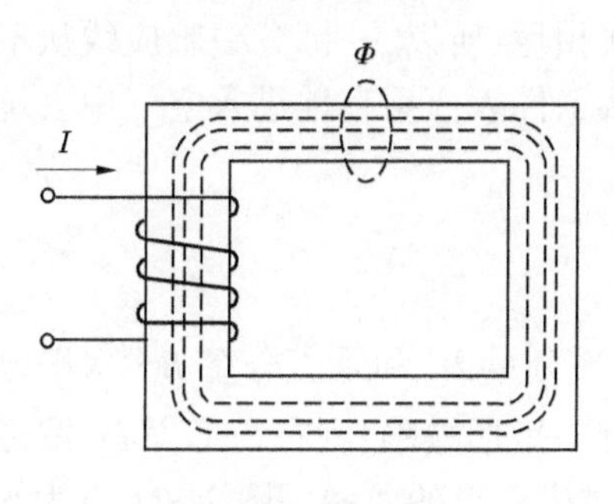

图 2-29　磁路

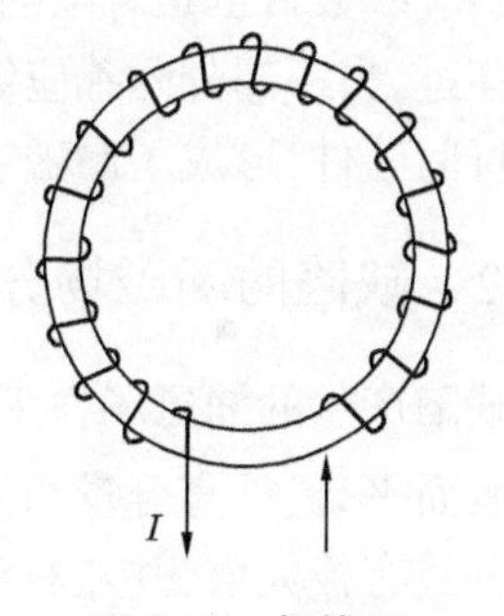

图 2-30　螺线环

磁通量 $\Phi = BS = \mu HS$,将式(2-18)代入,得

$$\Phi = \frac{NI}{L/\mu S} = \frac{NI}{R_m} \tag{2-19}$$

式(2-20)与电路的欧姆定律相似,Φ 相当于电流,磁动势 NI 相当于电压,$L/\mu S$ 相当于电阻,称为磁阻,用 R_m 表示,故磁路的磁阻与磁路的长度成正比,与其截面面积及其磁路的铁磁性材料的磁导率成反比,从式(2-20)中还可看出,磁通量等于磁动势与磁阻之比,称为磁路定律。

2.6.2　磁感应线的折射

当磁通量从一种介质进入另一种介质时,它的量不变。但是,如果一种介质与另一种介质的磁导率不同,那么,这两种介质中的磁感应强度便会显著不同。这说明在不同磁导率的两种材料的界面上磁感应线的方向会突变,这种突变称作磁感应线的折射,这种折射

与光波或声波的折射极其相似,并遵从折射定律:

$$\frac{\tan\alpha_1}{\mu_1}=\frac{\tan\alpha_2}{\mu_2} \tag{2-20}$$

$$\frac{\tan\alpha_1}{\tan\alpha_2}=\frac{\mu_1}{\mu_2}=\frac{\mu_{r1}}{\mu_{r2}} \tag{2-21}$$

当磁感应线由钢铁进入空气,或者由空气进入钢铁,在空气中磁感应线实际上是与界面垂直的。这是由于钢铁和空气的磁导率相差 $10^2\sim10^3$ 的数量级的缘故。

2.7　漏磁场与磁粉检测

2.7.1　漏磁场的形成

所谓漏磁场,就是铁磁性材料磁化后,在不连续性处或磁路的截面变化处,磁感应线离开和进入表面时形成的磁场。

漏磁场的形成原因,是由于空气的磁导率远远低于铁磁性材料的磁导率。如果在磁化了的铁磁性工件上存在着不连续性或裂纹,则磁感应线优先通过磁导率高的工件,这就迫使一部分磁感应线从缺陷下面绕过,形成磁感应线的压缩。但是,工件上这部分可容纳的磁感应线数目也是有限的,又由于同性磁感应线相斥,所以,一部分磁感应线从不连续性中穿过,另一部分磁感应线遵从折射定律几乎从工件表面垂直地进入空气中去绕过缺陷又折回工件,形成了漏磁场。

2.7.2　缺陷的漏磁场分布

缺陷产生的漏磁场在工件表面可以分解为水平分量 B_x 和垂直分量 B_y,水平分量与工件表面平行,垂直分量与工件表面垂直。假设有一矩形缺陷,则在矩形中心,漏磁场的水平分量有极大值,并左右对称;而垂直分量为通过中心点的曲线。图 2-31(a)为水平分量,图 2-31(b)为垂直分量,如果将两个分量合成,则可得到如图 2-31(c)所示的合成的漏磁场。

缺陷处产生漏磁场是磁粉检测的基础。但是,漏磁场是看不见的,还必须有显示或检测漏磁场的手段。磁粉检测是通过漏磁场引起磁粉聚集形成的磁痕显示进行检测的。漏磁场对磁粉的吸引可看成是磁极的作用,如果在磁极区有磁粉,则将被磁化,也呈现出 N 极和 S 极,并沿着磁感应线排列起来。当磁粉的两极与漏磁场的两极相互作用时,磁粉就会被吸引并加速移到缺陷上去。漏磁场的磁力作用在磁粉微粒上,其方向指向磁感应线最大密度区,即指向缺陷处,见图 2-32。

漏磁场的宽度要比缺陷的实际宽度大数倍至数十倍,所以磁痕对缺陷宽度具有放大作用,能将目视不可见的缺陷变成目视可见的磁痕,使之容易观察出来。

磁粉除了受漏磁场的磁力作用,还受重力、液体介质的悬浮力、摩擦力、磁粉微粒间的静电力与磁力的作用,磁粉在这些合力作用下,即漏磁场吸引力把磁粉吸引到缺陷处,见图 2-33。

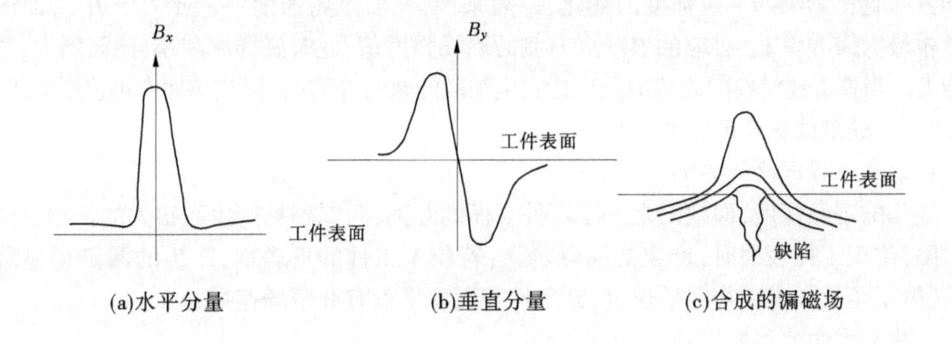

图 2-31　缺陷的漏磁场分布

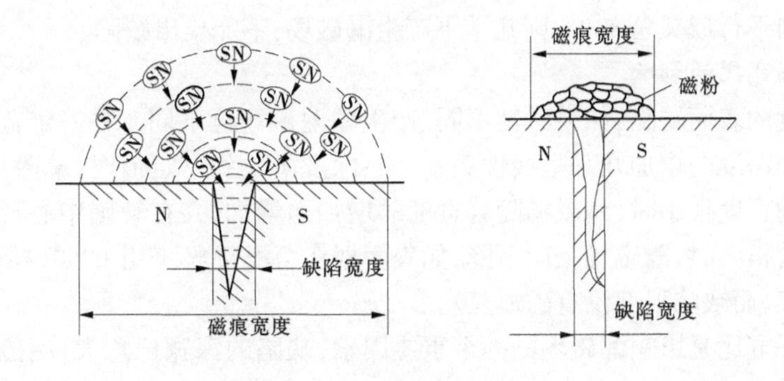

图 2-32　磁粉受漏磁场吸引

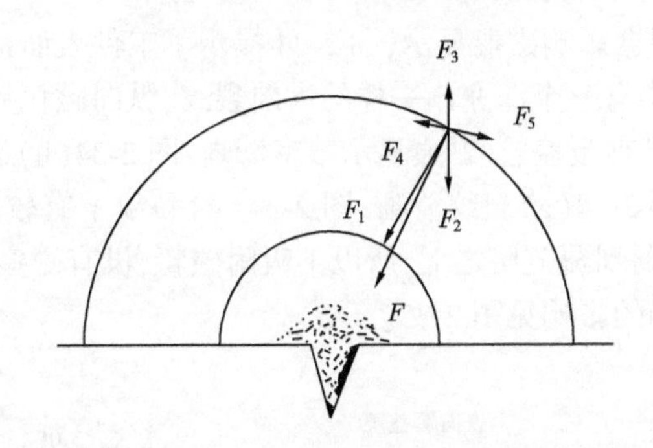

F_1—漏磁场磁力;F_2—重力;F_3—液体介质的悬浮力;F_4—磁力;F_5—静电力

图 2-33　磁粉的受力分析

2.7.3　影响漏磁场的因素

漏磁场的大小,对检测缺陷的灵敏度至关重要。由于真实的缺陷具有复杂的几何形状,准确计算漏磁场的大小是难以实现的,测量又受试验条件的影响,所以定性地讨论影响漏磁场的规律和因素,具有很重要的意义。

2.7.3.1　外加磁场强度的影响

缺陷的漏磁场大小与工件磁化程度有关,从铁磁性材料的磁化曲线可知,外加磁场大小和方向直接影响磁感应强度的变化，一般来说，外加磁场强度一定要大于 $H_{\mu m}$，即选择在产生最大磁导率 μ_m 对应的 $H_{\mu m}$ 点右侧的磁场强度值，此时磁导率减小，磁阻增大，漏磁场增大。当铁磁性材料的磁感应强度达到饱和值的 80%左右时，漏磁场便会迅速增大。

2.7.3.2　缺陷位置及形状的影响

1. 缺陷埋藏深度的影响

缺陷的埋藏深度，即缺陷上端距工件表面的距离，对漏磁场产生有很大的影响。同样的缺陷，位于工件表面时，产生的漏磁场大；若位于工件的近表面，产生的漏磁场显著减小；若位于距工件表面很深的位置，则工件表面几乎没有漏磁场存在。

2. 缺陷方向的影响

缺陷的可检出性取决于缺陷延伸方向与磁场方向的夹角，当缺陷垂直于磁场方向，漏磁场最大，也最有利于缺陷的检出，灵敏度最高，随着夹角由 90°减小，灵敏度下降；若缺陷与磁场方向平行或夹角<30°，则几乎不产生漏磁场，不能检出缺陷。

3. 缺陷深宽比的影响

同样宽度的表面缺陷，如果深度不同，产生的漏磁场也不同。在一定范围内，漏磁场的增加与缺陷深度的增加几乎呈线性关系。当深度增大到一定值时，漏磁场增加变得缓慢。当缺陷的宽度很小时，漏磁场随着宽度的增加而增加，并在缺陷中心形成一条磁痕；当缺陷的宽度很大时，漏磁场反而下降，如表面划伤又浅又宽，产生的漏磁场很小，在缺陷两侧形成磁痕，而缺陷根部没有磁痕显示。

缺陷的深宽比是影响漏磁场的一个重要因素，缺陷的深宽比愈大，漏磁场愈大，缺陷愈容易检出。

2.7.3.3　工件表面覆盖层的影响

工件表面的覆盖层会影响磁痕显示，图 2-34 揭示了工件表面覆盖层对漏磁场和磁痕显示的影响。图 2-34 中有三个深宽比一样的横向裂纹，纵向磁化后产生同样大小的漏磁场，图 2-34(a)裂纹上没有覆盖层，磁痕显示浓密清晰；图 2-34(b)裂纹上覆盖着较薄的一层，有磁痕显示，不如图 2-34(a)裂纹清晰；图 2-34(c)裂纹上有较厚的表面覆盖层，如厚的漆层，漏磁场不能泄漏到覆盖层之上，所以不吸附磁粉，没有磁痕显示，磁粉检测就会漏检。漆层厚度对漏磁场的影响见图 2-35。

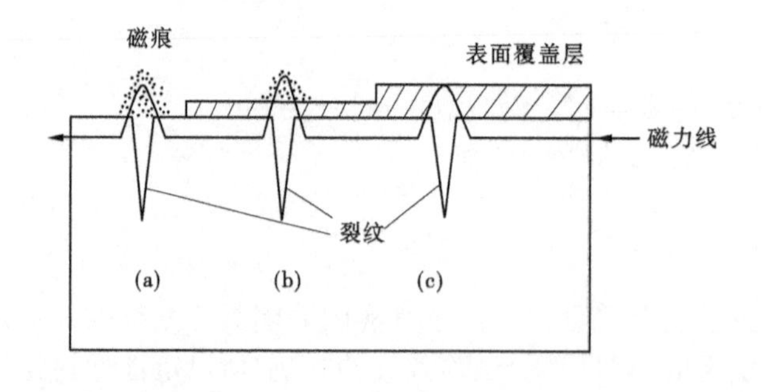

图 2-34　表面覆盖层对磁痕显示的影响

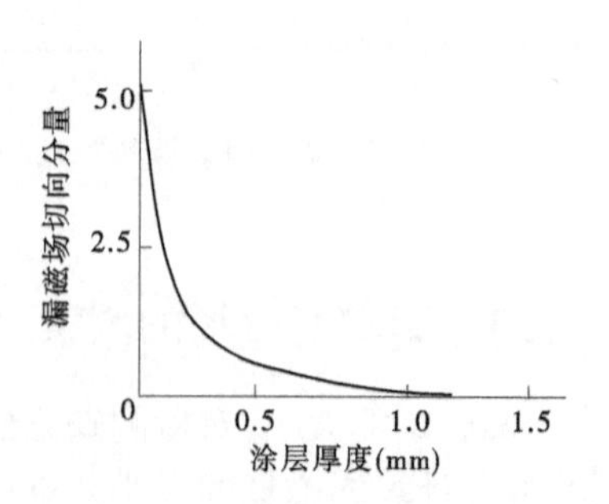

图 2-35　漆层厚度对漏磁场的影响

2.7.3.4　工件材料及状态的影响

根据化学成分的不同,钢材分为碳素钢和合金钢。碳素钢是铁和碳的合金,含碳量小于0.25%的称为低碳钢,含碳量在0.25%~0.60%的称为中碳钢,含碳量大于0.6%的称为高碳钢。碳素钢的主要组织是铁素体、珠光体、渗碳体、马氏体和残余奥氏体。铁素体和马氏体呈铁磁性;渗碳体呈弱磁性;珠光体是铁素体与渗碳体的混合物,具有一定的磁性;奥氏体不呈现磁性。合金钢是在碳素钢里加入各种合金元素而成的。

钢的主要成分是铁,因而具有铁磁性。但1Cr18Ni9和1Cr18Ni9Ti室温下属奥氏体不锈钢,没有磁性,不能进行磁粉检测。高铬不锈钢如1Cr13、Cr17Ni2,室温下的主要成分为铁素体和马氏体,具有一定的磁性,能够进行磁粉检测。另外,沉淀硬化不锈钢也有磁性,能够进行磁粉检测。

钢铁材料的晶格结构不同,磁特性便有所变化。面心立方晶格的材料是非磁性材料。而体心立方晶格的材料是铁磁性材料。但体心立方晶格如果发生变形,其磁性也将发生很大变化。例如,当合金成分进入晶格及冷加工或热处理使晶格发生畸变时,都会改变磁性。矫顽力与钢的硬度有着相对应的关系,即随着硬度的增大而增大,漏磁场也增大。

下面列举工件材料和状态对磁场的影响:

(1)晶粒大小的影响。

晶粒愈大,磁导率愈大,矫顽力愈小,漏磁场就小;相反,晶粒愈小,磁导率愈小,矫顽力愈大,漏磁场也愈大。

(2)含碳量的影响。

对碳钢来说,在热处理状态接近时,对磁性影响最大的合金成分是碳,随着含碳量的增加,矫顽力几乎成线性增加,相对磁导率则随着含碳量的增加而下降,漏磁场也增大,见表2-3。

表2-3　含碳量对钢材磁性的影响

钢牌号	含碳量(%)	状态	H_c(A/m)	μ_r
40	0.4	正火	584	620
D-60	0.6	正火	640	522
T10A	1.0	正火	1 040	439

(3)热处理的影响。

钢材处于退火与正火状态时,其磁性差别不是很大,而退火与淬火状态的差别却是较大的。淬火可提高钢材的矫顽力和剩磁,而使漏磁场增大。但淬火后随着回火温度的升高,材料变软,矫顽力降低,漏磁场也降低。

如:40钢,在正火状态下矫顽力为580 A/m;在860 ℃水淬,300 ℃回火,矫顽力为1 520 A/m,提高回火温度到460 ℃时,矫顽力则降为720 A/m。

(4)合金元素的影响。

由于合金元素的加入,材料硬度增加,矫顽力也增加,所以漏磁场也增加。如正火状态的40钢和40Cr钢,矫顽力分别为584 A/m和1 256 A/m。

(5)冷加工的影响。

冷加工如冷拔、冷轧、冷校和冷挤压等加工工艺,将使材料表面硬度增加和矫顽力增大。随着压缩变形率的增加,矫顽力和剩磁均增加,漏磁场也增大。

2.8 磁粉检测的光学基础

光是任何能够直接引起视觉的电磁辐射,光度学是有关视觉效应评价辐射量的学科。磁粉检测观察和评定磁痕显示,必须在可见光或黑光下进行,其光源的发光强度、光通量、光照度、辐射照度和光亮度都与检测结果直接有关。光度量术语及单位具体如下。

(1)发光强度。

发光强度是指光源在给定方向上单位立体角内传输的光通量,用符号 I 表示,单位是坎德拉(cd)。

(2)光通量。

光通量是指能引起眼睛视觉强度的辐射通量。用符号 Φ 表示,单位是流明(lm)。流明(lm)是发光强度为 1 坎德拉的均匀点光源在 1 球面度立体角内发出的光通量。

(3)照度。

照度也称光照度,是单位面积上接收的光通量。用 E 表示,单位是勒克斯(lx)。勒克斯(lx)是 1(lm)的光通量均匀分布在 1 m^2 表面上产生的光照度,1 lx=1 lm/m^2。

(4)辐照度。

辐照度又称辐射照度,是入射的辐射通量与该辐射面积之比。单位是:瓦特/米^2(1 W/ m^2=100 μW/cm^2)。

(5)紫外线。

紫外线是指波长为 100~400 nm 的不可见光,其波谱图位于可见光和 X 射线之间,如图 2-36 所示。不是所有的紫外线都可以用于荧光磁粉检测,只有波长为 320~400 nm 的黑光才能用于荧光磁粉检测。

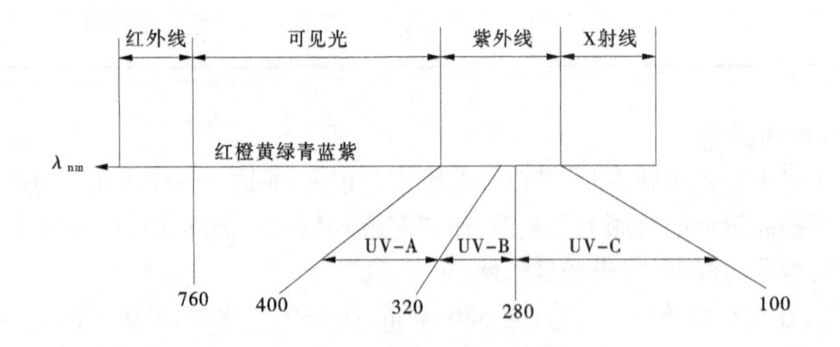

图 2-36 紫外线电磁波谱图

国际照明委员会把紫外线分成如下三种范围:

波长 320~400 nm 的紫外线称为 UV-A、黑光或长波紫外线,UV-A 波长的紫外线,适用于荧光磁粉检测,它的峰值波长约为 365 nm。

波长 280~320 nm 的紫外线称为 UV-B 或中波紫外线,又叫红斑紫外线。UV-B 具有使皮肤变红的作用,还可引起晒斑和雪盲,不能用于磁粉检测。

波长 100~280 nm 的紫外线称为 UV-C 或短波紫外线,UV-C 具有光化和杀菌作用,能引起猛烈的燃烧,还伤害眼睛,也不能用于磁粉检测,医院使用 UV-C 紫外线来杀菌。

磁粉检测人员佩戴眼镜观察磁痕有一定的影响,如光敏(光致变色)眼镜在黑光辐射时会变暗,变暗程度与辐射的入射量成正比,影响对荧光磁粉磁痕的观察和辨认,因此不允许使用。由于荧光磁粉检验区域的紫外线,不允许直接或间接地射入人的眼睛内,为避免人的眼睛不必要地暴露在紫外线辐射下,可佩戴吸收紫外线的护目眼镜,它能阻挡紫外线和大多数紫光与蓝光。但应注意,不得降低对黄绿色荧光磁粉磁痕的检出能力。

(6)黑光灯。

黑光灯的结构如图 2-37 所示,常用的黑光灯如图 2-38、图 2-39 所示。简单的工作原理是由辅助电极和一个主电极之间发生辉光放电,这时石英管内温度升高,水银逐渐汽化,等到管内产生足够的水银蒸气时,方才发生主电极间的水银弧光放电,产生紫外线。这个过程需要 3~5 min 。

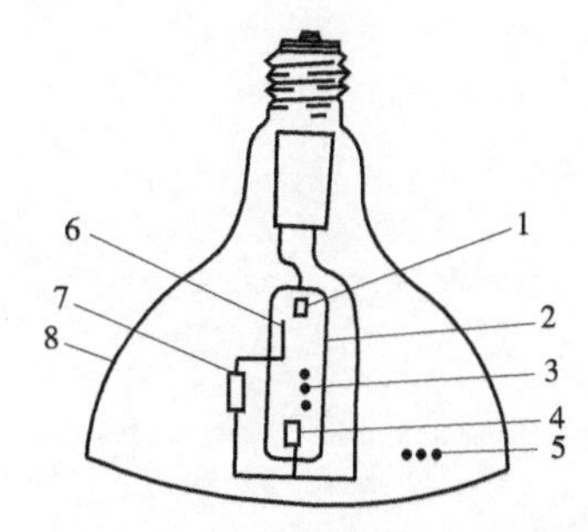

1、4—主电极；2—石英内管；3—水银和氖气；5—抽真空或充氮气或惰性气体；6—辅助电极；7—限流电阻；8—玻璃外壳

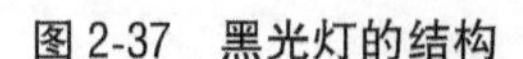
图 2-37　黑光灯的结构

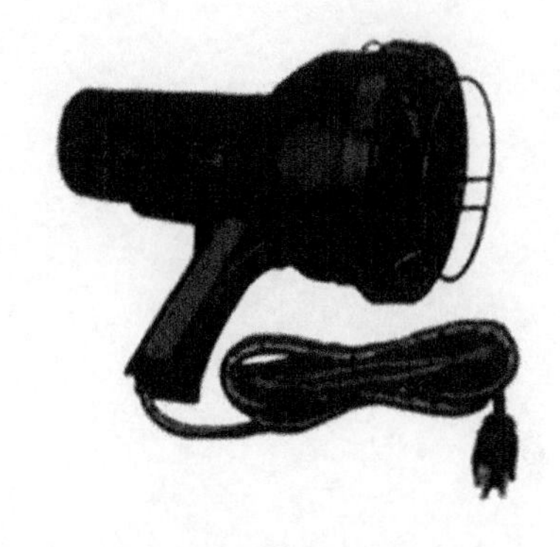

图 2-38　黑光灯

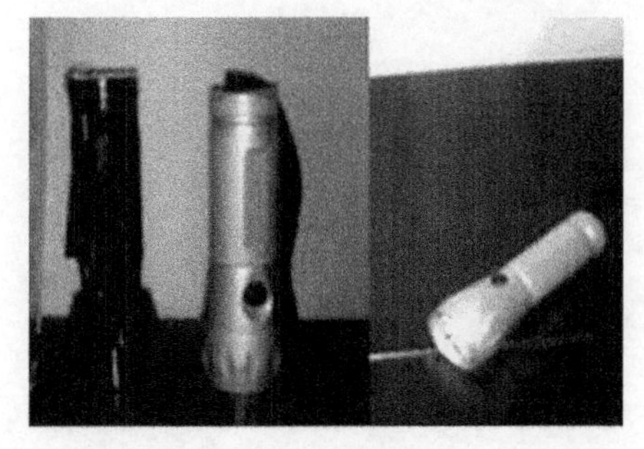

图 2-39　便携式黑光灯

黑光灯外壳用深紫色镍玻璃制成,镍玻璃能吸收可见光,仅让 320~400 nm 波长的黑光通过。外壳锥体内镀有银,可起到聚光作用,大大提高黑光灯的辐照度。

黑光灯发出的光,既包括不可见的紫外光,也包括可见光。不可见光峰值在 365 nm 附近,这正是激发荧光磁粉所需要的波长,而可见光和中波及短波紫外线则是不需要的。因为可见光影响荧光磁粉磁痕的识别,中波和短波紫外光对人眼有伤害。因此,采用滤光片将不需要的光线滤掉,仅让波长 320~400 nm 的长波紫外线(UV-A 黑光)通过,所以把这种紫外灯通常叫作黑光灯。

第 3 章　磁化方法及规范

3.1　磁化电流

在电场作用下,电荷有规则的运动形成了电流。电流通过的路径称为电路,它一般由电源、连接导线和负载组成。单位时间内流过导体某一截面的电量叫电流,用 I 表示,单位是安培(A)。

在磁粉检测中是用电流来产生磁场的,常用不同的电流对工件进行磁化。这种为在工件上形成磁化磁场而采用的电流叫作磁化电流。由于不同电流随时间变化的特性不同,在磁化时所表现出的性质也不一样,因此在选择磁化设备与确定工艺参数时,应该考虑不同电流种类的影响。磁粉检测采用的磁化电流有交流电、整流电(包括单相半波整流电、单相全波整流电、三相半波整流电和三相全波整流电)、直流电和冲击电流,其电流的波形、电流表指示和换算关系见表 3-1。其中,最常用的磁化电流有交流电、单相半波整流电和三相全波整流电三种。表 3-1 中,电流有效值、峰值和平均值分别用符号 I、I_m、和 I_d 表示。

表 3-1　磁化电流的波形、电流表指示和换算关系

电流波形	电流表指示	换算关系	峰值为 100 A 时电流表读数(A)
交流	有效值	$I_m=\sqrt{2}I$	70
单相半波	平均值	$I_m=\pi I_d$	32
	两倍平均值	$I_m=\frac{\pi}{2}I_d$	65
单相全波	平均值	$I_m=\frac{\pi}{2}I_d$	65

续表 3-1

电流波形	电流表指示	换算关系	峰值为 100 A 时电流表读数(A)
三相半波 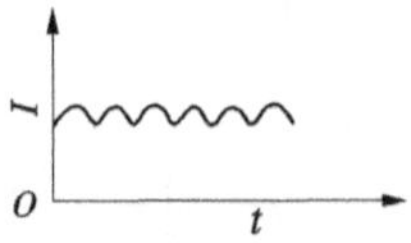	平均值	$I_m = \frac{2\pi}{3\sqrt{3}} I_d$	83
三相全波 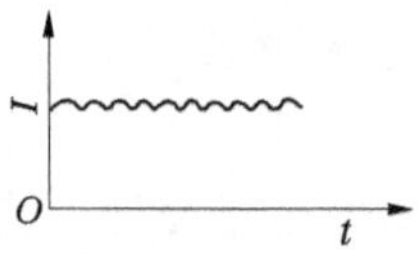	平均值	$I_m = \frac{\pi}{3} I_d$	95
直流 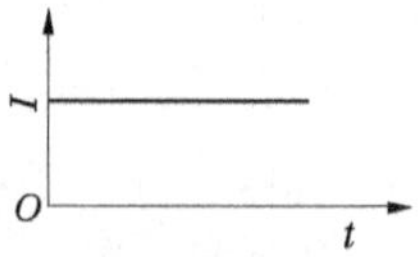	平均值	$I_m = I_d$	100
冲击电流 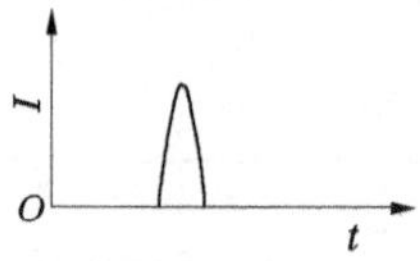			

3.1.1 交流电

3.1.1.1 交流电流

大小和方向随时间按正弦规律变化的电流称为正弦交流电，简称交流电，用符号 AC 表示。如图 3-1 所示。

交流电在一个周期内的电流最大值叫峰值，用 I_m 表示。在工程上还应用有效值和平均值。交流电的有效值，是指在相同的电阻上分别通以直流电流和交流电流，经过一个交流周期时间，电阻上所损失的电能如果相等，则把该直流电流的大小作为交流电流的有效值，用 I 表示。从交流电流表上读出的电流值是有效值。交流电的峰值 I_m 和有效值 I 的换算关系为：

$$I_m = \sqrt{2} I \approx 1.414I \tag{3-1}$$

或

$$I = \frac{I_m}{\sqrt{2}} = 0.707I_m$$

交流电在半个周期($T/2$)范围内各瞬间的算术平均值称为交流电的平均值，用 I_d 表示。也可以用图解法求出，如图 3-1 所示矩形的高度代表交流电平均值。交流电峰值和

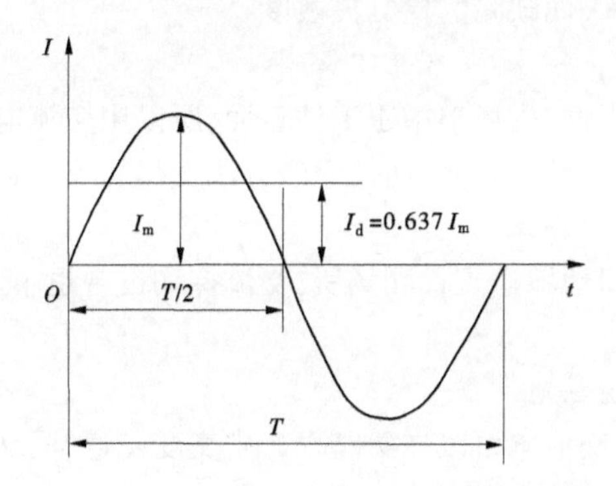

图 3-1　正弦交流电及在半个周期内平均值

平均值的换算关系为：

$$I_d = (2/\pi) I_m \approx 0.637 I_m \tag{3-2}$$

在一个周期内，交流电的平均值等于零。

3.1.1.2　**趋肤效应**

交变电流通过导体时，导体表面电流密度较大而内部电流密度较小的现象称为趋肤效应(或集肤效应)。这是由于导体在变化着的磁场里因电磁感应而产生涡流，在导体表面附近，涡流方向与原来电流方向相同，使电流密度增大；而在导体轴线附近，涡流方向则与原来电流方向相反，使导体内部电流密度减弱，如图 3-2 所示。材料的电导率和相对磁导率增加时，或交流电的频率提高时，都会使趋肤效应更加明显。通常 50 Hz 交流电的趋肤深度，也称交流电的透入深度 δ，大约为 2 mm，透入深度 δ 可用下式表示：

$$\delta = \frac{500}{\sqrt{f\sigma\mu_r}} \tag{3-3}$$

式中　δ——交流电趋肤深度，m；

f——交流电频率，Hz；

σ——材料电导率，S/m；

μ_r——相对磁导率，H/m。

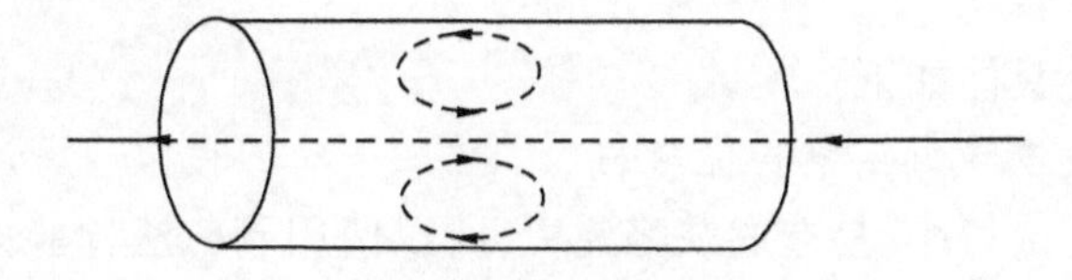

图 3-2　趋肤效应

3.1.1.3　**交流电的优点和局限性**

1. 交流电的优点

在我国磁粉检测中，交流电被广泛应用，是由于它具有以下优点。

1) 对表面缺陷检测灵敏度高

由于趋肤效应在工件表面电流密度最大，所以磁通密度也最大，有助于表面缺陷产生漏磁场，从而提高了工件表面缺陷的检测灵敏度。

2）容易退磁

因为交流电磁化的工件，磁场集中于工件表面，所以用交流电容易将工件上的剩磁退掉，还因为交流电本身不断地换方向，而使退磁方法变得简单又容易实现。

3）电源易得，设备结构简单

由于电流电源能方便地输送到检测场所，交流探伤设备也不需要可控硅整流装置，结构较简单。

4）能够实现感应电流法磁化

根据电磁感应定律，交流电可以在磁路里产生交变磁通，而交变磁通又可以在回路产生感应电流，对环形件实现感应电流法磁化。

5）能够实现多向磁化

多向磁化常用两个交流磁场相互叠加来产生旋转磁场或用一个直流磁场和一个交流磁场矢量合成来产生摆动磁场。

6）磁化变截面工件磁场分布较均匀

用固定式电磁轭磁化变截面工件时，可发现用交流电磁化，工件表面上磁场分布较均匀。若用直流电磁化，工件截面突变处有较多的泄漏磁场，会掩盖该部位的缺陷显示。

7）有利于磁粉迁移

由于交流电的方向在不断地变化，所产生的磁场方向也在不断地改变，它有利于搅动磁粉促使磁粉向漏磁场处迁移，使磁痕显示清晰可见。

8）用于评价直流电（或整流电）磁化发现的磁痕显示

由于直流电磁化较交流电磁化发现的缺陷深，所以直流电磁化发现的磁痕显示，若退磁后用交流电磁化发现不了，说明该缺陷不是表面缺陷，有一定的深度。

9）适用于在役工件的检验

用交流电磁化，检验在役工件表面疲劳裂纹灵敏度高，设备简单轻便，有利于现场操作。

10）交流电磁化时工序间可以不退磁

交流电产生的磁场方向不断变化，两次磁化工序之间可以不考虑工件上的剩磁。

2. 交流电的局限性

交流电的局限性具体如下：

1）剩磁法检验受交流电断电相位影响

剩磁大小不稳定或偏小，易造成缺陷漏检，所以使用剩磁法检验的交流探伤设备，应配备断电相位控制器。

2）探测缺陷深度小

对于钢件 ϕ 1 mm 人工孔，交流电的探测深度，剩磁法约为 1 mm，连续法约为 2 mm。

3.1.1.4　交流电断电相位的影响

图 3-3 表示交流电磁化与产生剩磁的关系。0、1、2、3、4、5、6 表示交流电与产生的磁滞回线上各点的对应关系。如果交流电在正弦周期的（$\pi/2 \sim \pi$）、（$3\pi/2 \sim 2\pi$）或在零值断电，即在磁滞回线的 1~2 和 4~5 范围内断电，工件上将得到最大剩磁 B_r，对应坐标上

的 02 和 05。若断电发生在正弦周期的(0~π/2)和(π~3π/2),如在磁滞回线的 3 和 6 处断电,由于铁磁性材料的磁滞特性,对应的磁化曲线到达 3′和 6′,得到剩磁 B_r',对应坐标上的 03′和 06′。显然 03′<02,06′<05。所以剩磁 $B_r'<B_r$。由此看出,剩磁大小与交流电的断电相位有关。

为了克服剩磁法检验交流电断电相位的影响,在交流探伤机上应加装断电相位控制器。如 XKQ-Ⅲ型断电相位控制器,采用逻辑电路控制,保证交流电一定在 π 或 2π 处断电,保证剩磁稳定,检测结果可靠。

3.1.1.5 非正弦交流电

我国许多旧式交流探伤机都加装了断电相位控制器,即用可控硅调压取代了自耦变压器调压。许多移动式或便携式磁粉探伤仪,为了减轻重量和使电压连续可调,也采用了可控硅调压。因负载属于电感性负载,当电压达零时,电流还未到零,使可控硅滞后关断,其电流波形如图 3-4 所示,此时输出电流已成为非正弦交流电,它的峰值 I_m 已不等于有效值$\sqrt{2}I$。

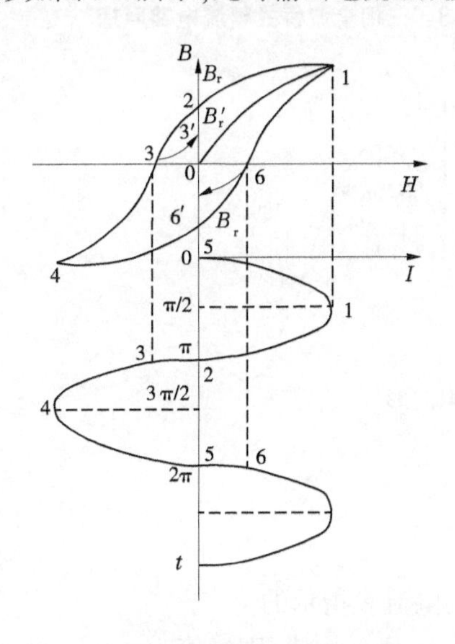

图 3-3 交流电磁化与产生剩磁的关系

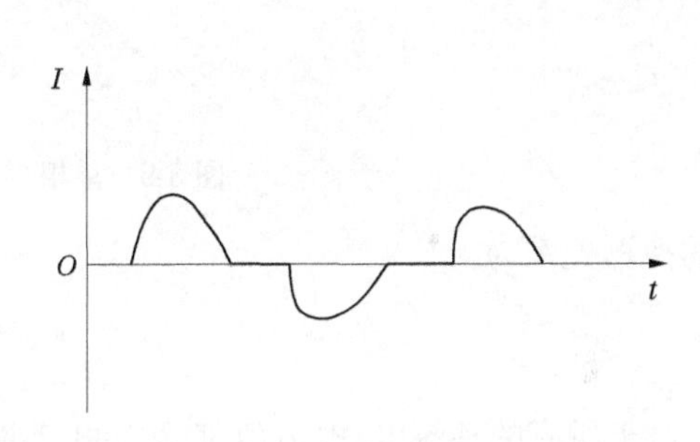

图 3-4 非正弦交流电波形

3.1.2 整流电

整流电是通过对交流电整流而获得,如图 3-5~图 3-8 所示,分别为单相半波①、单相全波②、三相半波③和三相全波整流电④四种类型。四种类型电流中,按交流分量大小递减。排列的顺序是:①、②、③、④;按检测缺陷深度大小排列的顺序是:④、③、②、①。其中最常用的是单相半波和三相全波整流电。

3.1.2.1 单相半波整流电

单相半波整流电是通过整流将单相正弦交流电的负向去掉,只保留正向电流,形成直流脉冲,每个脉冲持续半周,在各脉冲的时间间隔里没有电流流动,用符号 HW 表示,如图 3-9 所示。

单相半波整流电的峰值与未被整流的交流电的峰值相同,平均值 I_d、有效值 I 和峰值

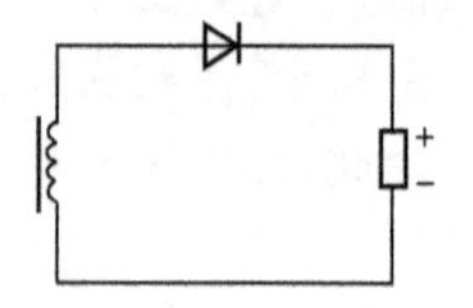

图 3-5　单相半波整流电路原理

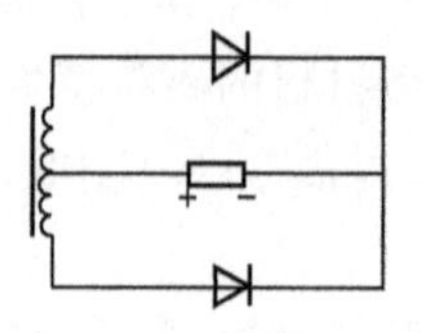

图 3-6　单相全波整流电路原理

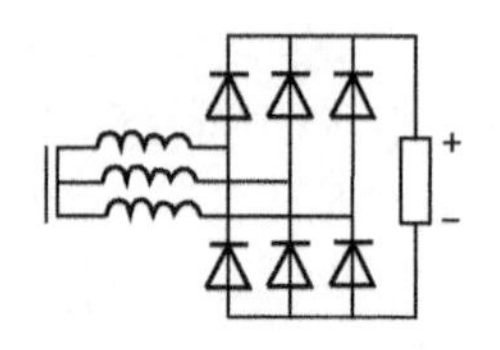

图 3-7　三相半波整流电路原理

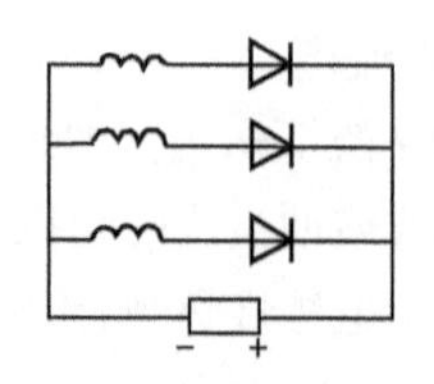

图 3-8　三相全波桥式整流电路原理

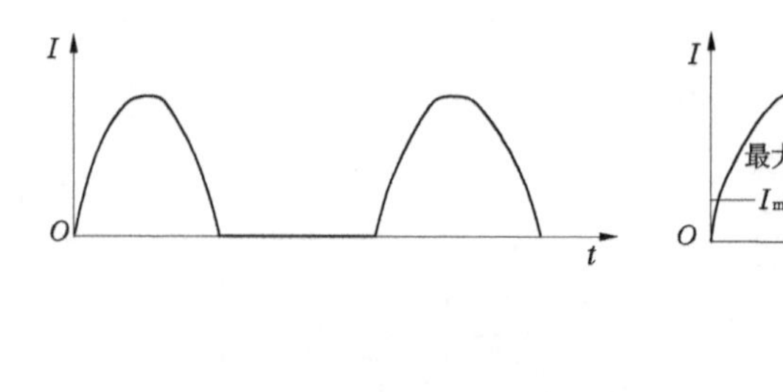

图 3-9　单相半波整流电波形

I_m 的换算关系为：

$$I_m = \pi I_d \tag{3-4}$$

$$I = 1.57 I_d \tag{3-5}$$

对于所有的整流电，电流值都是用测量平均值的电流表指示的。

对于单相半波整流电，例如电流表读数为 100 A，是指平均值，则峰值为：

$$I_m = \pi I_d = 3.14 \times 100\ \text{A} = 314\ \text{A};\ I = 1.57 I_d = 1.57 \times 100\ \text{A} = 157\ \text{A}$$

另外，有的电流表指示的是两倍平均值，则 $I_m = \frac{\pi}{2} I_d$，当电流表指示 100 A 时，$I_m = \frac{\pi}{2} I_d = \frac{3.14}{2} \times 100\ \text{A} = 157\ \text{A}$，使用这种电流表应注明换算关系。

单相半波整流电是磁粉检测最常用的磁化电流类型之一，因为它有以下优点：

(1)兼有直流的渗入性和交流的脉动性。

单相半波整流电具有直流电能渗入工件表面下的性质，因此能检测工件表面下较深的缺陷。对于钢件直径 1 mm 的人工孔，单相半波整流电的探测深度，剩磁法约为 1.5 mm，连续法可达到 4 mm。又由于单相半波整流电的交流分量较大，它所产生的磁场具有强烈的脉动性，对表面缺陷检测也有一定的灵敏度。

(2)剩磁稳定。

单相半波整流电所产生的磁滞回线如图 3-10 所示,磁场是同方向的,磁滞回线是非对称的。无论在何点断电,在工件上总会获得稳定的剩磁 B_r。

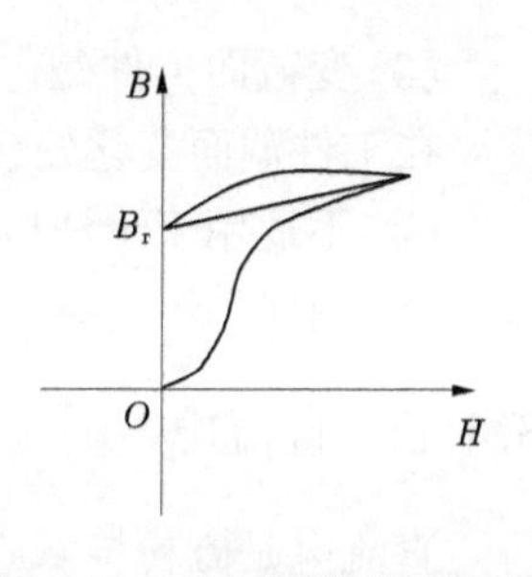

图 3-10　单相半波整流电的磁滞回线

(3)有利于近表面缺陷的检测。

单相半波整流电是单方向脉冲电流,能够搅动干磁粉,有利于磁粉的迁移,因此单相半波整流电结合干法检测,检测近表面气孔、夹杂和裂纹等缺陷效果很好。

(4)能提供较高的灵敏度和对比度。

单相半波整流电结合湿法检验能对细小裂纹有一定的灵敏度。又由于磁场不过分地集中于表面,所以即使采用较严格的磁化规范,缺陷上的磁粉堆积量也不会大量增加,所以缺陷轮廓清晰、本底干净,便于缺陷的观察和分析。

单相半波整流电的局限性具体如下:

(1)退磁较困难。由于电流渗入深度大于交流电,所以比交流电退磁困难。

(2)检测缺陷深度不如三相全波整流电和直流电。

3.1.2.2　三相全波整流电

交流电经过三相全波整流可得到三相全波整流电,使每相正弦曲线的负向部分都倒转为正向,产生一个接近直流电的整流电,用符号 FWDC 表示。

三相全波整流电峰值 I_m 与平均值 I_d 的换算关系为:

$$I_m = \frac{\pi}{3} I_d \tag{3-6}$$

三相全波整流电是磁粉检测最常用的磁化电流类型之一,具有以下优点:

(1)具有很大的渗透性和很小的脉动性。

三相全波整流电已接近直流电,磁场具有很大的渗入性,即可以检测近表面埋藏较深的缺陷,如用 3 400 A 三相全波整流电磁化直流标准试块,最多可以发现距试块边缘 16 mm 的第 9 个孔的磁痕显示(孔径为 1.78 mm)。因交流分量很小,所以只有很小的脉动性。

(2)剩磁稳定。

(3)适用于检测焊接件、带镀层工件、铸钢件和球墨铸铁毛坯的近表面缺陷。

(4)设备需要输入的功率小。

三相全波整流电的局限性具体如下:

(1)退磁困难。

用三相全波整流电或直流电磁化的工件,如果用交流电退磁,只能将表层的剩磁去掉,内部仍然有剩磁存在。要彻底地退磁,就要使用超低频或直流换向衰减退磁设备,设备较复杂,退磁效率也较低。

(2)退磁场大。

工件进行纵向磁化时,用三相全波整流电或直流电比用交流电产生的退磁场要大,这是由于磁场渗入较深,磁化的有效截面比用交流电时大的缘故。

(3)变截面工件磁化不均匀。

在工件截面变化处会产生磁化不足或过量磁化,所以导致磁化不均匀。

(4)不适用于干法检验。

(5)周向和纵向磁化的工序间一般需要退磁。

3.1.3　直流电

直流电是磁粉检测应用最早的磁化电流,它的大小和方向都不变,用符号 DC 表示。直流电是通过蓄电池组或直流发电机供电的。使用蓄电池组,需要经常充电,电流大小调节和使用也不方便,退磁又困难,所以现在磁粉检测很少使用。直流电的平均值 I_d、峰值 I_m 和有效值 I 相等。

直流电的优点具体如下:

(1)磁场渗入深度大,在七种磁化电流中,检测缺陷的深度最大。

(2)剩磁稳定,剩磁能够有力地吸住磁粉,便于磁痕评定。

(3)适用于镀铬层下的裂纹、闪光电弧焊中的近表面裂纹和薄壁焊接件根部的未焊透和未熔合的检验。

直流电的局限性具体如下:

(1)退磁最困难。

(2)不适用于干法检验。

(3)退磁场大。

(4)工序间要退磁。

3.1.4　冲击电流

冲击电流一般是由电容器充放电而获得的电流,该磁化电流仅适用于需要的磁化电流值特别大而常规设备又不能满足时,根据工件要求制作的专用设备。其优点是探伤机可做得很小,但需要输出的磁化电流却很大,如可达到 10~30 kA。其局限性是只适用于剩磁法,因为通电时间很短,一般是 1/100 s,所以很难在通电时间内完成施加磁粉并使磁粉向缺陷处迁移。

3.1.5　选用磁化电流的方法

(1)用交流电磁化湿法检验,对工件表面微小缺陷检测灵敏度高。

(2)交流电的渗入深度,不如整流电和直流电。

(3)交流电用于剩磁法检验时,应加装断电相位控制器。

(4)交流电磁化连续法检验主要与有效值电流有关,而剩磁检验主要与峰值电流有关。

(5)整流电流中包含的交流分量越大,检测近表面较深缺陷的能力越小。

(6)单相半波整流电磁化干法检验,对工件近表面缺陷检测灵敏度高。

(7)三相全波整流电可检测工件近表面较深的缺陷。

(8) 直流电可检测工件近表面最深的缺陷。

(9) 冲击电流只能用于剩磁法检验和专用设备。

3.2　磁化方法与磁场分布

3.2.1　磁场方向与发现缺陷的关系

磁粉检测的能力,取决于施加磁场的大小和缺陷的延伸方向,还与缺陷的位置、大小和形状等因素有关。从图 3-11 可直观地看出磁场方向与显现缺陷方向的关系。由于工件中缺陷有各种取向,难以预知,因此应根据工件的几何形状,采用不同的方法直接、间接或通过感应电流对工件进行周向、纵向或多向磁化,以便尽量使磁场方向与工件可能存在的缺陷垂直,可结合工件尺寸、结构和外形等组合使用多种磁化方法,以发现所有方向的缺陷。

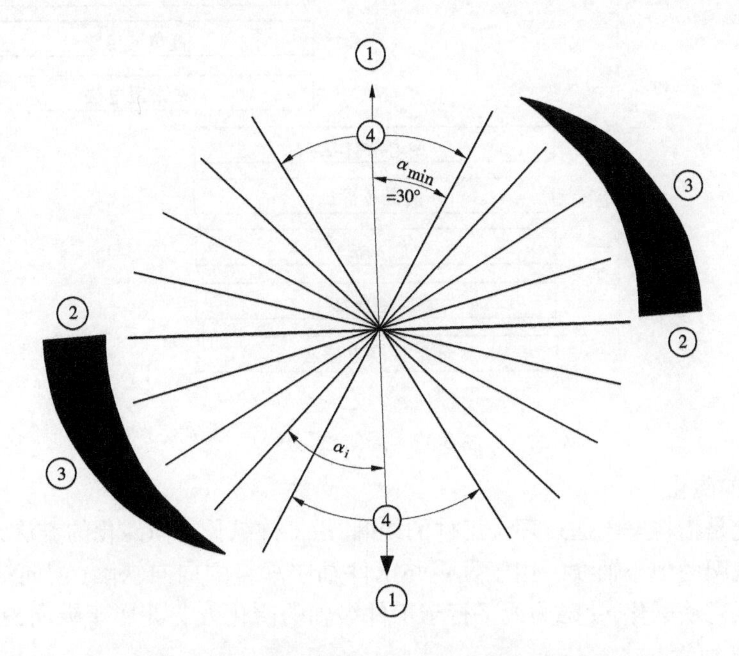

①—磁场方向;②—最佳灵敏度;③—灵敏度减小;④—灵敏度不足;

α—磁场和缺陷间夹角; α_{min}—最小角度;α_i—实例

图 3-11　显现缺陷方向的示意

选择磁化方法应考虑以下因素:

(1) 工件的尺寸大小。

(2) 工件的外形结构。

(3) 工件的表面状态。

(4) 根据工件过去断裂的情况和各部位的应力分布,分析可能产生缺陷的部位和方向,选择合适的磁化方法。

3.2.2　磁化方法的分类

根据工件的几何形状、尺寸、大小和欲发现缺陷的方向而在工件上建立的磁场方向，将磁化方法分为周向磁化、纵向磁化和多向磁化。所谓周向与纵向，是相对被检工件上的磁场方向而言的。

3.2.2.1　周向磁化

周向磁化是指给工件直接通电，或者使电流通过贯穿空心工件孔中的导体，旨在工件中建立一个环绕工件的并与工件轴垂直的周向闭合磁场，用于发现与工件轴平行的纵向缺陷。周向磁化法如图 3-12 所示。

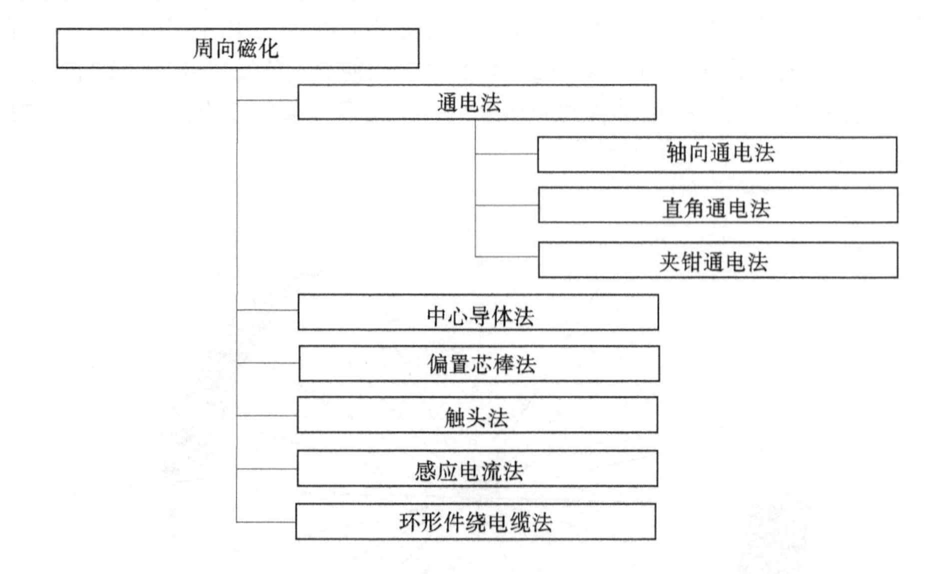

图 3-12　周向磁化法

3.2.2.2　纵向磁化

纵向磁化是指将电流通过环绕工件的线圈，沿工件纵长方向磁化的方法，工件中的磁力线平行于线圈的中心轴线。用于发现与工件轴向垂直的周向缺陷（横向缺陷）。利用电磁轭和永久磁铁磁化，使磁力线平行于工件纵轴的磁化方法亦属于纵向磁化。纵向磁化法如图 3-13 所示。

将工件置于线圈中进行纵向磁化，称为开路磁化，开路磁化在工件两端产生磁极，因而产生退磁场。

电磁轭整体磁化、电磁轭或永久磁铁的局部磁化，称为闭路磁化，闭路磁化不产生退磁场或退磁场很小。

3.2.2.3　多向磁化（也叫复合磁化）

多向磁化（也叫复合磁化）是指通过复合磁化，在工件中产生一个大小和方向随时间成圆形、椭圆形或螺旋形轨迹变化的磁场。因为磁场的方向在工件上不断地变化着，所以可发现工件上多个方向的缺陷。

多向磁化法如图 3-14 所示。

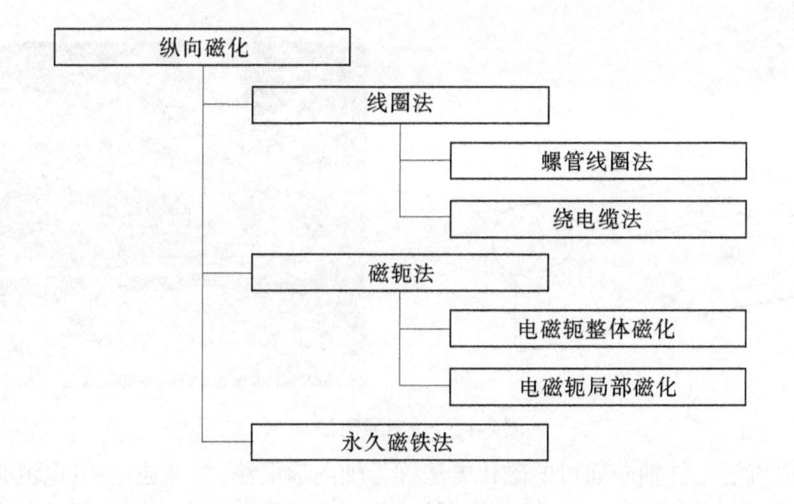

图 3-13　纵向磁化法

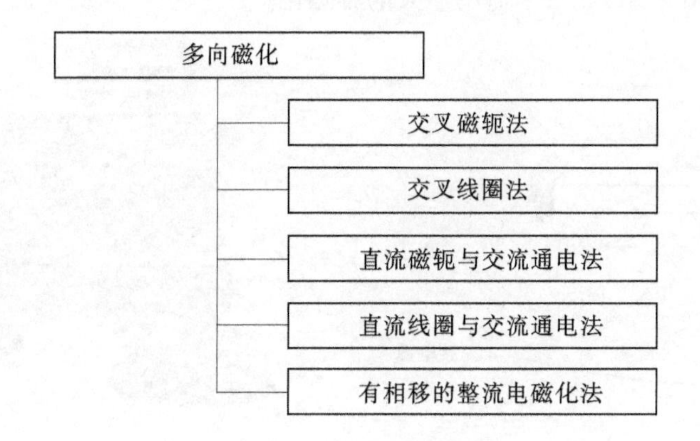

图 3-14　多向磁化法

3.2.2.4　辅助通电法

辅助通电法是指将通电导体置于工件受检部位而进行局部磁化的方法，如电缆平行磁化法和铜板磁化法，仅用于常规磁化方法难以磁化的工件和部位，一般情况下不推荐使用。

3.2.3　各种磁化方法的特点

磁化工件的顺序，一般是先进行周向磁化，后进行纵向磁化；如果一个工件上横截面尺寸不等，周向磁化时，电流值分别计算，先磁化小直径，后磁化大直径。

3.2.3.1　轴向通电法

(1)轴向通电法是将工件夹于探伤机的两磁化夹头之间，使电流从被检工件上直接流过，在工件的表面和内部产生一个闭合的周向磁场，用于检查与磁场方向垂直、与电流方向平行的纵向缺陷。如图 3-15 所示，是最常用的磁化方法之一。

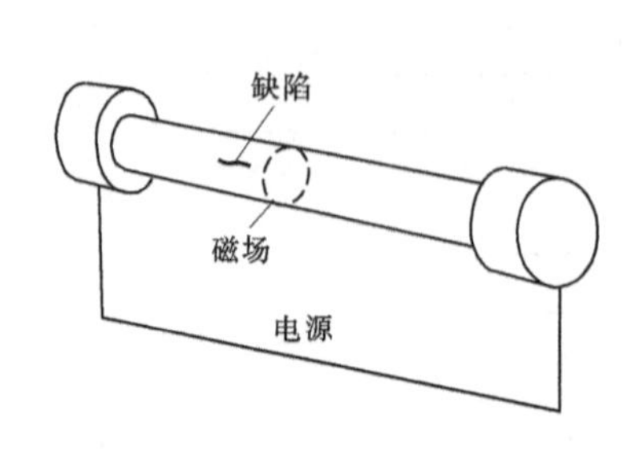

图 3-15　轴向通电法

将磁化电流沿工件轴向通过的磁化方法称为轴向通电法，简称通电法；电流垂直于工件轴向通过的方法，称为直角通电法；若工件不便于夹持在探伤机两夹头之间，可采用夹钳通电法，如图 3-16 所示，此法不适用于大电流磁化。

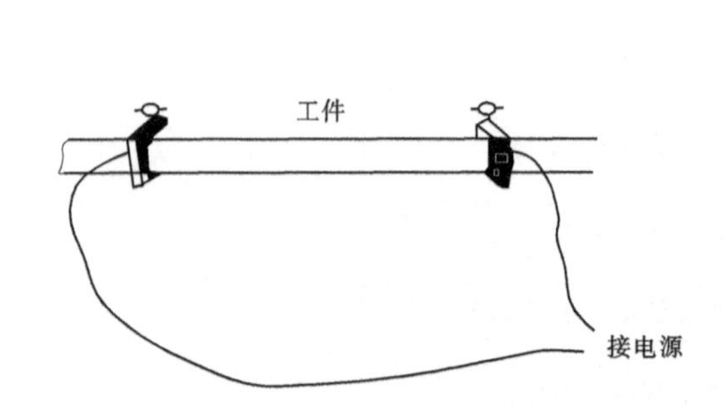

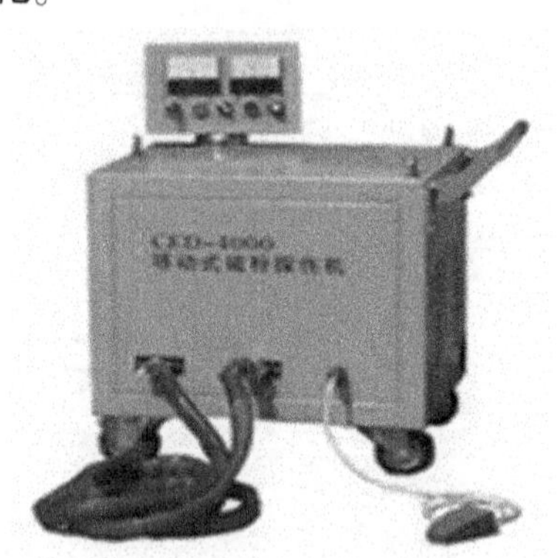

图 3-16　夹钳通电法

（2）轴向通电法和触头法产生打火烧伤的原因是：①工件与两磁化夹头接触部位有铁锈、氧化皮及脏物；②磁化电流过大；③夹持压力不足；④在磁化夹头通电时，夹持或松开工件。

（3）预防打火烧伤的措施是：①清除掉与电极接触部位的铁锈、油漆和非导电覆盖层；②必要时，应在电极上安装接触垫，如铅垫或铜编织垫，应当注意，铅蒸汽是有害的，使用时应注意通风，铜编织物仅适用于冶金上允许的场合；③磁化电流应在夹持压力足够时接通；④必须在磁化电流断电时，夹持或松开工件；⑤用合适的磁化电流磁化。

（4）轴向通电法的优点、缺点和适用范围。

轴向通电法的优点：①无论简单或复杂工件，一次或数次通电都能方便地磁化；②在整个电流通路的周围产生周向磁场，磁场基本上都集中在工件的表面和近表面；③两端通电，即可对工件全长进行磁化，所需电流值与长度无关；④磁化规范容易计算；⑤工件端头无磁极，不会产生退磁场；⑥用大电流可在短时间内进行大面积磁化；⑦工艺方法简单，检测效率高；⑧有较高的检测灵敏度。

轴向通电法的缺点:①接触不良会产生电弧烧伤工件;②不能检测空心工件内表面的不连续性;③夹持细长工件时,容易使工件变形。

轴向通电法适用范围:特种设备实心及空心工件的焊接接头、机加工件、轴类、管子、铸钢件和锻钢件的磁粉检测。

3.2.3.2　中心导体法

中心导体法是将导体穿入空心工件的孔中,并置于孔的中心,电流从导体上通过,形成周向磁场。所以又叫电流贯通法、穿棒法和芯棒法。由于是感应磁化,可用于检查空心工件内、外表面与电流平行的纵向不连续性和端面的径向的不连续性,如图3-17所示。空心件用直接通电法不能检查内表面的不连续性,因为内表面的磁场强度为零。但用中心导体法能更清晰地发现工件内表面的缺陷,因为内表面比外表面具有更大的磁场强度。

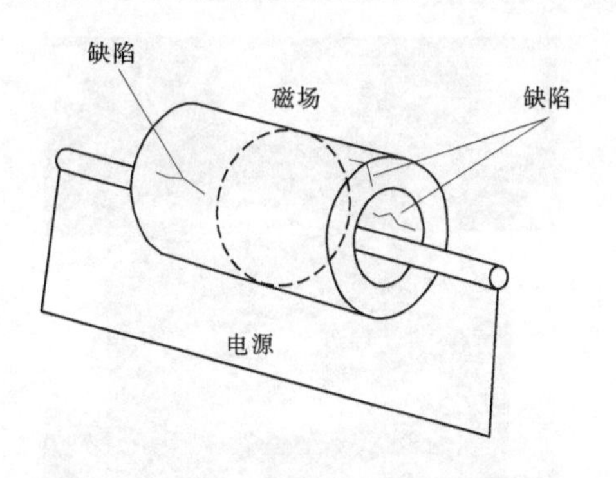

图3-17　中心导体法

中心导体法用交流电进行外表面检测时,会在筒形工件内产生涡电流 i_e,因此工件的磁场是中心导体中的传感电流 i_t 和工件内的涡电流 i_e 产生的磁场叠加,由于涡电流有趋肤效应,因此导致工件内、外表面检测灵敏度相差很大,对磁化规范确定带来困难。有关资料显示,对某一规格钢管分别通交、直流电磁化,为达到管内、外表面时相同大小的磁场,通直流电时二者相差不大,而通交流电时,检测外表面时的电流值将会是检测内表面时电流值的2.7倍。因此,用中心导体法进行外表面检测时,一般不用交流电而尽量使用直流电和整流电。

对于一端有封头(亦称盲孔)的工件,可将铜棒穿入盲孔中,铜棒为一端,封头作为另一端(保证封头内表面与铜棒端头有良好的电接触),被夹紧后进行中心导体法磁化。

对于内孔弯曲的工件,可用软电缆代替铜棒进行中心导体法磁化。

中心导体材料通常采用导电性能良好的铜棒,也可用铝棒。在没有铜棒,采用钢棒作中心导体磁化时,应避免钢棒与工件接触产生磁写,所以最好在钢棒表面包上一层绝缘材料。

中心导体法的优点:①磁化电流不从工件上直接流过,不会产生电弧;②在空心工件的内、外表面及端面都会产生周向磁场;③重量轻的工件可用芯棒支承,许多小工件可穿在芯棒上一次磁化;④一次通电,工件全长都能得到周向磁化;⑤方法简单、检测效率高;⑥有较高的检测灵敏度。因此,中心导体法是最有效、最常用的磁化方法之一。

中心导体法的缺点:①对于厚壁工件,外表面缺陷的检测灵敏度比内表面低很多;

②检查大直径管子时,应采用偏置芯棒法,需转动工件,进行多次磁化和检验;③仅适用于有孔工件的检验。

中心导体法适用范围:特种设备的管子、管接头、空心焊接件和各种有孔的工件如轴承圈、空心圆柱、齿轮、螺帽及环形件的磁粉检测。

3.2.3.3　偏置芯棒法

对于空心工件,导体应尽量置于工件的中心。若工件直径太大,探伤机所提供的磁化电流不足以使工件表面达到所要求的磁场强度时,可采用偏置芯棒法磁化,即将导体穿入空心工件的孔中,并贴近工件内壁放置,电流从导体上通过形成周向磁场。用于局部检验空心工件内、外表面与电流方向平行和端面的径向缺陷,如图 3-18 所示。也用于中心导体法检验时,设备功率达不到的大型环和压力管道管子的磁粉检测。

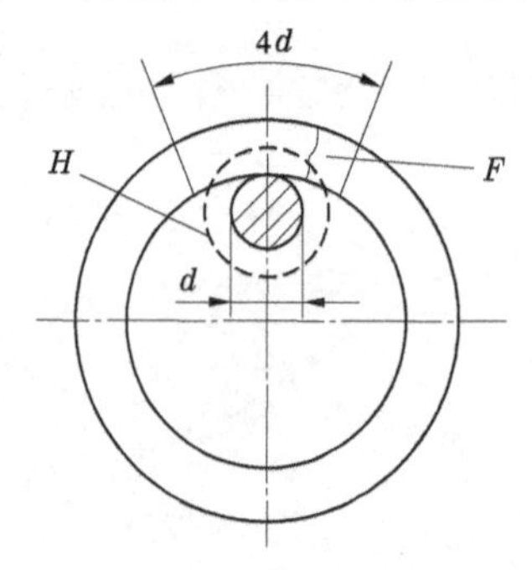

图 3-18　偏置芯棒法

偏置芯棒法采用适当的电流值磁化,有效磁化范围约为导体直径 d 的 4 倍。检查时,要转动工件,以检查整个圆周,并要保证相邻检查区域有 10%的重叠。

3.2.3.4　触头法

触头法是用两支杆触头接触工件表面,通电磁化,在平板工件上磁化能产生一个畸变的周向磁场,用于发现与两触头连线平行的缺陷,触头法设备分非固定触头间距(见图 3-19)(特种设备常用)和固定触头间距两种。触头法又叫支杆法、尖锥法、刺棒法和手持电极法。触头电极尖端材料宜用铅、钢或铝,最好不用铜,以防铜沉积在被检工件表面,影响材料的性能。

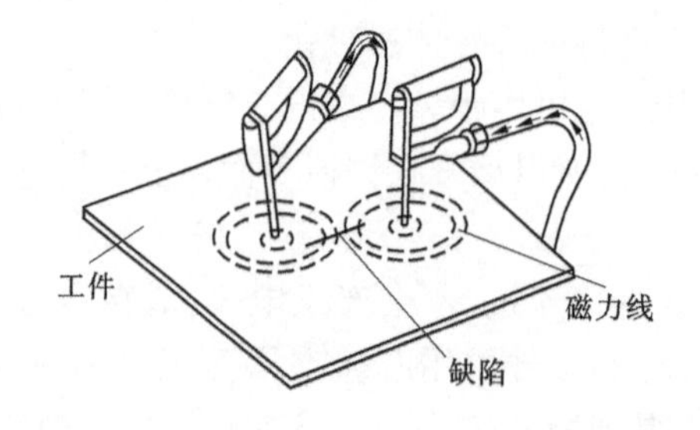

图 3-19　触头法

触头法用较小的磁化电流值就可在工件局部得到必要的磁场强度,灵敏度高,使用方便。最短不得小于75 mm,因为在触头附近25 mm范围内,电流密度过大,产生过度背景,有可能掩盖相关显示。如果触头间距过大,电流流过的区域就变宽,使磁场减弱,磁化电流必须随着间距的增大相应地增加。NB/T 47013.4—2015中4.10.4规定:当采用触头法局部磁化工件时,电极间距应控制在75~200 mm,其检测有效宽度为触头中心线两侧1/4极距;检测时通电时间不应太长,电极与工件之间应保持良好的接触,以免烧伤工件;两次磁化区域间应有不小于10%的磁化重叠。欧洲标准EN1290也规定,触头法磁化的有效磁化区如图3-20的阴影部分所示,面积约为$(L-50)\times(L/2)\,\mathrm{mm}^2$。有效磁化区范围还可以通过实测工件表面磁场强度或用标准试片上的磁痕显示来验证。

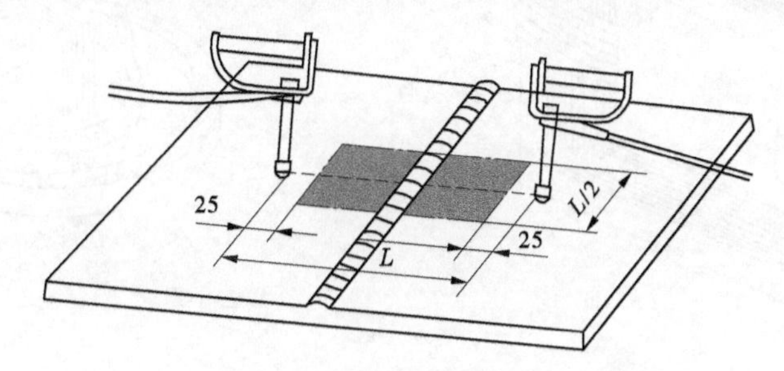

图3-20　触头法磁化的有效磁化区(阴影部分)

为了保证触头法磁化时不漏检,必须让两次磁化的有效磁化区相重叠且不小于10%,如图3-21所示。

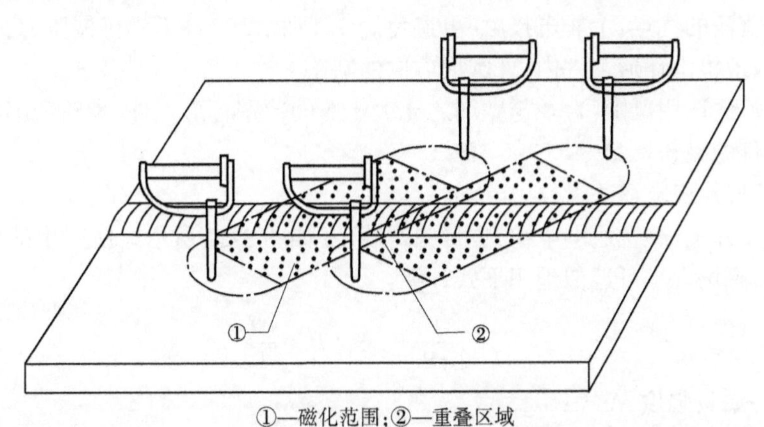

①—磁化范围;②—重叠区域

图3-21　有效磁化区的重叠区

触头法的优点:①设备轻便,可携带到现场检验,灵活方便;②可将周向磁场集中在经常出现缺陷的局部区域进行检验;③检测灵敏度高。

触头法的缺点:①一次磁化只能检验较小的区域;②接触不良会引起工件过热和打火烧伤;③大面积检验时,要求分块累积检验,很费时。

触头法适用于:平板对接焊接接头、T形焊接接头、管板焊接接头、角焊接接头及大型铸件、锻件和板材的局部磁粉检测。

3.2.3.5　感应电流法

感应电流法是将铁芯插入环形工件内，把工件当作变压器的次级线圈，通过铁芯中的磁通的变化，在工件内产生周向感应电流。用感应电流磁化工件产生闭合磁场的方法称为感应电流法或磁通贯通法。如图 3-22 和图 3-23 所示，用于发现环形工件圆周方向的缺陷。

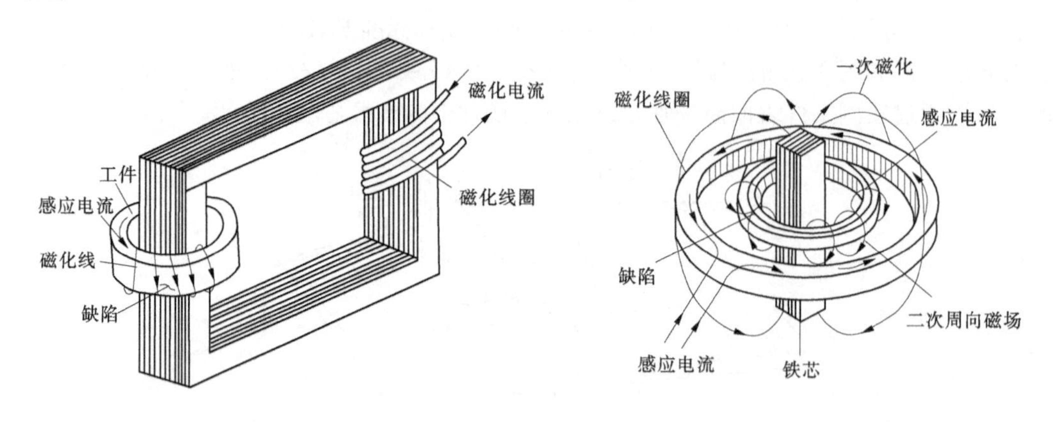

图 3-22　感应电流法(一)　　图 3-23　感应电流法(二)

感应电流与磁通量的变化率成正比。只有激磁线圈容量大，铁芯面积也足够大，才能感应产生足够的磁化电流，在工件表面产生足够大的磁化场。工件表面的磁场强度与环形工件径向尺寸成反比，与宽度关系不大。

感应电流法的优点：①非电接触，可避免烧伤工件；②工件不受机械压力，不会产生变形；③能有效地检出环形工件内、外圆周方向的缺陷。

感应电流法适用范围：直径与壁厚之比大于 5 的薄壁环形工件、齿轮和不允许产生电弧烧伤的工件的磁粉检测。

3.2.3.6　环形件绕电缆法

在环形工件上，缠绕通电电缆，也称为螺线环，如图 3-24 所示。所产生的磁场沿着环的圆周方向，磁场大小可近似地用下式计算：

$$H = \frac{NI}{2\pi R} \quad 或 \quad H = \frac{NI}{L} \tag{3-7}$$

式中　H——磁场强度，A/m；

N——线圈匝数；

I——电流，A；

R——圆环的平均半径，m；

L——圆环中心线长度，m。

环形件绕电缆法是用软电缆穿绕环形件，通电磁化，形成沿工件圆周方向的周围磁场，用于发现与磁化电流平行的横向缺陷。

环形件绕电缆法的优点：①由于磁路是闭合的，无退磁场产生，容易磁化；②非电接触，可避免烧伤工件。

环形件绕电缆法的缺点是：效率低，不适用于批量检验。

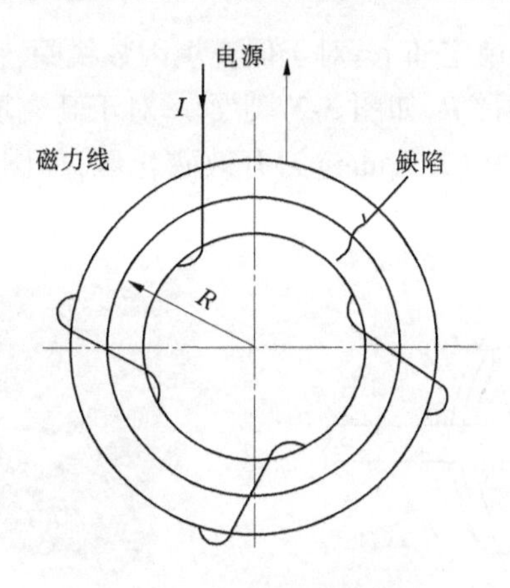

图 3-24　环形件绕电缆法

3.2.3.7　线圈法

线圈法是将工件放在通电线圈中,或用软电缆缠绕在工件上通电磁化,形成纵向磁场,用于发现工件的周向(横向)缺陷。适用于纵长工件如焊接管件、轴、管子、棒材、铸件和锻件的磁粉检测。

线圈法包括螺管线圈法和绕电缆法两种,如图 3-25 和图 3-26 所示。

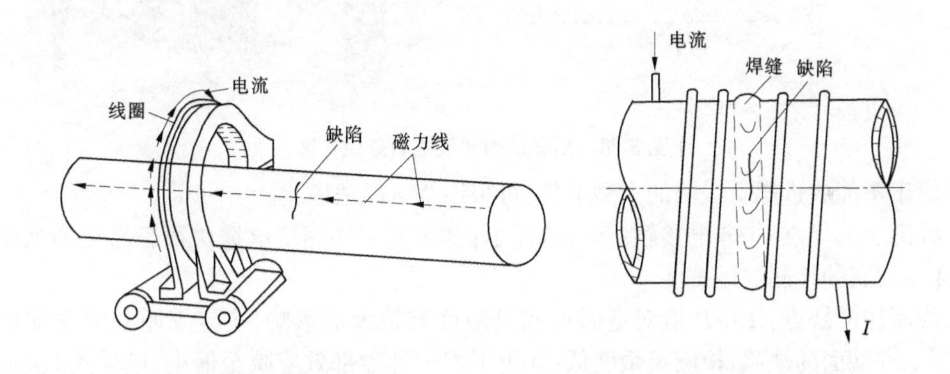

图 3-25　螺管线圈法　　图 3-26　绕电缆法

线圈法纵向磁化的要求为:

(1)线圈法纵向磁化,会在工件两端形成磁极,因而产生退磁场。工件在线圈中磁化与工件的长度 L 和直径 D 之比(L/D)有密切关系,L/D 愈小愈难磁化,所以 L/D 必须≥2,若 $L/D<2$,应采用与工件外径相似的铁磁性延长块将工件接长,使 $L/D\geq2$。

(2)工件的纵轴应平行于线圈的轴线。

(3)可将工件紧贴线圈内壁放置进行磁化。

(4)对于长工件,应分段磁化,并应有 10%的有效磁场重叠。

(5)工件置于线圈中开路磁化,能够获得满足磁粉检测磁场强度要求的区域称为线圈的有效磁化区。线圈的有效磁化区是从线圈端部向外延伸 150 mm 的范围。超过 150 mm 以外区域,磁化强度应采用标准试片确定。ASTM E1444/1444M-16 对于低和高充填因数线圈的有效磁化区分别规定如下:对于低充填因数线圈,在线圈中心向两侧延伸的有效磁化区大约等于线圈的半径 R,如图 3-27 所示。对于高充填因数线圈和绕电缆法从线圈中心向两侧分别延伸 9 英寸(229 mm)为有效磁化区,如图 3-28 所示。可供试验和应用时参考。

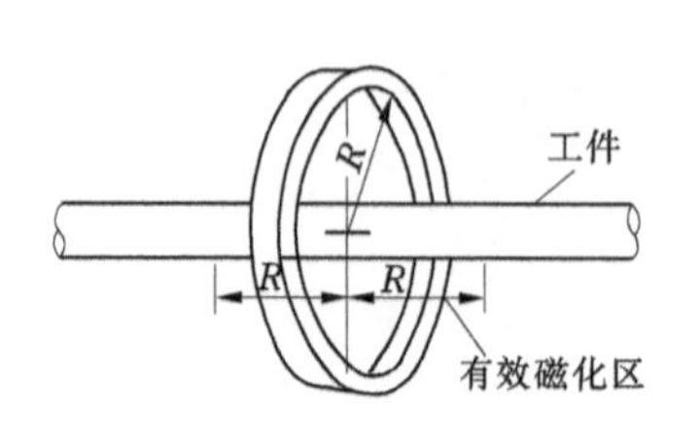

图 3-27　低充填因数线圈有效磁化区

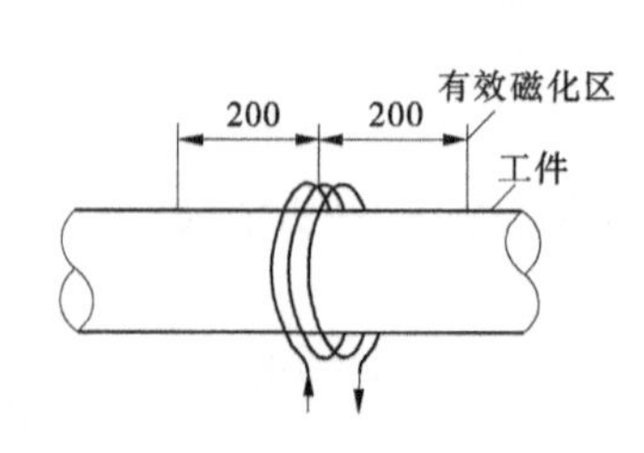

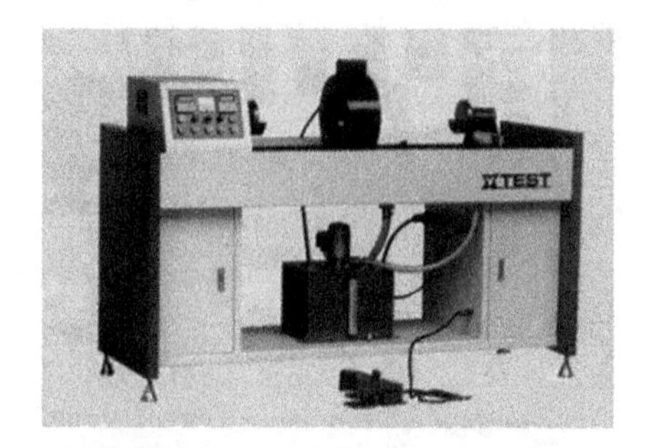

图 3-28　高充填因数线圈有效磁化区

对于不能放进螺管线圈的大型工件,可采用绕电缆法磁化。

线圈法的优点:①非电接触;②方法简单;③大型工件用绕电缆法很容易得到纵向磁场;④有较高的检测灵敏度。

线圈法的缺点:①L/D 值对退磁场和灵敏度有很大的影响,决定安匝数时要加以考虑;②工件端面的缺陷,检测灵敏度低;③为了将工件端部效应减至最小,应采用“决速断电”。

线圈法适用范围:特种设备对接焊接接头、角焊接接头、管板焊接接头及纵长工件如曲轴、轴、管子、棒材、铸件和锻件的磁粉检测。

3.2.3.8　磁轭法

磁轭法是用固定式电磁轭两磁极夹住工件进行整体磁化,或用便携式电磁轭两磁极接触工件表面进行局部磁化,用于发现与两磁极连线垂直的缺陷。在磁轭法中,工件是闭合磁路的一部分,用磁极间对工件感应磁化,所以磁轭法也称为极间法,属于闭路磁化,如图 3-29 和图 3-30 所示。

用固定式电磁轭整体磁化的要求是:①只有磁极截面大于工件截面时,才能获得好的探伤效果。相反,工件中便得不到足够的磁化,在使用直流电磁轭比交流电磁轭时更为严重。②应尽量避免工件与电磁轭之间的空气隙,因空气隙会降低磁化效果。③当极间距大于 1 m 时,工件便不能得到必要的磁化。④形状复杂且较长的工件,不宜采用整体磁化。

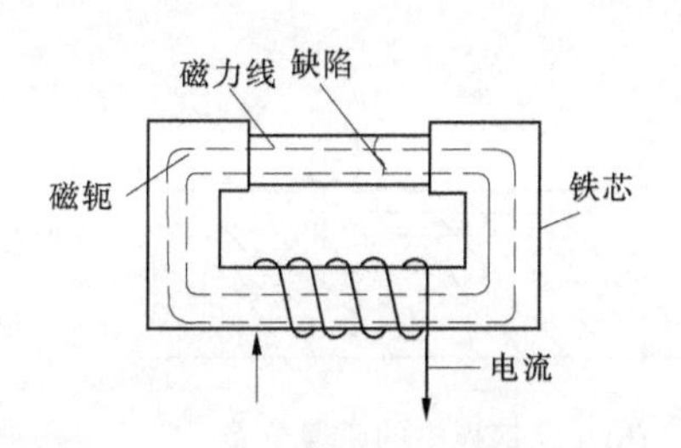

图 3-29　电磁轭整体磁化

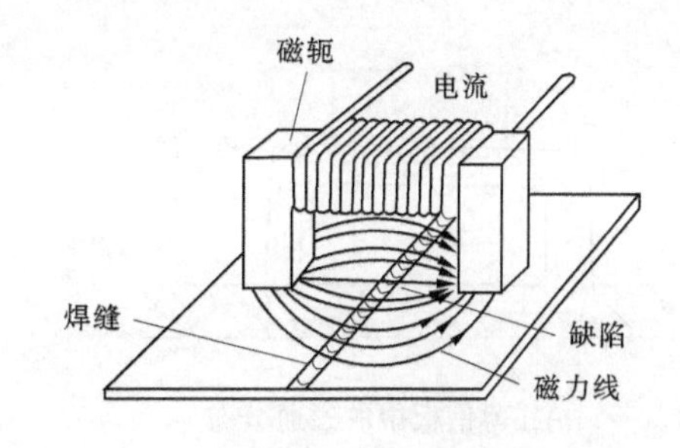

图 3-30　电磁轭局部磁化

局部磁化:用便携式电磁轭的两磁极与工件接触,使工件得到局部磁化,两磁极间的磁力线大体上平行两磁极的连线,有利于发现与两磁极连线垂直的缺陷。

便携式电磁轭,一般做成带活动关节,磁极间距 L 一般控制在 75~200 mm 为宜,但最短不得小于 75 mm。因为磁极附近 25 mm 范围内,磁通密度过大会产生过度背景,有可能掩盖相关显示。在磁路上总磁通量一定的情况下,工件表面的磁场强度随着两极间距 L 的增大而减小,所以磁极间距也不能太大。NB/T 47013. 4—2015 中 4. 10. 5 规定:磁极间距应控制在 75~200 mm,其有效区域为两极连线两侧各 1/4 极距的范围内,磁化区域每次应有不少于 10%的重叠。欧洲标准 EN1290 也规定便携式电磁轭磁化的有效磁化区如图 3-31 的阴影部分,面积约为$(L-50)\times(L/2)\,\text{mm}^2$。

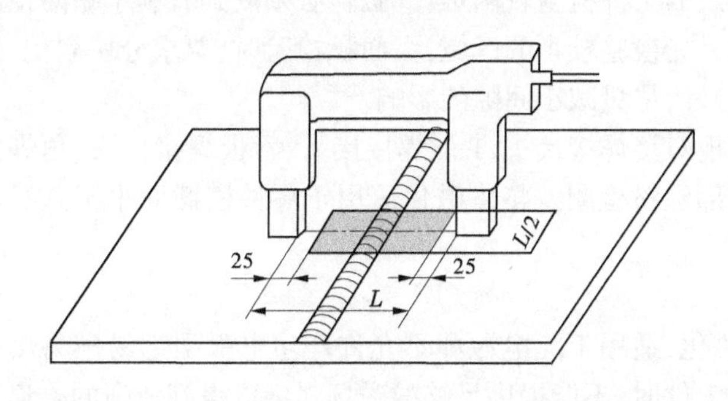

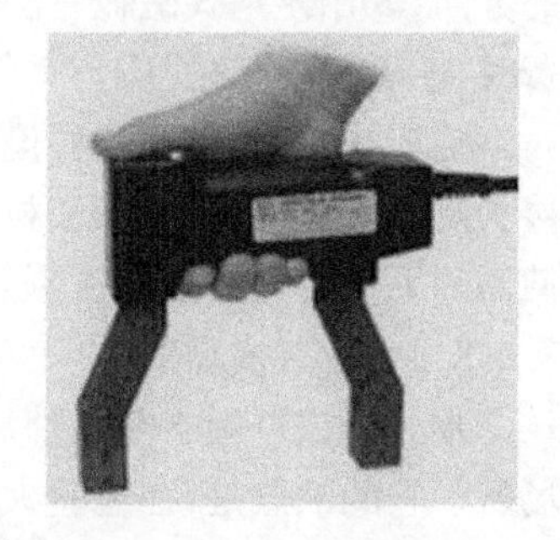

图 3-31　便携式电磁轭磁化的有效磁化区(阴影部分)

交流电具有趋肤效应,因此对表面缺陷有较高的灵敏度。又因交流电方向在不断地变化,使交流电磁轭产生的磁场方向也不断地变化,这种方向变化可搅动磁粉,有助于磁粉迁移,从而提高磁粉检测的灵敏度。而直流电磁轭产生的磁场能深入工件表面较深,有利于发现较深层的缺陷。因此,在同样的磁通量时,探测深度越大,磁通密度就越低,尤其在厚钢板中比在薄钢板中这种现象更明显,如图 3-32 所示。尽管直流电磁轭的提升力满足标准要求(>177 N),但测量工件表面的磁场强度和在 A 型试片上的磁痕显示都往往达不到要求,为此建议对厚度>6 mm 的工件不要使用直流电磁轭探伤。ASME 规范第 V 卷也特别强调除了厚度小于等于 6 mm 的材料之外,在相等的提升力条件下,对表面缺陷的探测使用交流电磁轭优于直流和永久磁轭。

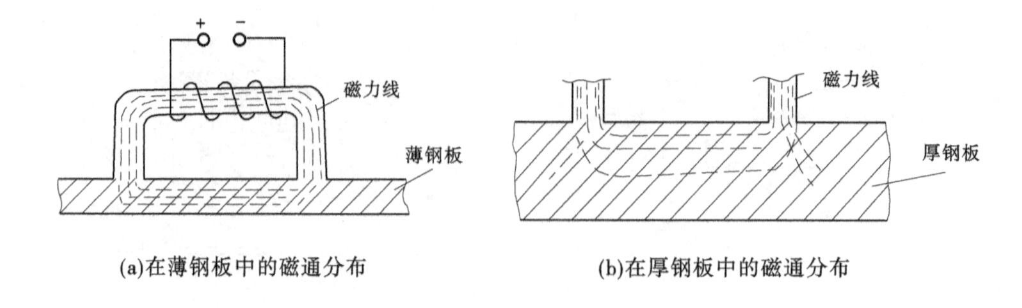

(a)在薄钢板中的磁通分布　(b)在厚钢板中的磁通分布

图 3-32　直流电磁轭在钢板中的磁通分布

一般来说,特种设备的表面和近表面缺陷的危害程度较内部缺陷要大得多,所以对锅炉、压力容器的焊接接头进行磁粉检测,一般最好采用交流电磁轭。但对于薄壁(<6 mm)的压力管道来说,利用直流电磁轭既可发现较深层的缺陷,又能将表面及近表面缺陷检测出来,这样也弥补了交流电磁轭的不足,所以对于<6 mm 的薄壁压力管道应采用直流电磁轭。

磁轭法的优点:①非电接触;②改变磁轭方位,可发现任何方向的缺陷;③便携式磁轭可带到现场检测,灵活、方便;④可用于检测带漆层的工件(当漆层厚度允许时);⑤检测灵敏度较高。

磁轭法的缺点:①几何形状复杂的工件检验较困难;②磁轭必须放到有利于缺陷检出的方向;③用便携式磁轭一次磁化只能检验较小的区域,大面积检验时,要求分块累积,很费时;④磁轭磁化时,应与工件接触好,尽量减小间隙的影响。

磁轭法适用范围:特种设备平板对接焊接接头、T 形焊接接头、管板焊接接头、角焊接接头及大型铸件、锻件和板材的局部磁粉检测。整体磁化适用于零件横截面小于磁极横截面的纵长零件的磁粉检测。

3.2.3.9　永久磁轭法

永久磁铁可用于对工件局部磁化,适用于无电源和不允许产生电弧引起易燃易爆的场所。它的缺点是:在检验大面积工件时,不能提供足够的磁场强度以得到清晰的磁痕显示,磁场大小也不能调节。永久磁铁磁场太大时,吸在工件上难以取下来,磁极上吸附的磁粉不容易清除掉,还可能把缺陷磁痕弄模糊,所以使用永久磁铁磁化一般需要得到批准。

3.2.3.10　交叉磁轭法

电磁轭有两个磁极,进行磁化只能发现与两极连线垂直的和成一定角度的缺陷,对平行于两磁极连线方向的缺陷则不能发现。使用交叉磁轭可在工件表面产生旋转磁场,如图 3-33 所示。国内外大量实践证明,这种多向磁化技术可以检测出非常小的缺陷,因为在磁化循环的每个周期都使磁场方向与缺陷延伸方向相垂直,所以一次磁化可检测出工件表面任何方向的缺陷,检测效率高。

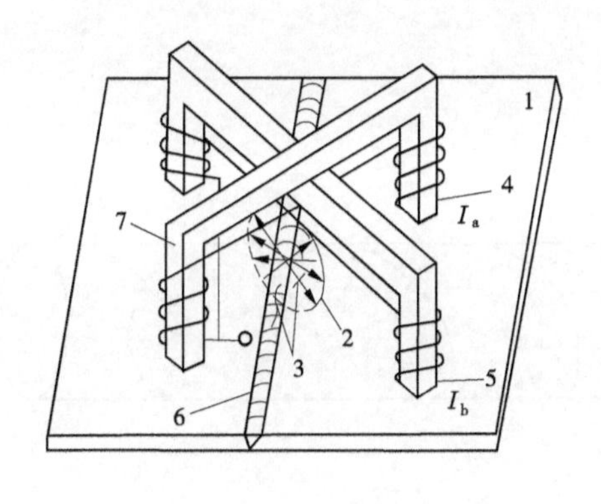

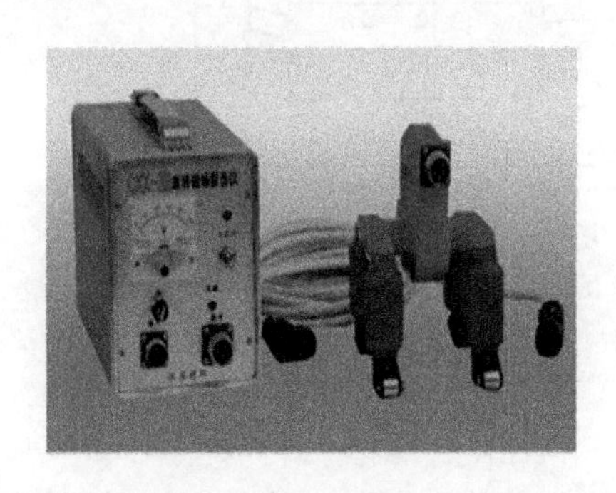

1—工件;2—旋转磁场;3—缺陷;4、5—交流电;6—焊接接头;7—交叉磁轭

图 3-33　交叉磁轭法

交叉磁轭的正确使用方法如下:

(1)交叉磁轭磁化检验只适用于连续法。必须采用连续移动方式进行工件磁化,且边移动交叉磁轭进行磁化,边施加磁悬液。最好不采用步进式的方法移动交叉磁轭。

(2)为了确保灵敏度和不会造成漏检,磁轭的移动速度不能过快,不能超过标准规定的 4 m/min 的移动速度,可通过标准试片磁痕显示来确定。当交叉磁轭移动速度过快时,对表面裂纹的检出影响不是很大,但是,对近表面裂纹,即使是埋藏深度只有零点几毫米,也难以形成缺陷磁痕。

(3)磁悬液的喷洒至关重要,必须在有效磁化场范围内始终保持润湿状态,以利于缺陷磁痕的形成。尤其是对有埋藏深度的裂纹,由于磁悬液的喷洒不当,会使已经形成的缺陷磁痕被磁悬液冲刷掉,造成缺陷漏检。

(4)磁痕观察必须在交叉磁轭通过后立即进行,避免已形成的缺陷磁痕遭到破坏。

(5)交叉磁轭的外侧也存在有效磁化场,可以用来磁化工件,但必须通过标准试片确定有效磁化区的范围。

(6)交叉磁轭磁极必须与工件接触好,特别是磁极不能悬空,最大间隙不应超过 1.5 mm,否则会导致检测失效。

交叉磁轭磁化的优点:一次磁化可检测出工件表面任何方向的缺陷,而且检测灵敏度和效率都高。

交叉磁轭磁化的缺点:不适用于剩磁法磁粉检测,操作要求严格。

交叉磁轭磁化的适用范围:锅炉压力容器的平板对接焊接接头的磁粉检测。

3.2.3.11　直流电磁轭与交流通电法复合磁化

工件用直流电磁轭进行纵向磁化,并同时用交流通电法进行周向磁化,如图 3-34 所示。

直流电磁轭产生的纵向磁场 $H_x = H_0$ 大小保持不变,交流通电法产生的周向磁场 $H_x = H_0\sin(\omega t)$ 大小随时间而变化,其合成磁场是一个在±45°之间不断摆动的摆动磁场,在工件上产生的螺旋形磁场,如图 3-35 所示。交流磁场值比直流磁场值愈大,则摆动的范围愈大。在某一瞬间,工件上不同部位的磁场大小和方向并不相同,用于发现工件上任何方向的缺陷。

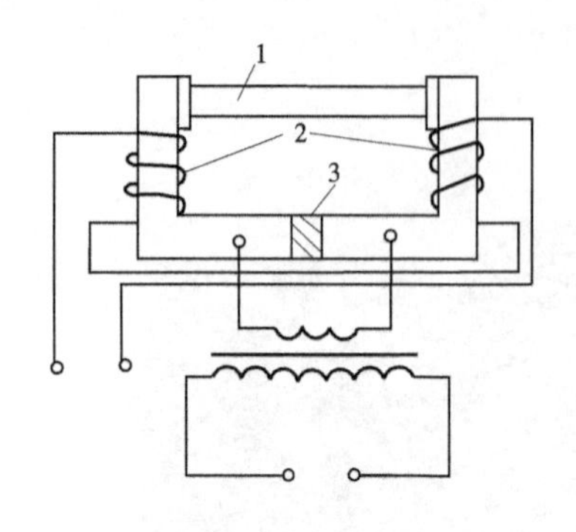

1—工件;2—磁化线圈; 3—绝缘片

图 3-34 直流电磁轭与交流通电法复合磁化

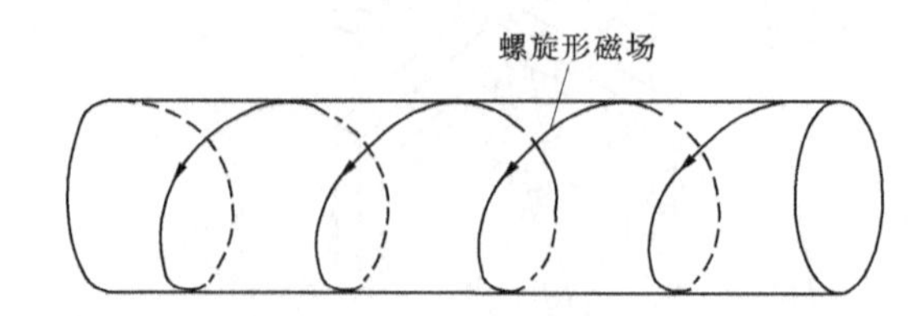

图 3-35 在工件上产生的螺旋形磁场

3.2.3.12 平行电缆磁化法

平行电缆磁化法是将电缆放在被检部位(如焊接接头)附近进行局部磁化的方法,如图 3-36 所示。

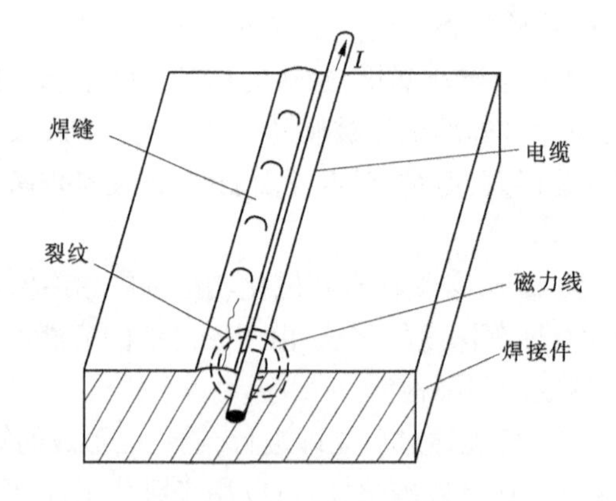

图 3-36 平行电缆磁化法

根据右手定则,当电流流过电缆时,产生的磁场是以电缆中心轴线为圆心的同心圆。当电缆放在焊板上时,磁场发生畸变,磁力线是通过空气才闭合,其中有些磁力线可能与裂纹剖断面的延伸方向平行或接近平行,使部分缺陷不能被发现而被漏检,因而检测灵敏度低,不可靠。

美国《无损检测手册 · 磁粉卷》在平行磁化的局限性中早就指出,这是一种不可靠的方法,因而不要使用。

3.3 制定磁化规范

3.3.1 磁化规范及其制定

对于工件磁化,选择磁化电流值或磁场强度值所遵循的规则称为磁化规范。磁粉检测应使用既能检测出所有的有害缺陷,又能区分磁痕显示的最小磁场强度进行检验。因磁场强度过大易产生过度背景,会掩盖相关显示;磁场强度过小,磁痕显示不清晰,难以发现缺陷。

3.3.1.1　制定磁化规范应考虑的因素

首先根据工件的材料、热处理状态和磁特性,确定采用连续法还是剩磁法检验,制定相应的磁化规范;还要根据工件的尺寸、形状、表面状态和预检出缺陷的种类、位置、形状及大小,确定磁化方法、磁化电流种类和有效磁化区,制定相应的磁化规范。显然这些变动因素范围很大,对每个工件制定一个精确的磁化规范进行磁化是困难的。但是,人们在长期的理论探讨和实践经验的基础上,摸索出将磁场强度控制在一个较合理的范围内,使工件得到有效磁化的方法。

3.3.1.2　制定磁化规范的方法

磁场强度足够的磁化规范可通过下述一种或综合四种方法来确定。

1. 用经验公式计算

对于工件形状规则的,磁化规范可用经验公式计算,如 $I=(8\sim15)D$ 等,这些公式可提供一个大略的指导,使用时应与其他磁场强度监控方法结合使用。

2. 用毫特斯拉计测量工件表面的切向磁场强度

国内外磁粉检测标准都公认:连续法检测时,磁场强度应达到 2.4 ~4.8 kA/m;剩磁法检测时,施加在工件表面的磁场强度应达到 14.4 kA/m。测量时,将磁强计的探头放在被检工件表面,确定切向磁场强度的最大值,连续法只要达到 2.4~4.8 kA/m 磁场强度所用的磁化电流,就可以替代用经验公式计算出的电流值,这样制定的磁化规范比较可靠。

3. 测绘钢材磁特性曲线

上述制定磁化规范方法,只考虑了工件的尺寸和形状,而未将材料的磁特性包括进去,这是因为大多数工程用钢,在相应的磁场强度下,其相对磁导率均在 240 以上,用上述方法一般可得到所要求的探伤灵敏度。兵器工业无损检测人员技术资格鉴定考核委员会编写的《常用钢材磁特性曲线速查手册》,是制定磁化规范比较理想的方法。

利用钢材的磁特性曲线制定周向磁化规范时,可将磁特性曲线分为四个区域,如图 3-37 所示。周向磁化规范制定范围选择,见表 3-2。

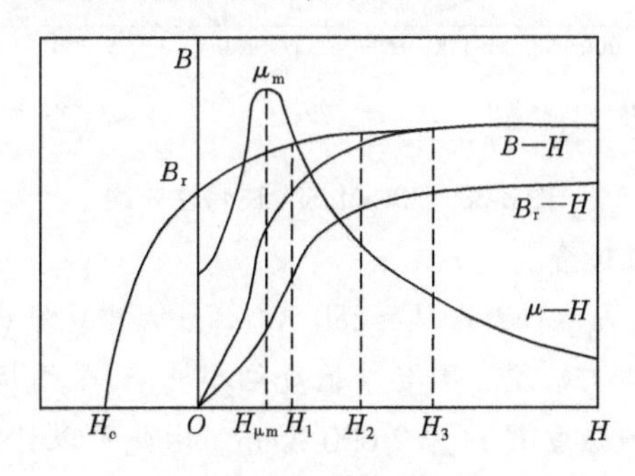

图 3-37　按磁特性曲线制定磁化规范

1) 连续法

连续法周向磁场的选择一般以在 $H_{\mu m}\sim H_3$ 为宜,见表 3-2。

表 3-2 周向磁化规范制定范围选择

规范名称	检测方法		应用范围
	连续法	剩磁法	
严格规范	$H_2 \sim H_3$(基本饱和区)	H_3 以后(饱和区)	适用于特殊要求或进一步鉴定缺陷性质的工作
标准规范	$H_1 \sim H_2$(近饱和区)	H_3 以后(饱和区)	适用于较严格的要求
放宽规范	$H_{\mu m} \sim H_1$(激烈磁化区)	$H_2 \sim H_3$(基本饱和区)	适用于一般的要求(发现较大的缺陷)

2)剩磁法

剩磁法检测时的磁化场应选取在远比 H_μ 大的磁场范围,见表 3-2。这样,当去掉磁化场后,工件上的剩磁和矫顽力才能保证有足够大的数值,确保工件具有足够的剩余磁性产生漏磁场,从而使缺陷处吸附磁粉并被检测出。

3)利用磁特性曲线选取磁化规范方法举例

【例 3-1】 有一材料为 30CrMnSiA 的轴,原材料进厂前经 900 ℃正火处理,现车制成 ϕ 50 mm 的轴坯后进行热处理,热处理工艺是 880 ℃油淬,300 ℃回火,然后磨削加工成 ϕ 48 mm 的成品轴,若进行周向磁化检查表面细小缺陷,如何确定坯料和成品检测的方法和磁化电流?原材料及成品磁特性曲线如图 3-38 所示。

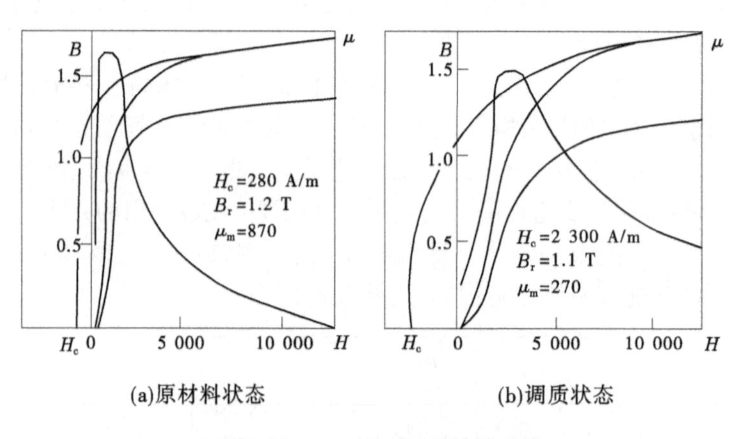

图 3-38 30CrMnSiA 磁特性曲线

解:(1)原材料(坯料)检查。

从图 3-38(a)可知,其 B_r = 1.2 T,H_c = 280 A/m,最大磁能积 $(BH)_m$ = 0.135 kJ/m³,其保磁性能差,只能采用连续法检测。因要求检查细小缺陷,采用标准规范磁化。其磁感应强度 B 在 1.4 T 附近,磁场强度 H 约为 2 600 A/m。由此可以计算:

$$D = 50\ \text{mm} = 0.05\ \text{m}$$

$$I = \pi DH = 3.14 \times 0.05 \times 2\ 600 \approx 400(\text{A})$$

(2)成品检查。

从图 3-38(b)中可知,其 B_r = 1.1 T,H_c = 2 300 A/m,最大磁能积 $(BH)_m$ = 1.178 kJ/m³,

均较大,可以采用剩磁法检测。剩磁法应在饱和磁感应强度时进行,即 B=1.7 T 附近,查此处磁场强度 H 为 14 000 A/m,由此计算:

$$D=48\ \text{mm}=0.048\ \text{m}$$

$$I=\pi DH=3.14\times0.048\times14\,000\approx2\,100(\text{A})$$

若采用连续法,其磁感应强度 B 约为 1.4 T,此时磁场强度 H 约为 4 800 A/m,相应磁化电流应为

$$I=\pi DH=3.14\times0.048\times4\,800\approx720(\text{A})$$

从例 3-1 中可以看出,一般周向磁化时,剩磁法所用的磁场强度约为连续法的 3 倍。在线圈纵向磁化中,由于存在着退磁场,工件内的有效磁场不等于磁化场,并且工件中各处的退磁因子不同,因而各处的退磁场也不一样。所以,不能用磁特性曲线确定纵向磁化规范。

4)用标准试片确定

用标准试片上的磁痕显示程度确定磁化规范,尤其对于形状复杂的工件,难以用计算法求得磁化规范时,把标准试片贴在被磁化工件的不同部位,可确定大致理想的磁化规范。

3.3.2 轴向通电法和中心导体法磁化规范

轴向通电法和中心导体法的磁化规范按表 3-3 计算。

表 3-3　轴向通电法和中心导体法的磁化规范

磁化方法	磁化电流计算公式	
	AC	FWDC
连续法	$I=(8\sim15)D$	$I=(12\sim32)D$
剩磁法	$I=(25\sim45)D$	$I=(25\sim45)D$

注: 1. I 为磁化电流(A)。

2. 对于圆柱体工件,直径 D 为工件直径(mm);对于非圆柱形工件,D 为工件横截面面积上最大尺寸(mm)。

3. 要精确计算时,D 用当量直径 D_d = 周长/π(mm)代替。

中心导体法可用于检测工件内、外表面与电流平行的纵向缺陷和端面的径向缺陷。外表面检测时,应尽量使用直流电或整流电。

【例 3-2】 一截面为 50 mm×50 mm,长为 1 000 mm 的方钢,要求工件表面磁场强度为 8 000 A/m,求所需的磁化电流值?

解: 精确计算当量直径　$D_d=\text{周长}/\pi=50\times4/\pi\approx64(\text{mm})$

$$I=\pi D_dH=3.14\times0.064\times8\,000=1\,067(\text{A})$$

答: 所需的磁化电流值为 1 067 A。

3.3.3 偏置芯棒法磁化规范

当采用中心导体法磁化时,若工件直径大,设备的功率、电流值不能满足时,可采用偏置芯棒法磁化。应依次将芯棒紧靠工件内壁(必要时,对与工件接触部位的芯棒进行绝

缘)停放在不同位置,以检测整个圆周,在工件圆周方向表面的有效磁化区为芯棒直径 d 的 4 倍,并应有不小于 10%的磁化重叠区。磁化电流仍按表 3-3 中的公式计算,只是工件直径 D 要按芯棒直径加两倍工件壁厚之和计算。

【例 3-3】 有一钢管,规格为 ϕ 180 mm×17 mm×1 000 mm,用偏置芯棒法检验管内、外壁的纵向缺陷,应采用多大的磁化电流?若采用直径为 25 mm 的芯棒时,需移动几次才能完成全部表面的检验?

解: 当芯棒直径 D=25 mm(按芯棒直径加两倍工件壁厚之和计算)时,

$$I=(8\sim15)\times(25+2\times17)=472\sim885(\text{A})$$

以检测整个圆周,在工件圆周方向表面的有效磁化区为芯棒直径 d 的 4 倍,并应有不小于 10%的磁化重叠区,又因为检测范围为:$4D=4\times25=100$(mm)

钢管外壁周长为:$L=3.14\times180\approx570$(mm)

考虑到检测区 10%的重叠,所以完成全部表面的检验需移动芯棒次数为:

$$N=\frac{L}{4D(1-10\%)}=\frac{570}{100\times0.9}\approx6.3\text{,取整数 }N=7$$

答: 当芯棒直径为 25 mm 时,用偏置芯棒法全面检验钢管需 472~855 A 磁化电流,钢管应移动 7 次。

3.3.4 触头法磁化规范

触头法磁化时,触头间距 L 一般应控制在 75~200 mm。触头法检验的磁化规范 I 按表 3-4 计算。

表 3-4 触头法磁化电流值

工件厚度 T(mm)	电流值 I(A)
$T<19$	$I=(3.5\sim4.5)L$
$T\geqslant19$	$I=(4\sim5)L$

注: I 为磁化电流(A);L 为两触头间距(mm)。

【例 3-4】 有一板材对接焊接接头,板厚=20 mm,采用触头间距固定为 150 mm 的探伤仪来检查,需要多大磁化电流?

解: 由题已知 L=150 mm,T=20 mm,故 $I=(4\sim5)L=600\sim750$(A)。

答: 当采用触头间距固定为 150 mm 的探伤仪检查时,需要 600~750 A 磁化电流。

3.3.5 线圈法磁化规范

3.3.5.1 用连续法检测的线圈法磁化规范

(1)低充填因数线圈——线圈横截面面积与被检工件横截面面积之比 $Y\geqslant10$ 倍时。

①当工件偏心放置于线圈内壁时,线圈的安匝数为:

$$IN=\frac{45\,000}{L/D}(\pm10\%) \tag{3-8}$$

②当工件正中放置于线圈中心时,线圈的安匝数为:

$$IN=\frac{1\ 690R}{6(L/D)-5}(\pm 10\%) \tag{3-9}$$

(2)高充填因数线圈——线圈横截面面积与被检工件横截面面积之比 $Y\leqslant 2$ 倍时线圈的安匝数为：

$$IN=\frac{35\ 000}{(L/D)+2}(\pm 10\%) \tag{3-10}$$

式中　I——施加在线圈上的磁化电流,A；

N——线圈匝数；

R——线圈半径,mm；

L——工件长度,mm；

D——工件直径或横截面上最大尺寸,mm。

(3)中充填因数线圈——线圈横截面面积与被检工件横截面面积之比 $2<Y<10$ 倍时线圈的安匝数为：

$$IN=(IN)_{h}\frac{10-Y}{8}+(IN)_{1}\frac{Y-2}{8} \tag{3-11}$$

式中　$(IN)_1$——由式(3-8)或式(3-9)计算出的安匝数；

$(IN)_h$——由式(3-10)计算出的安匝数。

Y——充填因数,为线圈横截面面积与被检工件横截面面积之比。

Y 的计算公式为：

$$Y=\frac{S}{S_1}=\frac{R^2}{r^2}=\frac{D_0^2}{D^2} \tag{3-12}$$

式中　Y——充填因数；

S——线圈横截面面积；

S_1——被检工件横截面面积；

R——线圈横截面半径；

r——被检工件横截面半径；

D_0——线圈横截面直径；

D——被检工件横截面直径(中空的非圆筒形工件和圆筒形工件的直径 D,应由有效直径 D_{eff} 代替)。

例如线圈直径为 220 mm,工件为棒料,直径为 110 mm,则 $Y=(\pi\times 110^2)/(\pi\times 55^2)=4$。

注：

(1)式(3-8)~式(3-9)在 $L/D>2$ 时有效。若 $L/D<2$,应在工件两端连接与被检工件材料接近的磁极块,使 $L/D>2$;若 $L/D\geqslant 15$,仍按 15 计算。

(2)当被检工件太长时,应进行分段磁化,且应有一定的重叠区。重叠区应不小于分段检测长度的 10%。检测时,磁化电流应根据标准试片实测结果来确定。

(3)若工件为空心件,则用式(3-13)给出的有效直径。D_{eff} 代替式(3-8)~式(3-11)中的工件直径 D 计算。

(4)式(3-8)~式(3-11)中的电流 I 为放入工件后的电流值。

(5)对中空的非圆筒形工件和圆筒形工件的 L/D 值进行计算时,工件直径 D 应由有效直径 D_{eff} 代替。

对于中空的非圆筒形工件,D_{eff} 计算如下:

$$D_{eff} = 2\sqrt{\frac{(A_t - A_h)}{\pi}} \tag{3-13}$$

式中　A_t——工件总的横截面面积,mm^2;

A_h——工件中空部分横截面面积,mm^2。

对于圆筒形工件,D_{eff} 计算如下:

$$D_{eff} = \sqrt{(D_0^2 - D_i^2)} \tag{3-14}$$

式中　D_0——圆筒外直径,mm;

D_i——圆筒内直径,mm。

【例 3-5】　有一空心圆筒形工件,长 600 mm,外径 100 mm,内径 80 mm,求 L/D 值为多少?

解:$D_{eff} = \sqrt{(D_0^2 - D_i^2)} = \sqrt{100^2 - 80^2} = 60(\text{mm})$

代入公式得:$L/D = L/D_{eff} = 600/60 = 10$

答:L/D 值为 10。

【例 3-6】　将例 3-5 中工件偏心放入直径为 180 mm,绕 5 匝的线圈中,求所需磁化电流值的大小?

解:$Y = \dfrac{S}{S_1} = \dfrac{{D_0}^2}{D_{eff}^2} = 180^2/60^2 = 9$

代入式(3-11)中得

$$IN = (IN)_h \frac{10 - Y}{8} + (IN)_1 \frac{Y - 2}{8} = 0.125(IN)_h + 0.875(IN)_1$$

式中,$(IN)_1 = \dfrac{45\ 000}{L/D_{eff}} = \dfrac{45\ 000}{10} = 4\ 500$,$(IN)_h = \dfrac{35\ 000}{(L/D_{eff})+2} = \dfrac{35\ 000}{12} \approx 2\ 920$

因 $IN = 0.125 \times 2\ 920 + 0.875 \times 4\ 500 = 4\ 302.5$,且 $N = 5$,所以 $I = 4\ 302.5/5 = 860.5$(A)

答:需 860.5 A 磁化电流。

由计算结果可以看出,用高、中、低充填因数线圈磁化同一工件时,所需安匝数递增的顺序是 2 920、4 302.5 和 4 500,即低充填因数线圈需要更大的纵向磁化电流。

3.3.5.2　用剩磁法检测的线圈法磁化规范

特种设备行业剩磁法应用较少。但对于紧固件如螺栓螺纹根部的横向缺陷应采用线圈磁化剩磁法检测,因紧固件螺栓用的材料又经过淬火,其剩磁和矫顽力值一般都符合剩磁法检测的条件。如果用连续法检测,螺纹本身就相当于横向裂纹,纵向磁化后,螺纹就吸附磁粉形成的过度背景,使缺陷无法观察,所以应采用剩磁法检测。

进行剩磁法检测时,考虑 L/D 的影响,推荐采用空载线圈中心的磁场强度应不小于表 3-5 中所列的数值。

表 3-5　空载线圈中心的磁场强度值

L/D	磁场强度(kA/m)
2~5	28
5~10	20
>10	12

3.3.6　磁轭法

磁轭法的提升力是指通电电磁轭在最大磁极间距(有的指磁极间距为 200 mm)时,对铁磁性材料(或制件)的吸引力是多少。磁轭的提升力大小反映了磁轭对磁化规范的要求,即当磁轭磁感应强度的峰值 B_m 达到一定大小所对应的磁轭吸引力,对于一定的设备和工件,磁轭的吸引力与铁素体钢板的磁导率、磁极间距、磁极与钢板的间隙及移动情况都有关。当上述因素不变时,磁感应强度峰值 B_m 与磁轭吸引力有一定的对应关系。但当磁极间距 L 变化时,将使磁感应强度峰值 B_m 随之改变,这就是讲提升力大小时必须注明磁极间距 L 的原因。

磁轭法磁化时,检测灵敏度可根据标准试片上的磁痕显示和电磁轭的提升力来确定。磁轭法磁化时,两磁极间距 L 一般应控制在 75~200 mm。当使用磁轭最大间距时,交流电磁轭至少应有 45 N 的提升力;直流电磁轭至少应有 177 N 的提升力;交叉磁轭至少应有 118 N 的提升力(磁极与试件表面间隙为 0.5 mm)。采用便携式电磁轭磁化工件,其磁化规范应根据标准试片上的磁痕显示来验证;如果采用固定式磁轭磁化工件,应根据标准试片上的磁痕显示来校验灵敏度是否满足要求。

3.3.7　直径 D、当量直径 D_d 与有效直径 D_{eff} 的关系

D 代表圆柱形直径(外径),单位为 mm,适用于轴向通电法计算磁化规范用。

所谓当量直径 D_d,是指将非圆柱形横截面换算成相当于圆柱形横截面的直径。当量直径 D_d = 周长/π,单位为 mm,适用于非圆柱形工件计算周向磁化规范用。

几种圆柱形和非圆柱形横截面的当量直径 D_d 与横截面最大尺寸求法见表 3-6。

表 3-6　当量直径 D_d 与横截面最大尺寸求法　(单位:mm)

截面	圆形横截面	长方形横截面	正方形横截面	复杂形状横截面
横截面	100	20 100	100 100	20 20
当量直径 D_d	100	76	127	178
截面面积最大尺寸	100	102	141	141

轴向通电法磁化规范与直径有关，$I=(8\sim15)D$、$I=\pi D$，因为直径与外表面大小成正比，因而也与施加的磁化电流、磁场强度成正比。

由表 3-6 可以看出，按当量直径 D_d 比按横截面最大尺寸，计算出的磁化规范更精确。

有效直径 D_{eff} 是指将圆筒形工件和中空非圆筒形工件的实心部分横截面面积减去空心部分横截面面积后计算出的，对纵向磁化起作用的有效直径 D_{eff} 以下分为以下三种情况：

(1)适用于圆筒形工件线圈法计算磁化规范的有效直径 $D_{eff}=\sqrt{(D_0^2-D_i^2)}$。

(2)适用于中空的非圆筒形工件线圈法计算磁化规范的有效直径 $D_{eff}=2\sqrt{\frac{(A_t-A_h)}{\pi}}$。

(3)适用于非圆筒形工件线圈法计算磁化规范的有效直径 $D_{eff}=2\sqrt{\frac{A}{\pi}}$。

几种圆筒形、非圆筒形工件和中空的非圆筒形工件的有效直径 D_{eff} 与横截面最大尺寸求法见表 3-7。

表 3-7　有效直径 D_{eff} 与横截面最大尺寸求法　（单位：mm）

截面	圆柱形横截面	长方形横截面	正方形中空横截面	圆筒形中空横截面
横截面	100	20 100	100 80 100	80 100
有效直径 D_{eff}	100	50	68	60
截面积最大尺寸	100	102	141	100

由表 3-7 可以看出，用有效直径 D_{eff} 代替线圈法磁化公式中的 D 计算磁化规范，比用横截面最大尺寸代替公式中的 D 计算磁化规范更精确。

(4)综上所述，当量直径 D_d 与有效直径 D_{eff} 定义不同，适用范围也不同，计算出的值也不同，所以不能混用，更不能互相代替。

第 4 章　磁粉检测设备与器材

4.1　检测设备

4.1.1　设备分类

设备的分类,按设备的可移动性分为固定式、可移动式、便携式三种;按设备的组合方式分为一体型、分立型两种。一体型是将电源、螺管线圈、夹持装置、磁悬液喷洒装置、照明装置、退磁装置等部分组成一体的。分立型是将电源、磁轭、螺管线圈、照明装置等按不同功能制成分立的,到现场进行检测时分别组装,根据现场需要携带所需部件进行组装,使用方便。

各类设备的特点:固定式适用于有固定场所,批量生产零部件的厂家使用,体积大、重量大、不能到现场操作、笨重等特点。可移动、便携式适用于野外作业,适用于大型设备的局部或全部的检测工作,体积小、重量轻、携带方便、灵巧等。

4.1.1.1　固定式探伤机

固定式探伤机的额定周向磁化电流为 1 000~10 000 A。固定式探伤机能进行通电法、中心导体法、感应电流法、线圈法、磁轭整体磁化或复合磁化等,带有照明装置,退磁装置和磁悬液搅拌、喷洒装置,有夹持工件的磁化夹头和放置工件的工作台及格栅。需要备有触头和电缆,以便对难以搬到工作台上的工件进行检测。固定式磁粉探伤机见图 4-1。

图 4-1　固定式磁粉探伤机

4.1.1.2　移动式探伤仪

移动式探伤仪的额定周向磁化电流为 500~8 000 A。主体是磁化电源,可提供交流和单相半波整流电的磁化电流。附件有触头、夹钳、开合和闭合式磁化,线圈及软电缆等,能进行触头法、夹钳通电法和线圈法磁化。一般装有滚轮可以推动。移动式磁粉探伤机见图 4-2。

图 4-2 移动式磁粉探伤机

4.1.1.3 携带式探伤仪

携带式探伤仪的额定周向磁化电流为500~2 000 A。附件有带电极触头、电磁轭、交叉磁轭或永久磁铁等。仪器手柄上装有微型电流开关,控制通、断电和自动衰减退磁。便携式磁粉探伤机如图 4-3 所示。

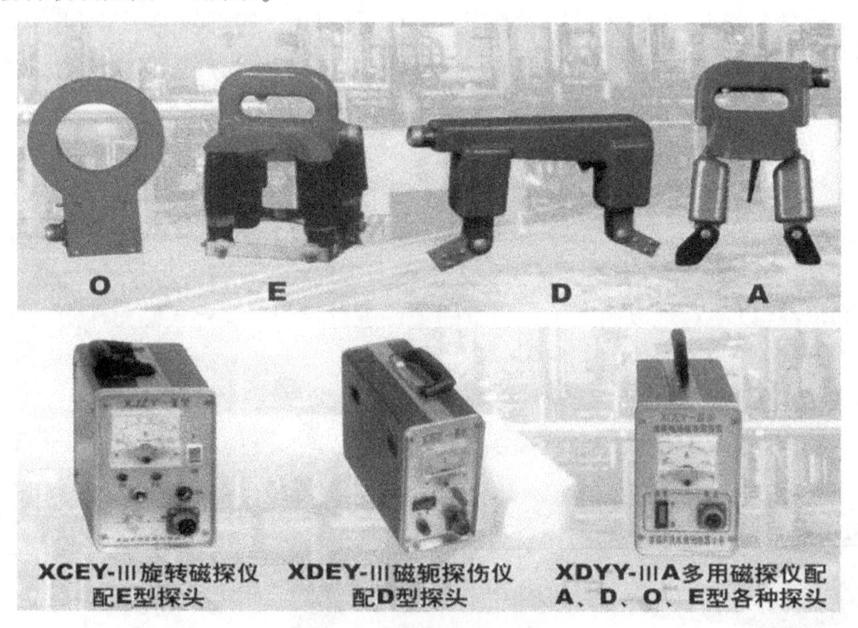

图 4-3 便携式磁粉探伤机

4.1.2 探伤机组成部分

以固定式探伤机为例,一般包括以下几个主要部分:磁化电源、螺管线圈、工件夹持装置、指示装置、磁粉或磁悬液喷洒装置、照明装置和退磁装置等,见图 4-4。

4.1.2.1 磁化电源

磁化电源是磁粉探伤机的核心部分,它是通过调压器将不同大小的电压输送给主变压器,由主变压器提供一个低电压大电流输出,输出的交流电或整流电可直接通过工件或通过穿入工件内孔的中心导体,或通入线圈,对工件进行磁化。

图 4-4　固定式磁粉探伤机的整体结构

4.1.2.2　**螺管线圈**

螺管线圈用于对工件进行纵向磁化,也可用于对工件退磁。

4.1.2.3　**工件夹持装置**

工件夹持装置是夹持工件的磁化夹头或触头。为了适应不同规格的工件,夹头的间距是可调的,调节方式有电动、手动、气动。电动调节是利用行程电机和传动机构使夹头在导轨上来回移动,由弹簧配合夹紧工件,限位开关会使可动磁化夹头停止移动。手动调节是利用齿轮与导轨上的齿条啮合传动,使磁化夹头沿导轨移动,或用手推动磁化夹头在导轨上移动,夹紧工件后自锁。气动夹持是用压缩空气通入汽缸中,推动活塞带动夹紧工件。

有些探伤机的磁化夹头可沿轴旋转 360°,磁化夹头夹紧工件后一起旋转,保证工件周向各部位有相同的检测灵敏度。

在磁化夹头上应加上铅垫或铜编织网,以利接触,防止打火和烧伤工件。

4.1.2.4　**指示装置**

磁粉探伤机的指示装置主要指电流表和电压表、表示可控硅导通角的 Φ 表、表示螺管线圈空载时中心磁场强度的 H 表。

电流表又称安培表,分为直流电流表和交流电流表。交流电流表与互感器连接,测量交流磁化电流的有效值。直流电流表与分流器连接,测量直流磁化电流的平均值。

一般对于额定周向磁化电流大于 2 000 A 的电流表,为了准确反映低安培电流值,刻度应分为两挡读数,一挡为 0~1 000 A;另一挡为 1 000 A 至额定周向磁化电流,数字电流表不需要分挡。

有些设备上装有表示可控硅导通角(移向角)的 Φ 表,表示大致的磁化电流值。还有一些老设备上装有螺管线圈空载时中心磁场强度(用奥斯特 Oe 为单位)的 H 表。

4.1.2.5　**磁粉和磁悬液喷洒装置**

磁悬液喷洒装置由磁悬液槽、电动泵、软管和喷嘴组成。磁悬液槽用于储存磁悬液,并通过电动泵叶片将槽内磁悬液搅拌均匀,依靠泵的压力(一般为 0.02~0.03 MPa)使磁悬液通过喷嘴喷洒在工件上。

在磁悬液槽的上方装有格栅,用于摆工件和滴落回收磁悬液。为防止铁屑杂物进入磁悬液槽内,在回流口上装有过滤网。

4.1.2.6　照明装置

照明装置主要有日光灯和黑光灯。

使用非荧光检测时,被检工件表面应有充足的自然光或日光灯照明,被检工件表面可见光照度应不小于1 000 lx,并应避免强光和阴影。现场检测可用便携式手提灯照明,被检工件表面可见光照度应不低于500 lx。

使用荧光检测时,使用黑光灯,被检工件表面辐照度应大于或等于1 000 $\mu W/cm^2$。

黑光灯使用注意事项如下:

(1)使用时,应尽量减少不必要的开关次数。黑光灯点燃并稳定工作后,石英内管中的水银蒸气压力很高,如在这种状态下关闭电源,则在断电的瞬间,镇流器产生一个阻止电流减少的反向电动势,这个反向电动势加到电源的电压上,使两主电极之间的电压高于电源电压,由于此时管内水银蒸气压力很高,会造成高压水银蒸气弧光灯处于瞬时击穿状态,从而减少灯的使用寿命。每断电1次,灯的寿命大约缩短3 h,因此要尽量减少不必要的开关次数。通常每个班只开关1次,即黑光灯开启后,直到本班不再使用时才关闭。

(2)在使用过程中,黑光灯的强度会不断降低,或出现强度变化的情况,为保证检测灵敏度,必须对黑光灯进行定期的校验。产生强度降低或变化的主要原因是:

①黑光灯本身的质量差异,不同的黑光灯有不同的输出功率。

②黑光灯所输出的功率与所施加的电压成正比。在额定电压工作下,黑光灯可得到理想的输出功率,电压降低时,输出功率也随之降低。

③黑光灯的输出功率随使用时间的不断增加而不断降低。

④黑光灯上集聚的灰尘将严重地降低黑光灯的输出功率。灰尘集聚严重时,会使输出功率降低一半。

⑤黑光灯的使用电压超过额定电压时,寿命会下降。例如额定电压110 V的黑光灯,电压增加到125~130 V时,每点燃1 h,寿命会减少48 h。

4.1.2.7　退磁装置

退磁装置应保证被磁化工件上的剩磁减小到不妨碍使用程度的要求。

4.1.3　常用便携设备

特种设备磁粉检测最常用的有带触头的小型磁粉探伤仪、电磁轭、交叉磁轭或永久磁铁等。这些设备具有重量轻、体积小、携带方便、结构简单和探伤效果好等特点。

4.1.3.1　CDX-Ⅲ型便携式磁粉探伤机

CDX-Ⅲ型便携式磁粉探伤机适用于现场检测特种设备,体积小、重量轻。如图4-5所示,这种有两个探头的电磁轭适用于检测罐底角焊接接头、管板角缝,探头的角度可以根据需要进行改变,可以检测不同管径的管板角焊接接头,检测时要在焊接接头两个垂直方向上进行检测。

4.1.3.2　交叉电磁轭

如图 4-6 所示，这种交叉电磁轭可以对球罐、在用容器的纵环焊接接头进行磁粉检测，检测时不用进行两个垂直方向上的检测，可以一次完成，很简单。

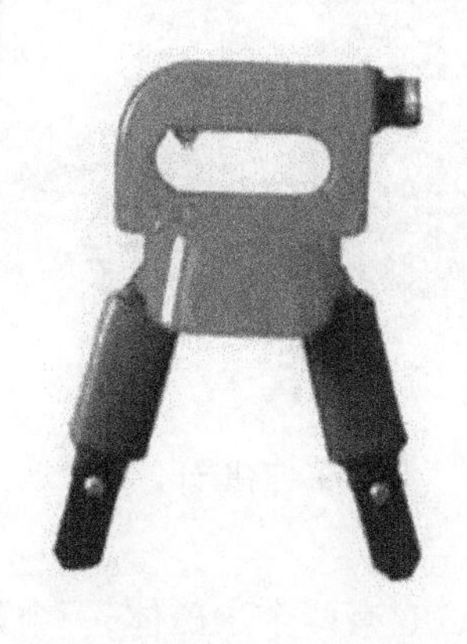

图 4-5　便携式角接接头电磁轭

Eb型活关节旋转磁场探头

图 4-6　交叉电磁轭

4.1.3.3　两电磁轭探头

如图 4-7 所示，适用于焊接接头周边空间狭小，没有足够的检测空间，可以检测纵、环焊接接头。

EA角焊缝旋转磁场探头

D型磁轭探头

图 4-7　两电磁轭探头

4.1.3.4　磁化线圈

磁化线圈适合对管线及轴类进行磁粉检测，如图 4-8 所示。

4.1.4　测量仪器

磁粉检测中涉及磁场强度、剩磁大小、白光照度、黑光辐照度和通电时间的测量，因而还应有一些测量设备。

4.1.4.1　毫特斯拉计(高斯计)

当电流垂直于外加磁场方向通过半导体时，在垂直于电流和磁场方向的物体两侧产生电势差，这种现象称为霍尔效应。毫特斯拉计是利用霍尔元件制造的测量磁场强度的仪器。它的探头是一只霍尔元件。当与被测磁场中磁感应强度的方向垂直时，霍尔电势差最大。因此，在测量时，要转动探头，使表头指针的指示值达到最大时读数。目前，国产仪器有 GD-3 型和 CT-3 型毫特斯拉计等。高斯计如图 4-9 所示。

O型环型探头

图 4-8 磁化线圈

图 4-9 高斯计

4.1.4.2 **袖珍式磁强计**

袖珍式磁强计是利用力矩原理做成的简易测磁仪,它有两个永磁体,一个是固定的,用于调零;另一个是活动的,用于测量。活动永磁体在外磁场和回零永磁体的双重磁场力作用下将发生偏转,带动指针停留在一定的位置,指针偏转角度大小表示了外磁场的大小。

袖珍式磁强计主要用于工件退磁后剩磁大小的快速直接测量,也可以用于铁磁性材料工件在探伤、加工和使用过程中剩磁的快速测量。测量时,为消除地磁场的影响,工件应沿东西方向放置,将磁强计上箭头指向方向的一侧,紧靠工件被测部位,指针偏转大小代表剩磁大小。国产有 JCZ-5、JCZ-30 型袖珍式磁强计,如图 4-10 所示。

图 4-10 袖珍式磁强计

注意:袖珍式磁强计不能用于测量强磁场,也不准放入强磁场影响区,以防精度受到影响。

4.1.4.3 **照度计**

照度计(见图 4-11)用于测量被检工件表面的可见光照度。ST-85 型自动量程照度计和 ST-80(C)照度计,量程是 0~1 999×10^2 lx,分辨率为 0.1 lx。

4.1.4.4　黑光辐照计

UV-A 型黑光辐照计测量波长范围为 320~400 nm,峰值波长约为 365 nm 的黑光辐照度。单位是瓦特/米^2(W/m^2)或微瓦/厘米^2(μW/cm^2),1 W/m^2=100 μW/cm^2。

黑光辐照计(见图 4-12)由测光探头和读数单元两部分组成,探头的传感器是硅光电池器件,具有性能稳定的特点。探头的滤光片是特殊研制的优质紫外滤光片,能理想地屏蔽黑光以外的杂光。读数用数字显示。

图 4-11　照度计

图 4-12　黑光辐照计

4.1.4.5　通用时间测量仪

可用通电时间控制器(袖珍式电秒表),测量通电磁化时间。

4.1.4.6　弱磁场测量仪

弱磁场测量仪的基本原理基于磁通门探头,它具有两种探头,均匀磁场探头和梯度探头。均匀磁场探头励磁绕组为两个完全相同的绕组反向串联。感应绕组为两个相同绕组正向串联,用于测量直流磁场。梯度探头的初级绕组正向串联,次级绕组反向串联,专用于测量磁场梯度,而与周围均匀磁场无关。

弱磁场测量仪是一种高精度仪器,测量精度可达 8×10^{-4} A/m(10^{-5} Oe),对于磁粉检测来说,仅用于要求工件退磁后的剩磁极小的场合。国产有 RC-1 型弱磁场测量仪。

4.1.4.7　快速断电试验器

为了检测三相全波整流电磁化线圈有无快速断电效应,可采用快速断电试验器进行测试。

4.1.4.8　磁粉吸附仪

磁粉吸附仪用于检定和测试磁粉的吸附性能,来表征磁粉的磁特性和磁导率大小,常用的有 CXY 磁粉吸附仪(见图 4-13)。

4.1.5　检测设备的安装、使用与维修

4.1.5.1　磁粉探伤机的选择和安装

1. 磁粉探伤机的选择

磁粉检测设备应能对工件完成磁化、施加磁悬液、提供观察条件和退磁等四道工序,

但这些要求,并不一定要在同一台设备上实现。应该根据检测的具体要求选择磁粉探伤机。可以从以下两个方面进行考虑:

(1)工作环境。若检测工作是在固定的场所进行的,以选择固定式磁粉探伤机为宜。若是在生产现场进行的,且工件品种单一,检查数量较大,应考虑采用专用的检测设备,若在实验室内,以检测试件为主,则应考虑采用功能较齐全的固定式磁粉探伤机,以适应试验工作的需要。当工作环境在野外、高空等现场条件不能采用固定式磁粉探伤机的地方,应选择移动式或便携式探伤机进行工作;若检验现场无电源时,可以考虑采用永久磁轭进行检测。

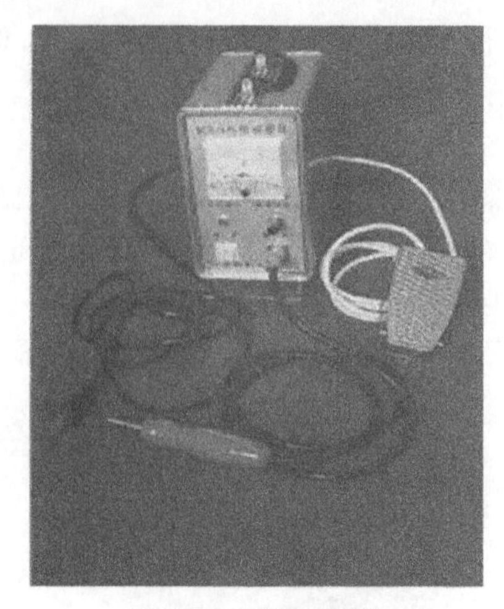

图 4-13　磁粉吸附仪

(2)工件情况。主要是看被检测工件的可移动性与复杂情况,以及需要检查的数量。若被检测工件体积和重量不大,易于搬动,或形状复杂且检查数量多,则应选择具有合适的磁化电流并且功能较全的固定式磁粉探伤机;若被检测工件的外形尺寸较大,重量也较重而又不能搬动或不宜采用固定式磁粉探伤机时,应选择移动式或便携式磁粉探伤机进行分段局部磁化;若被检工件表面暗黑,与磁粉颜色反差小时,最好采用荧光磁粉探伤机,或采用与工件颜色反差较大的其他磁粉。

2. 磁粉探伤机的安装调试

磁粉探伤机的安装主要是指固定式磁粉探伤机。这种设备多为功能较全的卧式一体化装置,并随磁化电流的增加而体积、重量增加。在安装这类设备时,应详细阅读设备的使用说明书,熟悉其机械结构、电路原理和操作方法。一般说来,交流磁粉探伤机电路较为简单,多为接触器继电器电路,但由于其耗电量较大,安装时除应选用具有足够大截面的电缆和电源开关外,还应注意对电网的影响,若电网输入容量不足,应考虑磁粉探伤机的使用性能及其他用电器具的影响。采用功率较大的半波电流探伤机时,还要考虑电流对电网中电流波形的影响。

固定式磁粉探伤机应安装在通风、干燥且有足够的照明环境的地方。最好能装在单独的有顶棚的房间。在生产线上安装时,应考虑周围留有一定的空间。为了加强机器的散热效果,可在机器下部用硬木将机脚垫高,以利于空气流通。对单独使用磁化线圈和退磁线圈的设备,也可单独安装。但应注意操作的方便及对周围的影响。

按照使用说明书安装好设备后,首先应对磁粉探伤机的各部分加以检查。特别是对各电气元件加以仔细检查;观察各电气元件接头有否松动或脱落,检查电气绝缘是否良好,各继电器触点是否清洁等。经检查无误后,再接通电源,检查电源初次使用效果并进行调试。

调试工作可参照下列步骤进行:

(1)开启电源,观察各仪表及指示灯指示是否正常。

(2)接通电源泵,观察电动机是否正常运转。注入磁悬液后,应有磁悬液流出;否则,应检查三相电动机是否接反。

(3)检查调压变压器是否能够正常调压,发现异常时应进行检查、调整或修理。

(4)检查活动夹头在导轨上的移动情况。手动夹头是否灵活,电动夹头是否移动平稳、灵活、限位开关位置是否适当。

(5)进行工件磁化试验。可先从小电流开始磁化,逐步加大电流。在磁化过程中,注意观察机器有无异常变化。若发现工作异常,则应停机检查排除。

(6)按使用说明书要求检查及调试结束后,即可投入使用。

便携式及移动式磁粉探伤机调试工作可参考使用说明书进行。

4.1.5.2　磁粉探伤机的使用

磁粉探伤机应按有关的使用说明书的要求进行使用。各种类型的磁粉探伤机的操作方法不一定完全相同。

固定式磁粉探伤机的功能比较齐全,一般可对工件实施周向、纵向和复合磁化。应根据检测工件的技术要求,选择合适的磁化方式和操作方法。下面以 CJW-4000 型磁粉探伤机为例来说明这类设备的使用。

(1)使用前的准备工作。

①接通电源,开启探伤机上的总开关,检查电源电压或指示灯是否正常。

②开启液压泵电动机,让磁悬液充分搅拌。

(2)按照探伤的要求,对工件进行磁化并进行综合性能的检测。检测时,应按规定使用灵敏度试片或试块,并注意试块或试片上的磁痕显示。

(3)根据磁化方法选择磁化开关的工作状态并调节磁化电流。

①通电磁化。通电磁化是利用电流通过工件时产生的磁场对工件进行磁化的,通电磁化时,将工件夹紧在两接触板之间,选择磁化开关为“周向”,预调节升(降)压按钮,使电压至一定值时,踩动脚踏开关,检查周向电流表是否达到规定指示值;未达到或超过时,应重新调节电压后再进行检查,使磁化电流达到规定值。

②通磁磁化。通磁磁化方法与通电磁化方法相同,只不过磁化开关选择为“纵向”,所观察电流表为指示面板下部中间的纵向电流表。通磁磁化时,工件可以不安装。这与通电磁化法不同,前者一定要将工件夹紧才能有电流显示。后者虽有电流显示,但应以装上工件后的电流为磁化电流。

③多向磁化。根据检测资料的要求,分别调好磁化参数。再将磁化开关选择为“复合(多向)”方式。

(4)根据不同检验方法的要求,在磁化过程中或磁化后在工件上浇洒磁悬液。

(5)当工件上磁痕形成后,立即进行观察、解释和评价、记录。

(6)对要求进行退磁的工件,若在本机上退磁,则按动退磁按钮,调压器将自动由高到低地调节电压到零。但再次磁化时,应重新调节电压到相应位置。对退磁后的工件应进行分类和清洁处理。

(7)检测工作结束后,断开探伤机电源并进行卫生处理。

移动式和便携式磁粉探伤机多是分立型装置,使用方法与固定式探伤机有所不同,其主要是应用触头支杆通电或通磁进行磁化,应根据设备使用说明书要求进行具体操作。

4.1.5.3　磁粉探伤机的维护与保养

使用磁粉探伤机时,应该注意设备的维护和保养。下面以固定式磁粉探伤机为例,介绍维护和保养工作。

(1)正常使用时,若按钮不起作用,应检查按钮接触是否良好,各组螺旋熔断器是否松动,各个接线端子是否紧固,否则应进行检查维修。

(2)如整机带电,应查找每个行程开关、电动机引线、按钮开关及其他接线是否有相线接壳的地方,若有则应排除。

(3)进行周向磁化时,若两探头夹持的工件充不上磁,电流表无指示,应检查伸缩探头箱上的行程开关是否调节合适,或者检查夹头与工件是否接触良好。

(4)行程探头、螺管线圈的电缆线绝缘极易磨损,使用时必须注意保护,遇有损坏之处应将其包扎好,以保证安全。

(5)探伤机在使用时必须经常保持清洁,不应有灰尘混入磁悬液,并要定期更换磁悬液,否则在工件检测时会因污染物产生假象,影响检查效果。

(6)被检工件表面必须进行清洁处理,否则也会污染磁悬液而影响检测。

(7)两接触板与工件接触处的衬板很容易损坏或熔化,应及时检查并及时更换。

(8)对探伤机的行程探头、变速箱、导轨及其他活动关节应定期检查润滑。

(9)调压器的电刷与线圈的接触面,必须经常保持清洁,否则电刷移动时易产生火花。

(10)探伤机工作之后应将调压器电压降到零,断开电源并除去工作台上的油污,戴好机罩。

4.2　磁粉与磁悬液

4.2.1　磁粉

磁粉是显示缺陷的重要手段,磁粉质量的优劣和选择是否恰当,将直接影响磁粉检测结果,所以检测人员应全面了解和正确使用磁粉。

磁粉的种类很多,按磁痕观察,磁粉分为荧光磁粉和非荧光磁粉;按施加方式不同,磁粉分为湿式磁粉和干式磁粉。

4.2.1.1　荧光磁粉

在黑光下观察磁痕显示磁粉为荧光磁粉。荧光磁粉是以磁性氧化铁粉、工业铁粉或羰基铁粉为核心,在铁粉外面用环氧树脂黏附一层荧光染料或将荧光染料化学处理在铁粉表面而制成。

磁粉的颜色、荧光亮度及与工件表面颜色的对比度,对磁粉检测灵敏度都有很大的影响。由于荧光磁粉在黑光照射下,能发出波长范围在510~550 nm对人眼接受最敏感的色泽鲜明的黄绿色荧光,与工件表面的对比度也高,适用于任何颜色的受检表面,容易观察,因而检测灵敏度高,还能提高检测速度。但荧光磁粉一般只适用于湿法检测。

用特种设备进行磁粉检测时,制造时采用高强度钢及对裂纹(包括冷裂纹、热裂纹和再热裂纹)敏感的材料,或是长期工作在腐蚀介质环境下,有可能发生应力腐蚀裂纹的场合,其内壁宜采用荧光磁粉方法进行检测。

4.2.1.2　非荧光磁粉

在可见光下观察磁痕显示的磁粉称为非荧光磁粉。常用的有四氧化三铁(Fe_3O_4)黑磁粉和 γ-三氧化二铁(γ-Fe_2O_3)红褐色磁粉。这两种磁粉既适用于湿法,也适用于干法。还以纯铁粉为原料,用黏合剂包覆制成的白磁粉,或经氧化处理的蓝磁粉等非荧光的彩色磁粉只适用于干法。

湿法用磁粉是将磁粉悬浮于油或水载液中喷洒到工件表面的磁粉;干法用磁粉是将磁粉在空气中吹成雾状喷撒到工件表面的磁粉。

JCM 系列空心球形磁粉是铁铬铝的复合氧化物,具有良好的移动性和分散性,磁化工件时,磁粉能不断地跳跃着向漏磁场处聚集,检测灵敏度高,且高温不氧化,在 400 ℃下仍能使用,可用于在高温条件下和高温部件的焊接过程中进行检测。但空心球形磁粉只适用于干粉检测。

在纯铁中,添加铬、铝和硅制成的磁粉也可用于 300~400 ℃的高温焊接接头检测。

4.2.1.3　磁粉的性能

磁粉检测是靠磁粉聚集在漏磁场处形成的磁痕显示缺陷的,磁痕显示程度不仅与缺陷性质、磁化方法、磁化规范、磁粉施加方式、工件表面状态和照明条件等有关,还与磁粉本身的性能如磁特性、粒度、形状、流动性、密度和识别度有关,在实际检测时选择性能好的磁粉是很重要的。

1. 磁特性

磁粉的磁特性与磁粉被漏磁场吸附形成磁痕的能力有关。磁粉应具有高磁导率、低矫顽力和低剩磁。高磁导率的磁粉容易被缺陷产生的微小漏磁场磁化和吸附,聚集起来便于识别。如果磁粉的矫顽力和剩磁大,磁化后,磁粉易形成磁极,彼此相互吸引聚集成团不容易分散开,磁粉也会被吸附到工件表面不易去除,形成过度背景,甚至会掩盖相关显示。若磁粉吸附在管道内,还会使油路堵塞。干法检验中,第一次磁化后的磁粉若被吸附在最初接触的工件表面上,使磁粉移动性变差,难以为缺陷处微弱的漏磁场吸附,同样也会形成过度背景,影响缺陷辨认。

2. 粒度

磁粉的粒度就是磁粉颗粒的大小,粒度的大小对磁粉的悬浮性和漏磁场对磁粉的吸附能力都有很大的影响。

选择适当的磁粉粒度时,应考虑缺陷的性质、尺寸、埋藏深度及磁粉的施加方式。

粒度细小的磁粉悬浮性好,容易被小缺陷产生的漏磁场磁化和吸附,形成的磁痕显示线条清晰,定位准确。因此,粒度小的磁粉适用于湿法检查工件表面微小的缺陷。

粒度粗大的磁粉磁导率高于较细的磁粉,分散性好,容易搭接跨过大的缺陷,容易磁化和形成磁痕,并减少粉尘的影响。因此,粒度大的磁粉适用于干法检查工件的表面及近表面的大缺陷。干法用磁粉一般不用荧光磁粉,而用非荧光磁粉。

在实际检测中,要求发现各种大小不同的缺陷,也要发现工件表面及近表面的缺陷,所以应使用含有各种粒度的磁粉,这样对于各类缺陷可获得较均衡的灵敏度。对于干法用磁粉,粒度范围为 10~50 μm,最大不超过 150 μm。对于湿法用的黑磁粉和红磁粉,粒度范围宜采用 5~10 μm,粒度大于 50 μm 的磁粉,不能用于湿法检验,因为它很难在磁悬液中悬浮,粗大磁粉在磁悬液流动过程中,还会滞留在工件表面干扰相关显示。而粒度过细的磁粉在使用中,它们会聚集在一起起作用。荧光磁粉因表面有覆盖层,所以粒度不可能太小,一般在 5~25 μm,但这并不意味着检测灵敏度的降低,因为荧光磁粉的可见度、对比度和分辨力高,所以能获得高的灵敏度。

在磁粉检测中,一般推荐干法用 80~160 目(0.18~0.09 mm)的粗磁粉,湿法用 300~400 目(0.050~0.035 mm)的细磁粉。一般 45 μm 相当于 320 目。

3. 形状

磁粉有各种不同形状,有条形、椭圆形、球形或其他不规则的颗粒形状。条形磁粉容易磁化形成磁痕,但分散性、流动性差,易于吸附、易于聚集,降低灵敏度,对于干法用磁粉,条形磁粉相互吸引还会影响喷洒和磁痕显示。条形磁粉适用于检测大缺陷和近表面缺陷。

球形磁粉有良好的流动性,但由于退磁场的影响不容易被漏磁场磁化,但空心球形磁粉能跳跃着向漏磁场聚集。

为了使磁粉既有良好的吸附性,又有良好的流动性,理想的磁粉应由一定比例的条形、球形和其他形状的磁粉混合在一起使用。

4. 流动性

为了有效地检测缺陷,磁粉必须能在受检工件表面流动,以便被漏磁场吸附形成磁痕显示。

在湿法检验中,是利用磁悬液的流动带动磁粉向漏磁场处流动。在干法检验中,是利用微风吹动磁粉,并利用交流电不断换向使磁场也不断换向,或利用单相半波整流电产生的单相脉冲磁场带动磁粉变换方向促进磁粉流动。由于直流电磁场方向不变,不能带动磁粉变换方向,所以直流电不能用于干法检验。

5. 密度

湿法用的黑磁粉和红磁粉的密度为 4.5 g/cm^3,干法用的纯铁粉的密度为 8 g/cm^3,空心球形磁粉的密度为 0.71~2.3 g/cm^3,荧光磁粉的密度除与采用的铁磁粉原料有关,还与磁粉、荧光染料和黏结剂的配方有关。

磁粉的密度对检测结果有一定的影响,湿法检验中,磁粉的密度大、易沉淀,悬浮性差;干法检验中,磁粉密度大,则要求吸附磁粉的漏磁场也要大。密度大小与材料的磁特性有关,所以应综合考虑。

6. 识别度

识别度是指磁粉的光学性能,包括磁粉的颜色、荧光亮度及与工件表面颜色的对比度。对于非荧光磁粉,只有磁粉的颜色与工件表面的颜色形成很大的对比度时,磁痕才容易观察到,缺陷才容易发现;对于荧光磁粉,在黑光下观察时,工件表面呈紫色,只有微弱的可见光本底,磁痕呈黄绿色,色泽鲜明,能提供最大的对比度和亮度。由于工件表面覆盖一层荧光磁悬液,就会产生微弱的荧光本底,因此荧光磁悬液的浓度不宜太高,大约是非荧光磁悬液浓度的 1/10。

影响磁粉使用性能的因素有以上六个方面,这些因素是相互关联、相互制约的。在选用磁粉时,要综合考虑,不能单凭某个性能的好坏来确定磁粉的好坏,要根据综合试验的结果来衡量磁粉的性能。

4.2.2 载液

对于湿法磁粉检测,用来悬浮磁粉的液体称为载液或载体,磁粉检测常用油基载液和水载液,磁粉检测-橡胶铸型法使用乙醇载液。

4.2.2.1 油基载液

(1)磁粉检测用油基载液是具有高闪点、低黏度、无荧光和无嗅味的煤油。

闪点:易燃物质挥发在空气中产生的蒸汽被火焰点燃时的温度。闪点低磁悬液容易被点燃,会造成探伤机、被检工件和人员的烧伤。

黏度:液体流动时内摩擦力的量度。黏度值随温度的升高而降低。

油的黏度分动力黏度和运动黏度两种。

动力黏度:表示液体在一定剪切应力下流动时内摩擦力的量度,其值为所加于流动液体的剪切应力和剪切速率之比,在国际单位制(SI)中以帕·秒(Pa·s)表示。习惯用厘帕(cPa)为单位。1 cPa = 10^{-3} Pa·s。

运动黏度:表示液体在重力作用下流动时摩擦力的量度,其值为相同温度下液体的动力黏度与密度之比,在国际单位制(SI)中以 m^2/s 表示。习惯用厘斯(cSt)为单位。1 cSt = 10^{-6} m^2/s = 1 mm^2/s。

在一定的使用温度范围内,尤其在较低温度下,若油的黏度小,磁悬液流动性好,检测灵敏度高。

LPW-3 号油基载液符合国内外磁粉检测标准的要求,其主要技术指标是:

①闪点:按 GB/T 261 测定时应不低于 94 ℃。

②运动黏度:按 GB/T 265 测定,在 38 ℃应不大于 3.0 mm^2/s(3 厘斯),在最低使用温度下应不大于 5.0 mm^2/s(5 厘斯)。

③荧光:按 GB 355 测定,应不大于二水硫酸奎宁在 0.1 mol/L 硫酸(H_2SO_4)中的 10 ppm(1.27×10^{-5} mol)溶液的荧光,即油基载液含有较低的荧光,使用荧光磁粉检测时,不至于干扰荧光磁粉的正常显示。

④颗粒物:按现行 SH/T 0093 测定,应不大于 1.0 mg/L。

⑤总酸值:按 GB/T 258 测定,应不大于 0.15 mgKOH/L。

⑥气味:应无刺激性和让使用者厌恶的气味。

⑦颜色:目测应是水白色油基载液应含有很低的荧光,使用荧光磁粉检测时,不至于干扰荧光磁粉的正常显示。

⑧毒性:无毒性。

(2)磁粉检测油基载液试验,要求测定闪点、运动黏度、荧光和气味。

(3)磁粉检测油基载液推荐使用 LPW-3 号油(尤其荧光磁粉油磁悬液)。但绝对不允许使用低闪点的煤油载液。

油基载液优先用于如下场合:

①对腐蚀,应加防止腐蚀的某些铁基合金(如精加工的某些轴承和轴承套)。

②可能会引起电击的地方。

③在水中浸泡可引起氢脆的某些高强度钢。

4.2.2.2 **水载液**

磁粉检测水载液是在水中添加润湿剂、防锈剂,必要时还要添加消泡剂,保证水载液具有合适的润湿性、分散性、防腐蚀性、消泡性和稳定性。

1. 润湿性

水磁悬液应能迅速地润湿工件表面,合适的润湿性能可用"水断试验"来确定,pH 应控制在 8~10。

2. 分散性

磁粉能均匀地分散在水载液中,在有效使用期内,磁粉不结团。

3. 防腐蚀性

对工件、设备及磁粉本身无腐蚀性。

4. 消泡性

能在较短时间内自动消除水载液中的泡沫,以保证检测灵敏度。

5. 稳定性

在规定的储存期间,水载液的使用性能不发生变化。

用水作载液的优点是水不易燃、黏度小。但不适用于在水中浸泡可引起氢脆的某些高强度合金钢。

4.2.3 磁悬液

磁粉和载液按一定比例混合而成的悬浮液体称为磁悬液。

4.2.3.1 **磁悬液浓度**

每升磁悬液中所含磁粉的重量(g/L)或每 100 mL 磁悬液沉淀出磁粉的体积(mL/100 mL)称为磁悬液浓度。前者称为磁悬液配制浓度,后者称为磁悬液沉淀浓度。

磁悬液浓度也叫磁悬液质量浓度,对显示缺陷的灵敏度影响很大,浓度不同,检测灵敏度也不同。浓度太低,影响漏磁场对磁粉的吸附量,磁痕不清晰,会使缺陷漏检;浓度太高,会在工件表面滞留很多磁粉,形成过度背景,甚至会掩盖相关显示。

磁悬液浓度大小的选用与磁粉的种类、粒度、施加方式和工件表面状态等因素有关,NB/T 47013—2015 对磁悬液浓度要求见表 4-1。

表 4-1 磁悬液浓度

磁粉类型	配制浓度(g/L)	沉淀浓度(含固体量:mL/100 mL)
非荧光磁粉	10~25	1.2~2.4
荧光磁粉	0.5~3.0	0.1~0.4

磁悬液浓度的规定用配制浓度和沉淀浓度,是考虑到特种设备行业的特点,绝大多数磁悬液是一次性使用,采用配制浓度(g/L),方法简单实用,磁粉用量明确。同时,考虑到

一些工件需在固定式探伤机上检测,磁悬液可循环使用,因而还规定了用梨形沉淀浓度(mL/100 mL)较为方便,简捷可行。

磁粉检测-橡胶铸型法,非荧光磁悬液的配制浓度推荐4~5 g/L。

对光亮工件检验,应采用黏度和浓度都大一些的磁悬液进行检验。对表面粗糙的工件,应采用黏度和浓度都小一些的磁悬液进行检验。对细牙螺纹根部缺陷的检验,应采用荧光磁粉,磁悬液配制浓度用0.5 g/L,使用剩磁法检验,应多浇几遍磁悬液,以获得最佳检测结果。

4.2.3.2　磁悬液配制

1. 油磁悬液配制

先取少量的油基载液与磁粉混合,让磁粉全部润湿,搅拌成均匀的糊状,再按表4-1比例加入余下的油基载液,搅拌均匀即可。

国外有浓缩磁粉,外表面包有一层润湿剂,能迅速与油基载液结合,可直接加入磁悬液槽内使用。

2. 水磁悬液配制

推荐的非荧光磁粉水磁悬液配方如表4-2所示。

表4-2　非荧光磁粉水磁悬液配方

水	100#浓乳	三乙醇胺	亚硝酸钠	28#消泡剂	HK-1黑磁粉
1 L	10 g	5 g	10 g	0.5~1 g	10~25 g

配制方法:将100#浓乳加入到1 L(50 ℃)温水中,搅拌至完全溶解,再加入亚硝酸钠、三乙醇胺和消泡剂,每加入一种成分后都要搅拌均匀,最后加入磁粉搅拌均匀。

推荐的荧光磁粉水磁悬液配方如表4-3所示。

表4-3　荧光磁粉水磁悬液配方

水	JFC乳化剂	亚硝酸钠	28#消泡剂	YC2荧光磁粉
1 L	5 g	10 g	0.5~1 g	0.5~2 g

配制方法:将JFC乳化剂与消泡剂加入水中搅拌均匀,并按比例加足水,成为水载液,用少量水载液与磁粉搅拌均匀,再加入余量的水载液,然后加入亚硝酸钠。

荧光磁粉磁悬液的水载液应严格选择和进行试验,不应使荧光磁粉结团、溶解、剥离或变质。

3. 磁膏水磁悬液的配制

一般在现场检验时,有时采用磁膏配制水磁悬液。由于磁膏中含有磁粉、润湿剂和防腐蚀剂等,所以可与水直接配制。

配制方法:先取少量的水,在水中挤入磁膏后搅拌成稀糊状,再按比例加入水后搅拌均匀即可。

使用时,除应进行综合性能试验外,还必须测量磁悬液的浓度和进行水断试验。

4. 磁悬液喷罐

将配制好的合格磁悬液装进喷罐中，使用时只需轻轻摇动喷罐，将磁悬液搅拌均匀，充磁时就可以直接喷洒。检测前，先用标准试片进行综合性能试验，合格后即可进行检测。使用喷罐，方便快捷，特别适合高空、野外和罐内检测，尤其在特种设备行业应用非常广泛。

4.2.4　反差增强剂

4.2.4.1　应用

在检测表面粗糙的焊接件或铸钢件时，由于工件表面凹凸不平，或者由于磁粉颜色与工件表面颜色对比度很低，使缺陷难以检出，容易造成漏检。为了提高缺陷磁痕与工件表面颜色的对比度，检测前，可在工件表面上涂上一层白色薄膜，厚度为 25～45 μm，干燥后再磁化工件，喷洒黑磁粉磁悬液，其磁痕就清晰可见。这一层白色薄膜就叫反差增强剂。

4.2.4.2　配方、施加及清除

反差增强剂可按表 4-4 推荐的配方自行配制，搅拌均匀即可使用。

表 4-4　反差增强剂配方

成分	工业丙酮	稀释剂 X-1	火棉胶	氧化锌粉
每 100 mL 含量	65 mL	20 mL	15 mL	10 g

施加反差增强剂，整个工件检查可用浸涂法，局部检测可用喷涂法或刷涂法。

清除反差增强剂，可用工业丙酮与稀释剂 X-1 按 3∶2配制的混合液浸过的棉纱擦洗，或将整个工件浸入该混合液中清洗。

4.2.4.3　反差增强剂喷罐

反差增强剂喷罐具有使用方便，涂层成膜迅速均匀，附着力强，颜色洁白，无强刺激性气味等优点。检测时，要应用经过质量认证的、性能好的反差增强剂喷罐（见图 4-14）。

图 4-14　反差增强剂

4.3　标准试片与试块

4.3.1　标准试片

4.3.1.1　用途

标准试片简称试片,是磁粉检测必备的器材之一,具有以下用途:

(1)用于检验磁粉检测设备、磁粉和磁悬液的综合性能(系统灵敏度)。

(2)用于检测被检工件表面的磁场方向、有效磁化区和有效磁场强度。

(3)用于考察所用的检测工艺规程和操作方法是否妥当。

(4)几何形状复杂的工件磁化时,各部位的磁场强度分布不均匀,无法用经验公式计算磁化规范,磁场方向也难以估计时,将小而柔软的试片贴在复杂工件的不同部位,可大致确定较理想的磁化规范。

4.3.1.2　分类

在日本使用 A 型和 C 型,在美国使用的试片称为 QQI 质量定量指示器,在我国使用 A1 型、C 型、D 型、M1 型四种试片。试片是由 DT4A 超高纯低碳纯铁经轧制而成的薄片。用于试片的材料,包括退火处理和未经退火处理两种。试片分类用大写英文字母表示,热处理状态用阿拉伯数字表示,经退火处理的为 1 或空缺,未经退火处理的为 2。型号名称中的分数,分子表示试片人工缺陷槽的深度,分母表示试片的厚度,单位为 μm。试片类型、名称和图形如表 4-5 所示。A 型灵敏度试片如图 4-15 所示。

4.3.1.3　使用

(1)试片只适用于连续法检测,不适用于剩磁法检测。用连续法检测时,检测灵敏度几乎不受被检工件材质的影响,仅与被检工件表面磁场强度有关。特种设备检测时,一般应选用 A1:30/100 的试片,检测灵敏度要求高时,可选用 A1:15/100 的试片。

(2)根据工件检测面的大小和形状,选用合适的试片类型。检测面大时,可选用 A1 型,检测面狭小或表面曲率半径小时,可选用 C 型或 D 型,C 型试片可以剪成 5 个小试片单独使用。

(3)根据工件检测所需的有效磁场强度,选用不同灵敏度的试片。需要有效磁场强度较小时,选用分数值较大的低灵敏度试片;需要有效磁场强度较大时,选用分数值较小的高灵敏度试片。

(4)试片表面锈蚀或有褶纹时,不得继续使用。

(5)使用前,应用溶剂清洗掉锈油。如果工件表面贴试片处凹凸不平,应打磨平,并除去油污。

(6)将试片有槽的一面与工件受检面接触,用透明胶纸靠试片边缘,将试片贴紧(间隙应小于 0.1 mm),但透明胶不能盖住有槽的部位。

(7)可选用多个试片,同时分别贴在工件的不同部位,可看出工件磁化后,被检表面不同部位的磁化状态或灵敏度的差异。

表 4-5　试片类型、名称和图形

类型	规格:缺陷槽深/试片厚度(μm)		图形和尺寸(mm)
A1 型	A1:7/50		
	A1:15/50		
	A1:30/50		
	A1:15/100		
	A1:30/100		
	A1:60/100		
C 型	C:8/50		
	C:15/50		
D 型	D:7/50		
	D:15/50		
M1 型	ϕ12 mm	7/50	
	ϕ9 mm	15/50	
	ϕ6 mm	30/50	

注:C 型标准试片可剪成 5 个小试片分别使用。

图 4-15　A 型灵敏度试片

(8)M1 型多功能试片,是将三个槽深各异而间隙相等的人工刻槽,以同心圆式做在同一试片上,其三种槽深分别与 A1 型三种型号的槽深相同,这种试片可一片多用,观察磁痕显示差异直观,能更准确地推断出被检工件表面的磁化状态。

(9)用完试片后,可用溶剂清洗并擦干。干燥后涂上防锈油,放回原装片袋保存。

4.3.2　标准试块

4.3.2.1　标准试块的类型

标准试块也是磁粉检测必备的器材之一,简称试块。

试块有两种,一种是 B 型试块,另一种是 E 型试块。B 型试块用于直流电磁化,与美国的 Betz 环等效。E 型试块用于交流电磁化,与日本和英国的同类试块接近。另外,还有磁场指示器、自然缺陷标准样件。

4.3.2.2　标准试块用途

标准试块主要适用于检验磁粉检测设备、磁粉和磁悬液的综合性能(系统灵敏度),也用于考察磁粉检测的试验条件和操作方法是否恰当,还可以用于检验各种磁化电流在大小不同时产生的磁场在标准试块上大致的渗入深度。

标准试块不适用于确定被检工件的磁化规范,也不能用于考察被检工件表面的磁场方向和有效磁化区。

4.3.2.3　B 型标准试块

国家标准样品 B 型试块的形状和尺寸如图 4-16 所示。材料为经退火处理的 9CrWMn 钢锻件,其硬度为 90-95HRB。

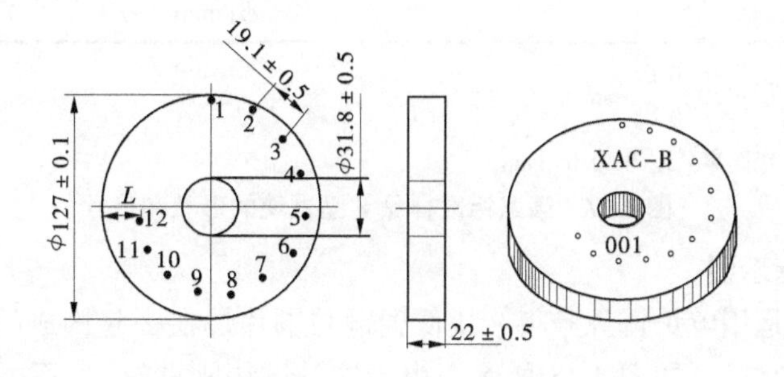

孔号	1	2	3	4	5	6	7	8	9	10	11	12
通孔中心距外缘距离 L(mm)	1.78	3.56	5.33	7.11	8.89	10.67	12.45	14.22	16.00	17.78	19.56	21.34

注: 1. 12 个通孔直径 D 为 ϕ 1.78±0.08 mm。

2. 通孔中心距外缘距离 L 的尺寸公差为±0.08 mm。

图 4-16　国家标准样品 B 型试块的形状和尺寸

4.3.2.4　E 型标准试块

国家标准样品 E 型试块的形状和尺寸如图 4-17 所示。材料为经退火处理的 10#钢锻件。

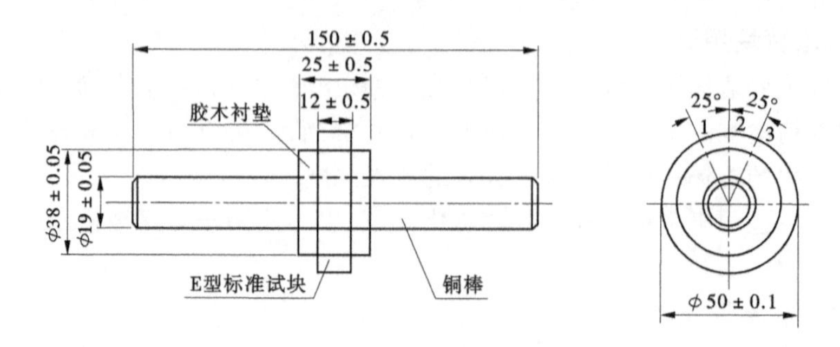

孔号	1	2	3
通孔中心距外缘距离	1.5 mm	2.0 mm	2.5 mm
通孔直径	φ1 mm		

注:1. 3 个通孔直径为 $\phi1.0\pm^{0.08}_{0.05}$ mm;

2. 通孔中心距外缘距离公差为±0.05 mm。

图 4-17　国家标准样品 E 型试块的形状和尺寸

4.3.2.5　磁场指示器

磁场指示器是用电炉铜焊条将 8 块低碳铜与铜片焊在一起构成的,有一个非磁性手柄,通常称为八角试块,如图 4-18 所示。由于这种试块刚性较大,不可能与工件表面(尤其曲面)很好贴合,难以模拟出真实工件的表面状况,所以磁场指示器只能作为了解工件表面的磁场方向和有效磁化范围的粗略校验工具,而不能作为磁场强度和磁场分布的定量测试。比标准试片经久耐用,操作简便。

使用时,将磁场指示器铜面朝上,八块低碳钢面朝下,紧贴被检工件表面,用连续法检验,给磁场指示器上施加磁粉,观察磁痕显示。

4.3.3　自然缺陷标准样件

为了弄清磁粉检测系统是否能按照所期望的方式、所需要的灵敏度工作,最直接的途径是考核系统检测出一个或多个已知缺陷的能力,最理想的方法是选用带有自然缺陷的工件作为标准样件。该样件是在以往的磁粉检测中发现的,材料、状态和外形有代表性,并具有最小临界尺寸的常见缺陷(如发纹和磨削裂纹)。自然缺陷标准样件应做特殊的标记,以免混入被检工件中去。自然缺陷标准样件的使用应经过磁粉检测Ⅲ级人员的审查。

在特种设备行业,由于制作统一的自然缺陷标准样件极其困难,各单位自制的可能有差异而带来质量异议,因而推荐使用标准试片,而不提倡采用自然缺陷标准样件。

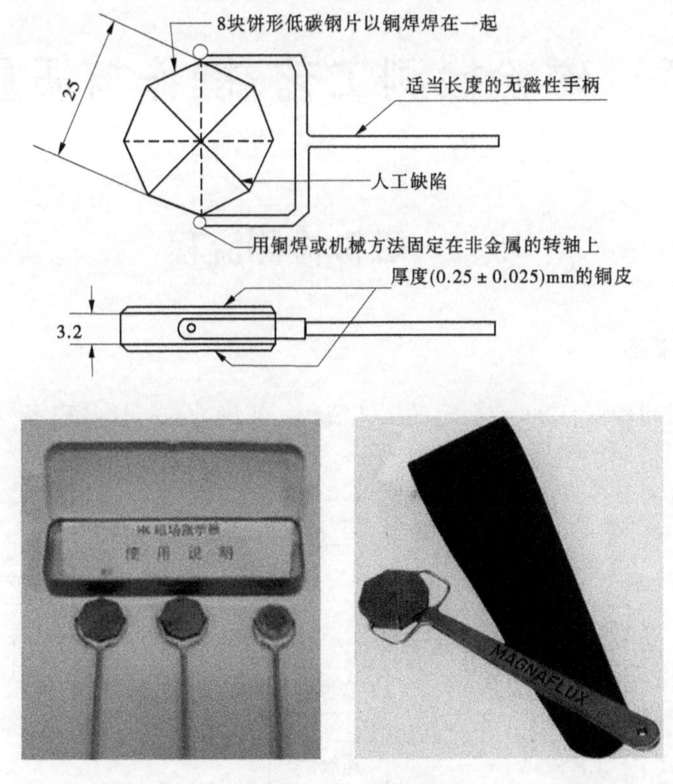
8块饼形低碳钢片以铜焊焊在一起
25
适当长度的无磁性手柄
人工缺陷
用铜焊或机械方法固定在非金属的转轴上
厚度(0.25±0.025)mm的铜皮
3.2
使 用 说 明
MAGNAFLUX

图4-18　磁场指示器

第 5 章　磁粉检测工艺、操作与质量控制

5.1　磁粉检测流程

5.1.1　工艺流程

工件实施磁粉检测,应该有一定的工艺流程。正确地执行这些程序,才能保证检验的工作质量。磁粉检测工艺流程如图 5-1 所示。

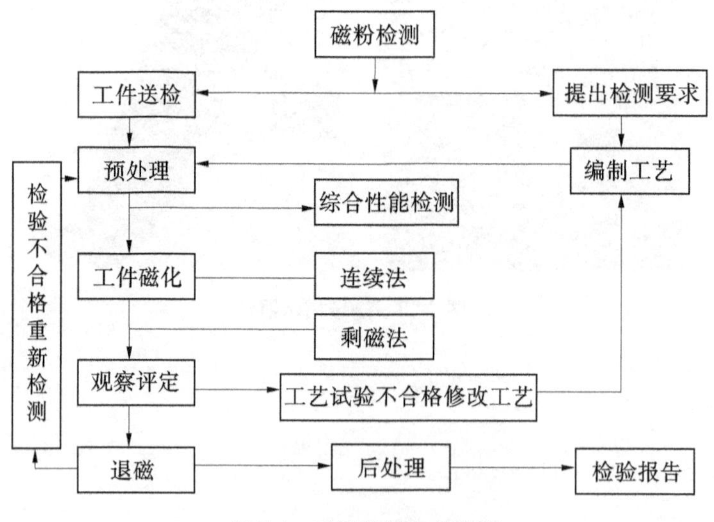

图 5-1　磁粉检测工艺流程

5.1.2　操作程序

磁粉检测的操作主要由六部分组成:①预处理;②磁化被检工件;③施加磁粉或磁悬液;④在合适的光照下,观察和评定磁痕显示;⑤退磁及后处理。

在施加磁粉或磁悬液过程中,由于磁化方法有连续法和剩磁法之分,因此磁悬液施加的时间也有所不同,它们的操作程序也有所差异。连续法是在磁化过程中施加磁粉,而剩磁法是在工件磁化后施加磁粉,它们的操作程序如图 5-2 所示。

两者之间的主要区别在于施加磁悬液的时间不同。另外,一些连续法检测的工件可不必退磁,而剩磁法检测的工件一般都需要退磁。同时,剩磁法不能用于干粉法检测,也不能用于多向磁化。

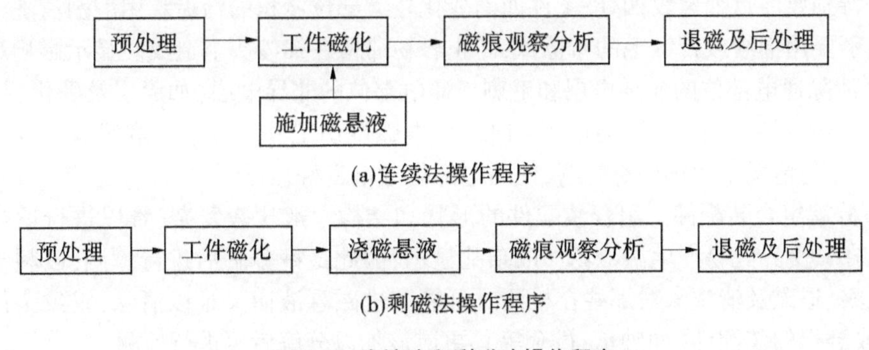

图 5-2　连续法和剩磁法操作程序

5.2　工序安排及工件预处理

5.2.1　磁粉检测的时机

为了提高产品的质量，以及在产品的制造过程中尽早发现材料或半成品中的缺陷，降低生产制造成本，应当在产品制造的适当时机安排磁粉检测，安排的原则如下：

(1)检测工序一般应安排在容易发生缺陷的加工工序（如锻造、铸造、热处理、冷成形、电镀、焊接、磨削、机加工、校正和载荷试验等）之后，特别是在最终成品时进行。必要时，也可在工序间安排检查。

(2)电镀层、油漆层、表面发蓝、磷化及喷丸强化等表面工艺会给缺陷显示带来困难，一般应在这些工序之前检测。当镀涂层厚度较小（不超过 50 μm）时，也可以进行检测，但一些细微缺陷（如发纹）的显现可能受到影响。如果镀层可能产生缺陷（如电镀裂纹等），则在电镀工艺前后都应进行检测，以便明确缺陷产生的环境。

(3)对滚动轴承等装配件，如在检测后无法完全去掉磁粉而影响产品质量，应在装配前对工件进行检测。

(4)焊接接头的磁粉检测应安排在焊接工序完成之后进行。对于有延迟裂纹倾向的材料，磁粉检测应根据要求至少在焊接 24 h 后进行。

(5)对于紧固件和锻件的磁粉检测，应安排在最终热处理之后进行。

5.2.2　被检工件的预处理

对受检工件进行预处理是为了提高检测灵敏度、减少工件表面的杂乱显示，使工件表面状况符合检测的要求，同时延长磁悬液的使用寿命。经过预处理的工件，应尽快安排检测，并注意防止其锈蚀、损伤和再次污染。

预处理主要有以下内容：

(1)清除工件表面的杂物，如油污、涂料、铁锈、毛刺、氧化皮、金属屑等。清除的方法根据工件表面质量确定。可以采用机械或化学的方法进行清除。如采用溶剂清洗、喷砂或钢刷、砂轮打磨和超声清洗等方法，部分焊接接头还可以采用手提式砂轮机修整。清除杂物时,特别要注意如螺纹凹处、工件曲面变化较大部位淤积的污垢。用溶剂清洗或擦除时,注意不要用棉纱或带绒毛的布擦拭,防止磁粉滞留在棉纱头上造成假显示影响观察。

(2)清除通电部位的非导电层和毛刺。通电部位的非导电层(如漆层及磷化层等)及毛刺不仅会隔断磁化电流,还会在通电时产生电弧烧伤工件。可采用溶剂清洗或在不损伤工件表面的情况下用细砂纸打磨,使通电部位导电良好。

(3)分解组合装配件。组合装配件的形状和结构一般比较复杂,难以进行适当的磁化,而且在其交界处易产生漏磁场形成杂乱显示,因此最好分解后进行检测,以利于磁化操作、观察、退磁及清洗。对那些在检测时可能流进磁悬液而又难以清除,以致工件运动时会造成磨损的装配件(如轴承、衬套等),更应该加以分解后再进行检测。

(4)对工件上不需要检查的孔、穴等,最好用软木、塑料或布将其堵上,以免清除磁粉困难。但在维修检查时,不能封堵上述的孔、穴,以免掩盖孔穴周围的疲劳裂纹。

(5)干法检测的工件表面应充分干燥,以免影响磁粉的运动。湿法检测的工件,用油磁悬液的工件表面不能有水分;而用水磁悬液的工件表面则要认真除油,否则会影响工件表面的磁悬液湿润。

(6)有些工件在磁化前带有较大的剩磁,有可能影响检测的效果。对这类工件应先进行退磁,然后进行磁化。

(7)如果磁痕和工件表面颜色对比度小,可在检测前先给工件表面涂敷一层反差增强剂。

5.3 检测方法分类

磁粉检测是以磁粉作显示介质对缺陷进行观察的方法。根据磁化时施加的磁粉介质种类不同,有湿法和干法之分,按照工件上施加磁粉的时间,检验的方法有连续法和剩磁法之分。

5.3.1 湿法和干法

湿法又叫磁悬液法。它是在工件检测过程中,将磁悬液均匀分布在工件表面上,利用载液的流动和漏磁场对磁粉的吸引,显示出缺陷的形状和大小。由于施加磁悬液的时间不同,湿法又有连续法磁化和剩磁法磁化之分。

干法又叫干粉法。在一些特殊场合下,不能采用湿法进行检测,而采用特制的干磁粉按程序直接施加在磁化的工件上,工件的缺陷处即显示出磁痕。

湿法检测中,由于磁悬液的分散作用及悬浮性能,可采用的磁粉颗粒较小,因此它具有较高的检测灵敏度。而干法施用的磁粉颗粒一般较大,而且只能用于连续法磁化,因此它只能发现较大的缺陷。一些细微的缺陷,如细小裂纹及发纹等,用干法检测不容易检查出来。

干法检测多用于大型铸、锻件毛坯及大型结构件、焊接件的局部区域检查,通常与便携式设备配合使用。湿法检测通常与固定式设备配合使用,特别适用于批量工件检查,检测灵敏度比干法要高,磁悬液可以回收和重复使用。

5.3.2　连续法和剩磁法

连续法是在工件被外加磁场磁化的同时施加磁粉或磁悬液,当磁痕形成后,立即进行观察和评价,它又叫附加磁场法或现磁法。剩磁法是先将工件进行磁化,然后在工件上浇浸磁悬液,待磁粉凝聚后再进行观察。这是一种利用材料剩余磁性进行检测的方法,故叫剩磁法。

几乎所有的钢铁零件都能采用连续法进行磁化,而选择剩磁法检测的工件则必须在磁化后具有相当的剩余磁性才行。一般的低碳钢、低合金钢及处于退火状态或热变形后的工件,只能采用连续法检测。而经过热处理(淬火、调质、渗碳、渗氮等)的高碳钢和合金结构钢,其剩余磁感应强度和矫顽力均较高,一般可以采用剩磁法检测。

连续法和剩磁法检测的比较见表 5-1。

表 5-1　连续法和剩磁法检测比较

磁化方法	优点	缺点
连续法	1. 适用于任何铁磁材料。 2. 具有最高的检测灵敏度。 3. 能用于复合磁化	1. 检验效率较剩磁法低。 2. 易出现干扰缺陷磁痕的杂乱显示
剩磁法	1. 检验效率高。 2. 杂乱显示少,判断磁痕方便。 3. 目视检查可达性好。 4. 有足够的探伤灵敏度	1. 剩磁低的材料不能用。 2. 不能用于多向磁化。 3. 不能采用干法探伤。 4. 交流磁化时,要加相位断电器

在承压类特种设备现场检测中,多采用连续法进行检查。

5.3.3　磁粉检测-橡胶铸型法

磁粉检测-橡胶铸型法是采用剩磁法检验,并将显示出来的不连续磁痕用室温硫化硅橡胶进行复印,根据复印所得的橡胶铸型件在实体显微镜下对不连续性进行观察和分析。

磁粉检测-橡胶铸型法检验的工序是:

(1)用剩磁法磁化零件。如果相邻两个孔的间距小于 50 mm,应对孔间隔磁化,如先磁化 1、3、5 等单号孔,后磁化 2、4、5 等双号孔。

(2)浇注磁悬液。将充分搅拌均匀的磁悬液用滴管注入孔内并注满,保持 10 s 左右后将磁悬液去掉。

(3)漂洗。将无水乙醇用滴管注入孔内,注满后再去掉。

(4)干燥。充分干燥孔壁。

(5)堵孔。对通孔要用胶布或胶纸贴在孔的下端进行封堵。

(6)安放金属套。在受检孔上端,安放一个高 10~15 mm、内径大于受检孔的金属套,以便于标记和拨出橡胶铸型件。

(7)浇注橡胶液。将需要量的橡胶液倒在塑料杯内,加入适量的硫化剂搅拌均匀,经过金属套慢慢注入孔内,至注满金属套为止。

(8)取橡胶铸型件。待橡胶液固化后,去掉堵孔材料,用手握住金属套轻轻松动橡胶铸型件两端,然后将其慢慢拨出或用棍顶出。

(9)磁痕观察。在可见光下,用10倍放大镜观察橡胶铸型件上的磁痕显示。若要间断跟踪疲劳裂纹的扩展情况,则必须在实体显微镜(放大倍数20~40)下观察并用带读数的目镜测量裂纹的长度。

(10)记录和保存。检验结果应记入专用记录本中,橡胶铸型件应用玻璃纸包好,装入专用试样袋内长期保存。

5.4 磁化操作

5.4.1 磁化电流的调节

在磁粉检测中,磁化磁场的产生主要靠磁化电流来完成,认真调节好磁化电流是磁化操作的基本要求。

由于磁粉检测中通电磁化时电流较大,为防止开关接触不良时产生电弧火花烧伤电触头,通常电压调整和电流检查是分别进行的,即将电压开路调整到一定位置再接通磁化电流,一般不在磁化过程中调整电流。调整时,电压也是从低到高进行调节,以避免工件过度磁化。

电流的调整应在工件置入探伤机形成通电回路后才能进行。对通电法或中心导体法磁化,电流调整好后不能随意更换不同类型的工件。必须更换时,应重新核对电流,不符合要求应重新调整。

线圈磁化时,应注意交直流线圈电流调整的差异。对于直流线圈,线圈中有无工件电流变化不是很大;但对于交流线圈,线圈中的工件将影响电流的调整。

5.4.2 综合性能鉴定

磁粉检测系统的综合性能是指利用自然或人工缺陷试块上的磁痕来衡量磁粉检测设备、磁粉和磁悬液的系统组合特性。综合性能又叫综合灵敏度,它可以反映出设备工作是否正常及磁介质的好坏。

鉴定工作在每班检测开始前进行。用带自然缺陷的试块鉴定时,缺陷应能代表同类工件中常见的缺陷类型,并具有不同的严重程度。当按规定的方法和磁化规范检查时,若能清晰地显现试块上的全部缺陷,则认为该系统的综合性能合格。当采用人工缺陷试块(环形试块或灵敏度试片)时,用规定的方法和电流进行磁化,试块或试片上应清晰显现出适当大小和数量的人工缺陷磁痕,这些磁痕即表示了该系统的综合性能。在磁粉检测工艺图表中,应规定对设备器材综合性能的要求。

5.4.3　磁粉介质的施加

5.4.3.1　干燥操作的要求

干法检测常与触头支杆、Π 形磁轭等便携式设备并用,主要用来检查大型毛坯件、结构件及不便于用湿法检查的地方。

干法检测必须在工件表面和磁粉完全干燥的条件下进行,否则表面会黏附磁粉使衬底变差影响缺陷观察。同时,干法检测在整个磁化过程中要一直保持通电磁化,只有观察磁痕结束后才能撤除磁化磁场。施加磁粉时,干粉应呈均匀雾状分布于工件表面,形成一层薄而均匀的磁粉覆盖层。然后用压缩空气轻轻吹去多余磁粉。吹粉时,要有顺序地移动风具,从一个方向吹向另一个方向,注意不要干扰缺陷形成的磁痕,特别是磁场吸附的磁粉。

磁痕的观察和分析在施加干磁粉和去除多余磁粉的同时进行。

5.4.3.2　湿法操作的要求

湿法有油、水两种磁悬液。它们常与固定式检测设备配合使用,也可以与其他设备并用。

湿法的施加方式有浇淋和浸渍,所谓浇淋,是通过软管和喷嘴将液槽中的磁悬液均匀施加到工件表面,或者用毛刷或喷壶将搅拌均匀的磁悬液涂洒在工件表面。浸渍是将已被磁化的工件浸入搅拌均匀的磁悬液槽中,在工件被湿润后再慢慢从槽中取出来。浇法多用于连续磁化及尺寸较大的工件。浸法则多用于剩磁法检测时尺寸较小的工件。采用浇淋法时,要注意液流不要过大,以免冲掉已经形成的磁痕;采用浸渍法时,要注意在液槽中的浸放时间和取出方法的正确性,浸放时间过长或取出太快都将影响磁痕的生成。

使用水磁悬液时,载液中应含有足够的润湿剂,否则会造成工件表面的不湿润现象(水断现象)。一般来说,当水磁悬液漫过工件时,工件表面液膜断开,形成许多小水点,就不能进行检测,还应加入更多的湿润剂。工件表面的粗糙度越低,所需要的湿润剂也越多。

在半自动化检查中,使用多喷嘴对工件进行磁悬液喷洒时,应注意调节各喷嘴的位置,使磁悬液能均匀地覆盖整个检查面。注意各喷嘴磁悬液的流量大小,防止液流过大影响磁痕形成。

5.4.4　连续法和剩磁法操作要点

5.4.4.1　连续法的操作要点

(1)采用湿法时,在工件通电的同时施加磁悬液,至少通电两次,每次时间不得少于 0.5 s,磁悬液均匀湿润后再通电几次,每次 1~3 s,检验可在通电的同时或断电之后进行。

(2)采用干法检测时应先进行通电,通电过程中再均匀喷撒磁粉,并在通电的同时用干燥空气吹去多余的磁粉,在完成磁粉施加并观察磁痕后,才能切断电源。

5.4.4.2　剩磁法的操作要点

(1)磁化电流的峰值应足够高,通电时间为 1/4~1 s;冲击电流持续时间应在 1/100 s 以上,并应反复几次通电。

(2)工件要用磁悬液均匀湿润,有条件时应采用浸入的方式。工件浸入磁悬液中数秒(一般为 3~20 s)后取出,然后静置数分钟后再进行观察。采用浇液方式时,应注意液压要小,可浇 2~3 次,每次间隔 10~15 s,注意不要冲掉已形成的磁痕。在剩磁法操作时,从磁化到磁痕观察结束前,被检工件不应与其他铁磁性物体接触,以防止产生磁写现象。

5.4.5　磁化操作技术

工件磁化方法有周向磁化、纵向磁化及多向磁化。磁化方法不同时,应注意其对磁化操作的要求。

当采用通电法周向磁化时,由于磁化电流数值较大,在通电时要注意防止工件过热或因工件与磁化夹头接触不良造成端部烧伤。在探伤机夹头上,应有完善的接触保护装置,如覆盖铜网或铅垫,以减少工件和夹头间的接触电阻。另外,在夹持工件时,应有一定的接触压力和接触面积,使接触处有良好的导电性能。在磁化时,还应注意施加激磁电流的时间不宜过长,以防止工件温度升高超过许可范围,特别是直流磁化时更是如此。如果触头与工件间接触不好,则容易在触头电极处烧伤工件或使工件局部过热。因此在检测时,触头与工件间的接触压力足够,与工件接触或离开工件时要断电操作,防止接触处打火烧伤工件现象的发生。并且一般不用触头法检查表面光洁要求较高的工件。触头法检查时,应根据需要进行多次移动磁化,每次磁化应按规定有一定的有效检测的范围,并注意有效范围边缘应相互重叠。检测用触头的电极一般不用铜制作,因为铜在接触不良打火时,可能渗入钢铁中影响材料的使用性能。

在采用中心导体法磁化时,芯棒的材料可用铁磁性,也可不用铁磁性材料。为了减少芯棒导体的通电电阻,常常采用导电良好并具有一定强度的铜棒(铜管)或铝棒。当芯棒位于管形工件中心时,工件表面的磁场是均匀的,但当工件直径较大,探伤设备又不能提供足够的电流时,也可采用偏置芯棒法检查。偏置芯棒应靠近工件内表面,检测时应不断转动工件(或移动工件)进行检测,这时工件需注意圆弧面的分段磁化并且相邻区域要有一定的重叠面。

采用线圈法进行纵向磁化时,应注意交直流线圈的区别。在线圈中磁化时,工件应平行于线圈轴线放置。不允许手持工件放入线圈的同时通电,特别是采用直流电线圈磁化时,更应该防止强磁力吸引工件造成对人的伤害。若工件较短($L/D<2$),可以将数个短工件串联在一起进行检测,或在单个工件上加接接长杆检测。若工件长度远大于线圈直径,由于线圈有效磁化范围的影响,应对长工件进行分段磁化。分段时,每段不应超出线圈直径的一半,且磁化时要注意各段之间的覆盖。线圈直流磁化时,工件两端头部分的磁力线是发散的,端头面上的横向缺陷不易得到显示,检测灵敏度不高。

用磁轭法进行直流纵向磁化时,磁极与工件间的接触要好,否则在接触处将产生很大的磁阻影响检测灵敏度。极间磁轭法磁化时,如果工件截面大于铁芯截面,工件中的磁感应强度将低于铁芯中的磁感应强度。工件得不到必要的磁化;而工件截面若是大于铁芯截面,工件两端由于截面突变在接触部位产生很强的漏磁场,使工件端部检测灵敏度降低。为避免以上情况,工件截面最好与铁芯截面接近。极间磁轭法磁化时,还应注意工件长度的影响,一般长度应在 0.5 m 以下,最长不超过 1 m,过长时工件中部将得不到必要的磁化。此时只有在中间部位移动线圈进行磁化，才能保证工件各部位检测灵敏度的一致。

在使用便携式磁轭及交叉磁轭旋转磁场检测时，应注意磁极端面与工件表面的间隙不能过大，如果有较大的间隙存在，接触处将有很强的漏磁场吸引磁粉，形成检测盲区并将降低工件表面上的检测灵敏度。检测平面工件时，还应注意磁轭在工件上的行走速度要适宜，并保持一定的覆盖面。

对于其他的磁化方法，也应注意其使用的范围及有效磁化区。注意操作的正确性，防止因失误影响检测工作的进行。不管是采用何种检测方法，在通电时是不允许装卸工件的，特别是采用通电法和触头法时更是如此。这一方面是为了操作安全，另一方面也是防止工件端部受到电烧伤而影响产品使用。

5.4.6　交叉磁轭对检测灵敏度的影响

5.4.6.1　磁化场方向对检测灵敏度的影响

为了能检出各个方向的缺陷，通常对同一部位需要进行互相垂直的两个方向磁化。一是要有足够的磁场强度，二是要尽量使磁场方向与缺陷方向垂直，这样才能获得最大的缺陷漏磁场，易于形成磁痕，从而确保缺陷不漏检。而对旋转磁化来说，由于其合成磁场方向是不断地随时间旋转着的，任何方向的缺陷都有机会与某瞬时的合成磁场垂直，从而产生较大的缺陷漏磁场而形成磁痕。但是，只有当旋转磁场的长轴方向与缺陷方向垂直时才有利于形成磁痕。因此，不能认为只要使用旋转磁场，不管如何操作就一定能发现任何方向的缺陷，这种认识是错误的。

5.4.6.2　交叉磁轭旋转磁场不适用剩磁法检测

用剩磁法检测的首要条件是能够获得足够的剩磁，当采用交流设备磁化工件时，必须配有断电相位控制器。因为交流电产生的磁场强度在不断地变化，如果不控制断电相位，让它能在达到最大剩磁的时限内停止磁化，就不能确保获得最大的剩磁。而交叉磁轭是由两相正弦交变磁场形成的旋转磁场，不仅其磁场的大小在不停地变化，而且其方向也在360°范围内不断地改变。所以，无论在什么时候断电，磁场的大小和方向都是未知的，更无法保证获得稳定的最大剩磁。因此，旋转磁场磁粉探伤仪只能用于连续法，而不能用于剩磁法。

5.4.6.3　交叉磁轭磁极与工件间隙大小的影响

磁轭式磁粉探伤仪和交叉磁轭的工作原理是通过磁轭把磁通导入被检测工件来达到磁化工件的目的。而磁极与工件之间的间隙越大，等于磁阻越大，从而降低了有效磁通。当然也就会降低工件的磁化程度，结果必然造成检测灵敏度的下降。此外，由于间隙的存在，将会在磁极附近产生漏磁场，间隙越大所产生的漏磁场就越严重。由于间隙产生的漏磁场会干扰磁极附近由缺陷产生的漏磁场，有可能形成过度背景或以至于无法形成缺陷磁痕，因此为了确保检测灵敏度和有效检测范围必须限制间隙，而且越小越好。

对于特种设备，由于其结构特点，当被检工件表面为一曲面时，它的四个磁极不能很好地与工件表面相接触，会产生某一磁极悬空（在球面上时），或产生四个磁极以线接触方式与工件表面相接触（在柱面上时），这样就在某一对磁极间产生很大的磁阻，从而降低了某些方向上的检测灵敏度。因此,在进行特种设备磁粉检测时,使用交叉磁轭旋转磁场探伤仪应随时注意各磁极与工件表面之间的接触是否良好,当接触不良时应停止使用,以避免产生漏检。所以标准规定最大间隙不应超过 1.5 mm。

5.4.6.4 交叉磁轭必须在移动时才能检测

交叉磁轭磁场分布无论在四个磁极的内侧还是外侧,磁场分布都是极不均匀的。只有在几何中心点附近很小的范围内,其旋转磁场的椭圆度变化不大,而离开中心点较远的其他位置,其椭圆度变化很大,甚至不形成旋转磁场。因此,使用交叉磁轭进行探伤时,必须连续移动磁轭,边行走磁化边施加磁悬液。只有这样操作才能使任何方向的缺陷都能经受不同方向和大小磁场的作用,从而形成磁痕。

若采用步进式将交叉磁轭固定位置分段磁化,只要在交流电一个周期(0.02 s)内,仍可形成圆形或椭圆形磁场进行磁化和检测,但这样不仅检测效率低,而且有效磁化区重叠不到位时,就会造成漏检。

5.4.6.5 行走速度与磁化时间的影响

交叉磁轭的行走速度对检测灵敏度至关重要,因为行走速度的快慢决定着磁化时间。而磁化时间是有要求的,磁化时间过短,缺陷磁痕无法形成。所以标准规定,速度不能超过 4 m/min,这也是为了保证不漏检必须控制的工艺参数。

5.4.6.6 交叉磁轭旋转磁场进行检测时喷洒磁悬液方式的影响

用交流电磁轭探伤时,必须先停止喷洒磁悬液,然后断电,为的是避免已经形成的缺陷磁痕被流动的磁悬液破坏掉。当采用交叉磁轭旋转磁场磁粉探伤仪进行检测时,是边移动磁化边喷洒磁悬液,更应该避免由于磁悬液的流动破坏已经形成的缺陷磁痕。这就需要掌握磁悬液的喷洒应在保证有效磁化场被全部润湿的情况下,与交叉磁轭的移动速度良好地配合,才能把细微的缺陷磁痕显现出来,对这种配合的要求是:在移动的有效磁化范围内,有可供缺陷漏磁场吸引的磁粉,同时又不允许因磁悬液的流动而破坏已经形成了的缺陷磁痕,如果配合不好,即使有缺陷磁痕形成也会遭到破坏,因此使用交叉磁轭最难掌握的环节是喷洒磁悬液,需要根据交叉磁轭的移动速度,被检部位的空间位置等情况来调整喷洒手法。旋转磁轭探伤时,最好选用能形成雾状磁悬液的喷壶,但是压力不要太大。

为了提高磁粉的附着力,可在水磁悬液中加入少量的水溶性胶水,用以保护已经形成的缺陷磁痕,经试验证明效果很好。

目前,复合磁化技术在国内外的应用已非常广泛,而采用交叉磁轭旋转磁场进行磁粉检测,虽然国内应用很广,但在国外应用并不多,估计其主要原因就是用交叉磁轭检测时,其操作手法必须十分严格,否则检测就容易造成漏检。尤其是有埋藏深度的较小缺陷,漏检概率会更高。

5.4.6.7 交叉磁轭旋转磁场进行检测时综合性能试验的影响

既然试验的是综合性能试验(系统灵敏度试验),就应该按照既定的工艺条件(尤其是移动速度)把试片贴在焊接接头的热影响区进行试验,在静止的状态下把试片贴在四个磁极的中心位置进行综合性能试验是不规范的,因为静止状态不包含由于交叉磁轭的移动对检测灵敏度的影响。

5.4.7　交叉磁轭的提升力

5.4.7.1　磁轭的结构尺寸及激磁规范对提升力的影响

磁轭的提升力计算公式为

$$F = 1.99 \times 10^5 \Phi_m B_m \tag{5-1}$$

式中　F——磁轭的提升力,N;

Φ_m——磁通的峰值,Wb;

B_m——磁感应强度的峰值,T。

不难看出,磁轭的提升力 F 与磁通 Φ 成正比,而 $\Phi=\mu HS$。由此可见,磁轭的提升力 F 的大小取决于磁轭的铁芯截面面积 S、铁芯材料的磁性能,以及激磁规范的大小。

测试提升力的根本目的就在于检验磁轭导入工件有效磁通的多少。这只是以此来衡量磁轭性能优劣的一种手段。

5.4.7.2　磁极与工件表面间隙对提升力的影响

由于磁路(铁芯)中的相对磁导率 μ_r 远远大于空气中的相对磁导率 μ_r,因此间隙的存在必将损耗磁势,降低导入工件的磁通量,从而也降低了被磁化工件的有效磁化场强度和范围的大小。

而间隙的存在所损耗的磁势将产生大量的泄漏磁场,且通过空气形成磁回路。它的存在降低了磁轭的提升力,同时也降低了检测灵敏度,还会在间隙附近产生漏磁场。因此,即使在磁极间隙附近有缺陷,也将被间隙产生的漏磁场所湮没,根本无法形成磁痕。通常把这个区域称为盲区。

5.4.7.3　旋转磁场的自身质量对提升力的影响

旋转磁场是由两个或多个具有一定相位差的正弦交变磁场相互叠加而形成的。所谓的旋转磁场的自身质量,是指在不同瞬间其合成磁场幅值大小的变化情况。正如通常所说“椭圆形旋转磁场”或“圆形旋转磁场”,而“圆形旋转磁场”比“椭圆形旋转磁场”的自身质量要高,提升力也大。

5.5　磁痕观测、评定与记录

5.5.1　磁痕观测的环境

磁痕是磁粉在工件表面形成的图像,又叫作磁粉显示。观察磁粉显示要在标准规定的光照条件下进行。采用白光检查非荧光磁粉或磁悬液显示的工件时,应能清晰地观测到工件表面的微细缺陷。此时工件表面的白光强度至少应达到 1 000 lx。若使用荧光磁悬液,必须采用黑光灯,并在有合适的暗室或暗区的环境中进行观察。采用普通的黑光灯时,暗室或暗区内的白光强度不应大于 20 lx,工件表面上的黑光波长和强度也应符合标准规定。刚开始在黑光灯下观察时,检查人员应有暗场适应时间,一般不应少于 3 min,以使眼睛适应在暗光下进行观察。

使用黑光灯时,应注意以下事项:

(1)黑光灯刚点燃时,黑光输出达不到最大值,所以检测工作应等5 min以后再进行。

(2)要尽量减少灯的开关次数。频繁启动会缩短灯的寿命。

(3)黑光灯使用一段时间后,辐射能量下降,所以应定期测量黑光辐射度。

(4)电源电压波动对黑光灯影响很大。电压低,灯可能启动不了,或使点燃的灯熄灭;当使用的电压超过灯的额定电压时,对灯的使用寿命影响也很大,所以必要时应装稳压电源,以保持电源电压稳定。

(5)滤光片如有损坏,应立即调换;滤光片上的脏污应及时清除,因为它影响黑光的发出。

(6)避免将磁悬液溅到黑光灯泡上,使灯泡炸裂。

(7)不要将黑光灯直对着人的眼睛照射。

5.5.2 磁痕观测的方法

对工件上形成的磁痕应及时观察和评定。通常观察在施加磁粉结束后进行,在用连续法检验时,也可以在进行磁化的同时检查工件,观察磁痕。

观察磁痕时,首先要对整个检测面进行检查,对磁粉显示的分布大致了解。对一些体积太大或太长的工件,可以划定区域分片观察。对一些旋转体的工件,可画出观察起始位置再进行磁痕检查。在观察可能受到妨碍的场合,可将工件从探伤机上取下仔细检查。取下工件时,应注意不要擦掉已形成的磁粉显示或使其模糊。

观察时,要仔细辨认磁痕的形态特征,了解其分布状况,结合其加工过程,正确进行识别。对一些不清楚的缺陷磁痕,可以重复进行磁化,必要时还可加大磁化电流进行磁化,也可以采用放大镜对磁痕进行观察。

5.5.3 材料不连续性的认识与评定

材料的均匀状态(致密性)受到破坏,自然结构发生突然变异叫作不连续性。这种受到破坏的均匀状态可能是材料中固有的,也可能是人为制造的。而通常影响材料使用的不连续性就叫作缺陷。

并非所有的磁粉显示都是缺陷磁痕。除缺陷磁痕能产生磁粉显示外,工件几何形状和截面的变化、表面预清理不当、过饱和磁化、金相组织结构变化等都可能产生磁粉显示。应当根据工件的工艺特点、磁粉的不同显示分析磁痕产生的原因,确定磁痕的性质。

磁粉检测只能发现工件表面和近表面(表层)上的缺陷。这两种显示的特征不完全相同。表明缺陷磁痕一般形象清晰、轮廓分明,线条纤细并牢固地吸附在工件表面上,而近表面缺陷磁粉显示清晰程度较表面差,轮廓也比较模糊,成弥散状。在擦去磁粉后,表面缺陷可用放大镜看到缺陷开口处的痕迹,而近表面缺陷则很难观察到缺陷的露头。

对于缺陷及非缺陷产生的磁粉显示及假显示也应该正确识别。缺陷的磁痕又叫相关显示,有一定的重复行,即擦掉后重新磁化又将出现。同时,不同工件上的缺陷磁痕出现的部位和形态也不一定相同,即使同为裂痕,也都有不同的形态。而几何形状等引起的磁痕(非相关显示)一般都有一定规律,假显示没有重复性或重复性很差。

对工件来说,不是有了缺陷就要报废。因此,对有缺陷磁痕的工件,应该按照验收技术条件(标准)对工件上的磁痕进行评定。不同产品有不同的验收标准,同一产品在不同的使用地方也有不同的要求。比如发纹在某些产品上是不允许的,但在另一些产品上则是允许的。因此,严格按照验收标准评定缺陷磁痕是必不可少的工作。

5.5.4　磁痕的记录与保存

磁粉检测主要是靠磁痕图像来显示缺陷的。应该对磁痕情况进行记录,对一些重要的磁痕还应该复制和保存,以作评定和使用的参考。

磁痕记录有以下几种方式:

(1)绘制磁痕草图。在草图上标明磁痕的形态、大小及尺寸。

(2)在磁痕上喷涂一层可剥离的薄膜,将磁痕黏在上面,取下薄膜。

(3)用橡胶铸型法对一些难于观察的重要孔穴内的磁痕进行保存。

(4)照相复制。对带磁痕的工件或其磁痕复制品进行照相复制,用照片反映磁痕原貌。照相时,应注意放置比例尺,以便确定缺陷的大小。

(5)用记录表格的方式记下磁痕的位置、长度和数量。

对记录下的磁痕图像,应按规定加以保存。对一些典型缺陷的磁痕,最好能够作永久性记录。

5.5.5　试验记录与检测报告

试验记录应由检测人员填写。记录上应真实准确地记录下工件检测时的有关技术数据并反映检测过程是否符合工艺说明书(图表)的要求,并且具有可追踪性。主要应包括以下内容:

(1)工件:记录其名称、尺寸、材质、热处理状态及表面状态。

(2)检测条件:包括检测装置、磁粉种类(含磁悬液情况)、检验方法、磁化电流、磁化方法、标准试块、磁化规范等。

(3)磁痕记录:应按要求对缺陷磁痕大小、位置、磁痕等级等进行记录。在采用有关标准评定时,还应记录下标准的名称及要求。

(4)其他:如检测时间、检测地点及检测人员姓名及技术资格等。

检测报告是关于检测结论的正式文件,应根据委托检测单位要求做出,并由检测负责人等签字。检测报告可按实际检验有关要求制定。

5.6　退磁与后处理

5.6.1　铁磁材料的退磁原理

铁磁材料磁化后都不同程度地存在剩余磁场,特别是经剩磁法检测的工件,其剩余磁性就更强。在工业生产中,除了有特殊要求的地方,一般不希望工件上的残留磁场过大。因为具有剩磁的工件,在加工过程中会加速工具的磨损,可能干扰下道工序的进行及影响仪表和精密设备的使用等。退磁就是消除材料磁化后的剩余磁场使其达到无磁状态的过程。

退磁的目的是打乱由于工件磁化引起的磁畴方向排列的一致,让磁畴恢复到磁化前的那种杂乱无章的磁中性状态,亦即 $B_r=0$。退磁是磁化的逆过程。

打乱磁畴排布的方法有两种,即热处理退磁法和反转磁场退磁法。另外,还有振动去磁法,因在磁粉检测上效果不显著,很少用。

热处理退磁法是将材料加热到居里温度以上,使铁磁质变为顺磁质而失去磁性。这种方法适用于需要加热到居里温度以上的工件。反转磁场退磁法实际上是运用了技术磁化的逆过程,即在工件上不断变换磁场方向的同时,逐渐减少磁场磁化的强度,使材料的反复磁滞回线面积不断减小直到零(磁中性点)。这时 $B_r=0$、$H_c=0$,材料达到了磁中性状态。这种方法是磁粉探伤中最为广泛应用的退磁方法。

反转磁场退磁有两个必须的条件,即退磁的磁场方向一定不断地正反变化,与此同时,退磁的磁场强度一定要从大到小(足以克服矫顽力)不断地减少。

5.6.2 影响退磁效果的因素

以下几种情况应当进行退磁:

(1)当连续进行检测、磁化,估计上一次磁化将会给下一次磁化带来不良影响时;

(2)当工件剩磁将会对以后的加工工艺产生不良影响时;

(3)当工件剩磁将会对测试装置产生不良影响时;

(4)用于摩擦或近于摩擦部位,因磁粉或铁屑吸附在摩擦部位会增大摩擦损耗时;

(5)其他必要的场合。

另外,一些工件虽然有剩磁,但不会影响工件的使用或继续加工,也可以不进行退磁。如:高磁导率电磁软铁制作的工件;将在强磁区使用的工件;后道工序是热处理,加热温度高于居里点的工件;还要继续磁化,磁化磁场大于剩磁的工件;有剩磁不影响使用的工件,如锅炉、压力容器等。

由于磁粉检测时用到了周向和纵向磁化,于是剩磁也有周向和纵向剩磁之分。周向磁场由于磁力线包含在工件中,有时可能保留很强的剩磁而不显露。而纵向磁化由于工件有磁极的影响,剩磁显示较为明显。为此,对纵向磁化可以直接采用磁场方向反转强度不断衰减的方法退磁。而对于周向磁化的工件,最好是再进行一次纵向磁化后退磁,这样可较好地校验退磁后的剩磁存在。当然,在一种形式的磁场被另一种形式的磁场代替时,采用的退磁磁场强度至少应等于和大于磁化时所用的磁场强度。

退磁的难易程度取决于材料的类别、磁化电流类型和工件的形状。一般来说,难于磁化的材料也较难退磁,高矫顽力的硬磁材料最不容易退磁;而易于磁化的软磁及中软磁材料较容易退磁。直流磁化比交流磁化磁场渗入要深,经过直流磁化的工件一般很难用交流退磁的方法使其退尽,有时表面上退尽了过一段时间又会出现剩磁。退磁效果还与工件的形状因素有关。退磁因子越小(长径比越大)的材料较易退磁。而对于一些长径比较小的工件往往采用串联或增加长度的方法来实现较好的退磁。

5.6.3　实现退磁的方法

如前所述,如果磁场不断反向并且逐步减少强度到零,则剩余磁场也会降低到零。磁场的方向和强度的下降可以用多种方法实现。

(1)工件中磁场的换向可通过下述方式完成:

①不断反转磁化场中的工件;

②不断改变磁化场磁化电流的方向,使磁场不断改变方向;

③将磁化装置不断地进行 180°旋转,使磁场反复换向。

(2)磁场强度的减少可通过下述方式完成:

①不断减少退磁场电流;

②使工件逐步远离退磁磁场;

③使退磁磁场逐渐远离工件。

在退磁过程中,磁场方向反转的速率叫退磁频率。方向每转变一次,退磁的磁场强度也应该减少一部分。其需要的减小量和换向的次数,取决于工件材料的磁导率和工件形状及剩磁的保存深度。材料磁导率低(剩磁大)及直流磁化后,退磁磁场换向的次数(退磁频率)应较多,每次下降的磁场值应较少,且每次停留的时间(周期)要略长。这样可以较好地打乱磁畴的排布。而对于磁导率高及退磁因子小的材料经交流磁化的工件,由于剩磁较低,退磁磁场则可以比较大地阶跃下降。

退磁时的初始磁场值应大于工件磁化时的磁场,每次换向时磁场值的降低不宜过大或过小且应停留一定时间,这样才能有效地打乱工件中磁畴的排布。但在交流退磁中,由于换向频率是固定的,所以其退磁效果远不如超低频电流。

在实际的退磁方法中,以上的方法都有可能采用。如交流衰退退磁、交流线圈退磁及超低频电流退磁等。

一般来说,进行了周向磁化的工件退磁,应先进行一次纵向磁化。这时因为周向磁化时工件上的磁力线完全被包含在闭合磁路中,没有自由磁极。若先在磁化的工件中建立一个纵向磁场,使周向剩余磁场合成一个沿工件轴向螺旋状多向磁场,然后施加反转磁场使其退磁,这时退磁效果较好。

纵向磁化的工件退磁时,应当注意退磁磁场反向交变减少过程的频率。当退磁频率过高时,剩磁不容易退得干净,当交替变化的电流以超低频率运行时,退磁的效果较好。

利用交流线圈退磁时,工件应缓慢通过线圈中心并移出线圈 1.5 m 以外;若有可能,应将工件在线圈中转动数次后移出有效磁场区,退磁效果会更好。但应注意,不宜将过多工件堆放在一起通过线圈退磁,由于交流电的趋肤效应,堆放在中部的工件可能会退磁不足。最好的办法是将工件单一成排通过退磁线圈,以加强退磁效果。

采用扁平线圈或 Π 形交流磁轭退磁时,应将工件表面贴近线圈平面或 Π 形交流磁轭的磁极处,并让工件和退磁装置做相对运动。工件的每一个部分都要经过扁平线圈的中心或 Π 磁轭的磁极,将工件远离它们后才能切断电源。操作时,最好像电熨斗一样来回“熨”过几次,并注意一定的覆盖区,可以取得较好的效果。

长工件在线圈中退磁时,为了减少地磁的影响,退磁线圈最好以东西方向放置,使线圈轴与地磁方向成直角。

退磁效果用专门的仪器检查,应达到规定的要求。一般要求不大于 0.3 mT,简便方法可采用大头针来检查,方法是用退磁后的工件磁极部位吸引大头针,以吸引不上为符合退磁要求。

5.6.4　后处理

后处理包括对退磁后工件的清洗和分类标记,对有必要保留的磁痕还应用合适的方法进行保留。

经过退磁的工件,如果附着的磁粉不影响使用,可不进行清理。但如果残留的磁粉影响以后的加工和使用,则在检查后必须清理。清理主要是除去表面残留磁粉和油漆,可以用溶剂冲洗或磁粉烘干后清除。使用水磁悬液检测的工件为防止表面生锈,可以用脱水除锈油进行处理。

经磁粉检测检查并已确定合格的工件应做出明显标记,标记的方法有打钢印、腐蚀、刻印、着色、盖胶印、拴标签、铅封及分类存放等。严禁将合格品和不合格品混放。标记的方法和部位应由设计或工艺部门确定,应不能被后续加工去掉,并不影响工件以后的检验和使用。

5.7　实际操作

5.7.1　磁粉检测实际操作过程

磁粉检测实际操作过程示例如下:

(1)用黑磁膏配制磁悬液,先挤进一定数量的磁膏,再放入适量的水。然后充分搅拌均匀。

(2)预处理:可采用砂轮打磨和有机溶剂清洗方法去除试件表面油污、铁锈和氧化皮。将试件焊缝及热影响区等受检区域均清理干净。不能存在影响检测的污染。

(3)磁化:采用磁轭法或其他检测方法对试件进行磁化,使用灵敏度试片放在磁化区域的边缘进行磁化,检查灵敏度试片的显示情况,来确定磁粉检测的综合性能指标。磁化过程见图 5-3。

图 5-3　磁化过程

(4)施加磁粉或磁悬液:采用喷洒的方法施加磁悬液,保证磁悬液有一定的流动性,注意喷洒操作方法不能掩盖缺陷显示,见图 5-4。

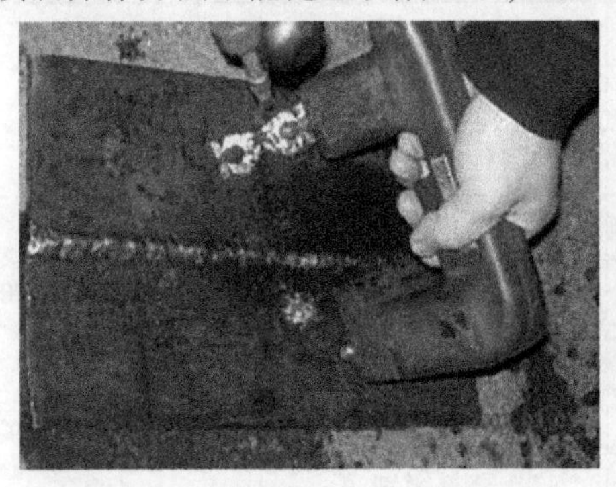

图 5-4　施加磁悬液

(5)磁痕的观察与记录:在白光下观察,要保证试件表面的辐照度达到标准要求,采用规定的方法对缺陷进行记录。按标准要求对试件进行评定和分级,见图 5-5。

(6)退磁和后处理:如有要求一定退磁。压力容器和锅炉的磁粉检测可不用退磁。对磁粉检测后残留磁粉要去除,保证检测面对以后的使用没有影响。

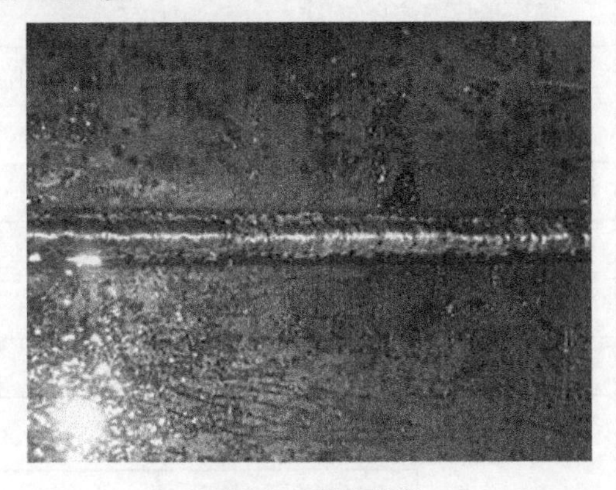

图 5-5　观察磁痕

5.7.2　缺陷记录

图 5-6 中:

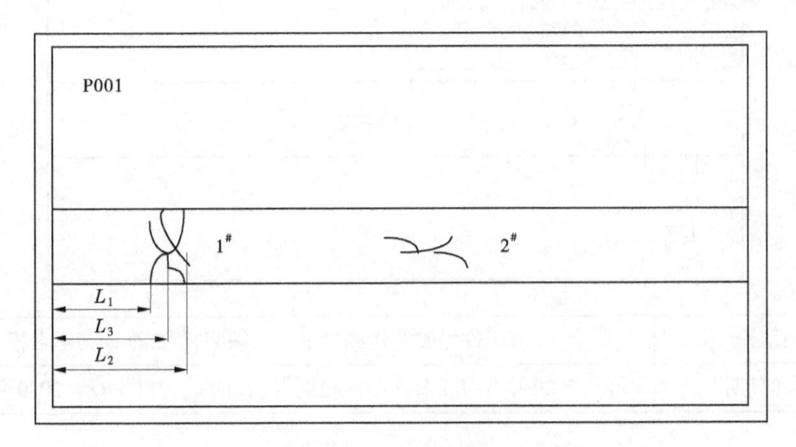

图 5-6　缺陷示例

1#为 1 号缺陷;2#为 2 号缺陷;L_1 为缺陷左侧距标准线的距离;L_3 为最大缺陷距标准线的距离;L_2 为缺陷右侧距标准线的距离;n 为每处缺陷的条数;l 为每处缺陷最长一条缺陷的长度。磁粉检测记录样表如下:

磁粉检测记录

记录编号:MT001

工件名称	焊接试板	工件编号	MT099
规格	360 mm×250 mm	材料牌号	Q345R
检测仪器/编号	CYE-1	检测方法	连续法
磁化电流(A)	800	磁化方法	磁轭法
磁粉	黑水磁悬液	磁粉浓度	1.2~2.4 mL/100 mL
灵敏度试片	A1	磁悬液施加方法	喷洒
工件表面照度	1 000 lx	黑光照度	1000 μW/cm²
执行标准	NB/T 47013.4—2015	合格级别	I
操作指导书编号	MT066	检测规程号	LNSEFT05—004

缺陷记录

缺陷编号	L_1	L_2	L_2-L_1	L_3	n	级别	备注
1	100	120	20	110	4	裂纹	不合格
2	160	190	30	175	3	裂纹	不合格

草图和注意事项：

P001
190
175
160
1#
2#
100
110
120

检测结论	该工件经磁粉检测发现裂纹缺陷,依标准评为不合格		
检测人(日期)	××× 2020 年 3 月 1 日	检测人(日期)	××× 2020 年 3 月 1 日

5.8 磁粉检测质量控制

为了保证磁粉检测的质量,即保证磁粉检测的灵敏度、分辨率和可靠性三个质量判据,必须对影响检测结果的诸因素进行控制。如检测人员须经过培训和资格鉴定;设备和材料的性能要符合要求;从磁粉检测的预处理到后处理全过程要严格按标准和规范进行;检测环境也应满足要求。所以,要达到目标质量,就须从人、机、料、法、环五个方面进行全面控制,即完成质量控制。

所谓检测灵敏度,是指发现最小缺陷磁痕显示的能力。能检测出的缺陷越小,检测灵敏度就越高,所以磁粉检测灵敏度是指绝对灵敏度。在实际应用中,并不是灵敏度越高越好,因为过高的灵敏度会影响缺陷的分辨率和细小缺陷磁痕显示的重复性,同时还会造成不必要的浪费。

所谓磁粉检测的分辨率,是指可能观察到的最小缺陷磁痕显示和对它的位置、形状及大小的鉴别能力。

所谓磁粉检测的可靠性,是指在满足要求的检测灵敏度与分辨率前提下,对细小缺陷磁痕显示检测的重复性,不导致漏检、误判,从而真实、准确地评判受检件质量状况的能力。

磁粉检测质量,主要受工艺、设备和应用三方面变化因素的影响,主要影响因素包括:①磁场强度和磁化电流;②磁化方法;③磁粉和磁悬液;④设备性能;⑤工件形状和表面状态;⑥缺陷性质、方向和埋藏深度;⑦操作程序;⑧检测工艺方法;⑨检测人员素质、经验;⑩环境条件、照明条件等。

5.8.1　人员资格的控制

从事特种设备原材料、零部件和焊接接头磁粉检测的人员,应按照《特种设备无损检测人员考核规则》的要求,取得相应的无损检测资格。磁粉检测人员按技术等级分为 Ⅲ 级(高级)、Ⅱ级(中级)和Ⅰ级(初级)。取得不同无损检测方法各技术等级的人员,只能从事与该方法和等级相应的检测工作,并负相应的技术责任。

由于磁粉显示主要靠目视观察,所以要求磁粉检测人员应具有良好的视力。磁粉检测人员未经矫正或经矫正的近(距)视力和远(距)视力应不低于 5.0(小数记录值为 1.0),并 1 年检查 1 次视力,不得有色盲。

磁粉检测是保证产品质量和安全的一项重要手段,所以检测人员的培训、资格鉴定和人员素质是至关重要的,必须符合《特种设备无损检测人员考核规则》的要求。磁粉检测人员除具有一定的磁粉检测基础知识和专业知识外,还应具备无损检测的相关知识,特种设备的专门知识及相关法规、标准知识,并掌握 NB/T 47013.4—2015 和无损检测专业知识在承压设备无损检测中的应用。检测人员还应具有丰富的实践经验和熟练的操作技能。

5.8.2　设备的质量控制

不适宜的设备可导致检验质量降低,选择保养好的检测设备是获得优良检测质量的重要因素。选择设备时,应当考虑设备的使用特点、主要性能及应用范围。要注意设备的定期校验与标准化。不合格的设备不能用。

5.8.2.1　电流表精度校验

磁粉探伤机上的电流表可拆下来校验,但最好是在探伤机上与互感器或分流器一起校验,至少半年进行 1 次。当设备进行重要电器修理、周期大修或损坏时,还应进行校验。

1. 交流电流表

使用标准电流表(指经校验合格且精度高一级的电流表)和标准电流互感器在探伤机上校验交流电流表的电路连接如图 5-7 所示。如果探伤机的额定周向磁化电流为 9 000 A,则可选用 9 000/5 的标准电流互感器和 5 A 的标准交流电流表进行校验。将一长 500 mm,直径至少 25 mm 的铜棒穿在电流互感器中,夹持在探伤机的两夹头之间通电,至少可在使用范围内,选 3 个电流值,比较标准电流表与探伤机上的电流表读数值,误差小于±10%为合格。

2. 直流电流表

使用标准直流电流表(指经校验合格且精度高一级的电流表)和标准分流器在探伤机上校验直流电流表的电路连接如图 5-8 所示。

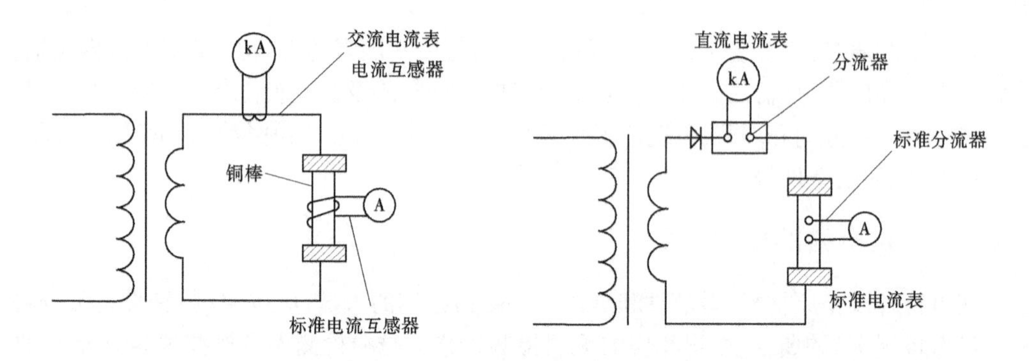

图 5-7　交流电流表校验　　　图 5-8　直流电流表校验

将标准分流器夹持在探伤机的两夹头之间通电,至少应在可使用范围内,选 3 个电流值,比较标准电流表与探伤机上电流表的读数值,误差小于±10%为合格。

5.8.2.2　设备内部短路检查

磁粉检测设备如果出现内部短路,会造成磁粉检测时工件的成批漏检,后果极其严重,所以必须定期进行内部短路检查,每年至少检查 1 次。检查方法是:将磁化电流调节到经常使用范围的最大电流,当探伤机两夹头之间不夹持任何导体时,通电后电流表的指针如果不动,说明无短路。此检查仅适用于磁化夹头通电的固定式探伤机。

5.8.2.3　电流载荷校验

探伤机的电流载荷,是指探伤机额定输出的周向磁化电流值。每年至少校验 1 次。校验方法是:将一长 400 mm,直径为 25～38 mm 的铜棒夹持在探伤机的两夹头之间通电,观察电流表指示值。将磁化电流值调节到最小电流值和最大电流值,检查最小电流值是否是零或足够小,以不至于在检查小工件时烧伤工件;检查最大电流值能否达到探伤机的额定输出,如果达不到,应挂标签说明实际可达到的磁化电流值范围。

5.8.2.4　快速断电校验

快速断电效应检验(NB/T 47013—2015 没明确要求),可使用快速断电测量器校验。

这里仅就校验三相全波整流电磁化线圈的使用方法进行介绍。具体方法是:①去掉测量器上的铜板和托架;②去掉线圈内所有的铁磁性材料;③把测量器放在线圈内壁底部,与线圈绕组垂直,如图 5-9 通以 200 A 的电流,通电时间约为 0.5 s,观察测量器上红色氖灯泡指示情况。连续通电 20 次,每次红灯泡都亮,说明该设备快速断电功能正常。

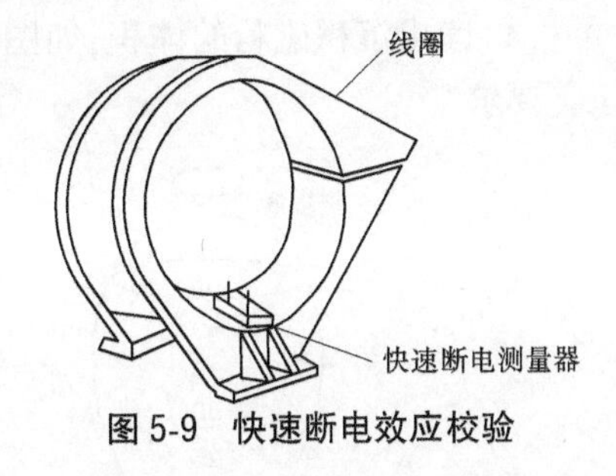

图 5-9　快速断电效应校验

5.8.2.5　通电时间校验

在三相全波整流磁粉探伤机上,用时间继电器来控制磁化电流的持续时间,要求通电时间控制在 0.5~1 s。可使用袖珍式电秒表测量,至少每年校验 1 次。

5.8.2.6　电磁轭提升力校验

NB/T 47013—2015 要求,电磁轭的提升力至少半年校验 1 次。在磁轭损伤修复后,应重新校验。永久磁轭在第一次使用前应进行提升力检验。当使用磁轭最大间距时,交流电磁轭至少应有 45 N 的提升力;直流电磁轭至少有 177 N 的提升力;交叉磁轭至少应有 118 N 的提升力。以上磁极与工件表面间隙应控制在 0.5 mm 以下。

5.8.2.7　退磁设备校验

退磁设备应能保证工件退磁后表面的剩磁 $B_r \leqslant 0.3$ mT(240 A/m),退磁效果可用袖珍式磁强计或剩磁测量仪测量。

为了测量和验收各种退磁设备的退磁效果,《磁粉探伤机》(JB/T 8290—2011)规定使用标准退磁样件进行。标准退磁样件材料用 45# 钢,规格为 Φ30 mm×300 mm,状态是 860 ℃水淬火,480 ℃回火,洛氏硬度 38~42 HRC。NB/T 47013—2015 规定,退磁后剩磁不得大于 0.3 mT(240 A/m),或按产品技术条件规定。

5.8.2.8　测量仪器校验

NB/T 47013—2015 要求,磁粉检测用的测量仪器,如照度计、黑光辐照计、袖珍磁强计、毫特斯拉计(高斯计)和袖珍式电秒表应每年校验 1 次。这些仪器在大修后还应重新校验。

5.8.3　材料的质量控制

不适宜的材料可导致检验质量降低,选择保养好的检测材料是获得优良检测质量的重要因素。选择材料时,应当考虑设备的使用特点、主要性能及应用范围。不合格的材料不能用。

5.8.3.1　磁悬液浓度测定

对于新配制的磁悬液,其浓度应符合表 4-1。对于在固定式探伤机上能够循环使用的磁悬液,浓度测定一般采用梨形沉淀管,用以测量容积的方法来测定,每天开始检验前进行。测定方法是:

(1)充分搅拌磁悬液,取 100 mL 注入沉淀管中。

(2)对沉淀管中磁悬液退磁(新配制的除外)。

(3)水磁悬液静置 30 min,油磁悬液静置 60 min,变压器油磁悬液静置 24 h。

(4)读出沉积磁粉的体积,如图 5-10 所示。磁悬液浓度应符合表 4-1 或合理的书面工艺要求。

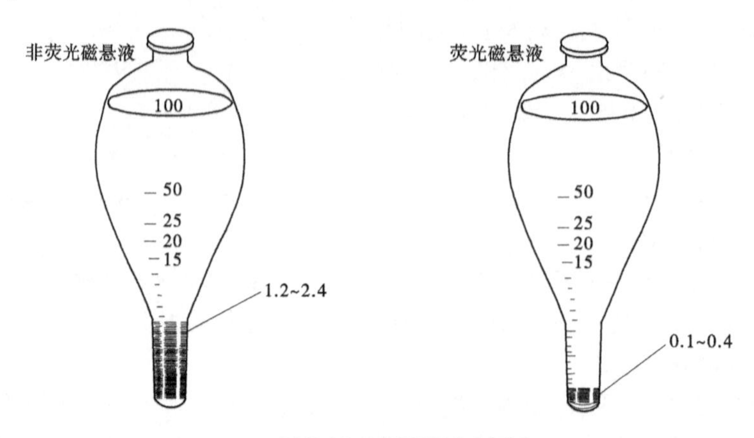

图 5-10　磁悬液浓度测定

5.8.3.2　磁悬液污染判定

在每次配制磁悬液时,将搅拌均匀的磁悬液在玻璃瓶中注满 200 mL,放在阴暗处,作为标准磁悬液。用于每周一次和使用过程中的磁悬液做对比试验,进行污染判定。具体测定方法是:

(1)充分搅拌磁悬液,取 100 mL 注入沉淀管中。

(2)对沉淀管中磁悬液进行退磁(新配制的除外)。

(3)水磁悬液静置 30 min,油磁悬液静置 60 min,变压器油磁悬液静置 24 h。

(4)在白光和黑光(用于荧光磁悬液)下观察,梨形管中沉积物中若明显分成两层,当上层(污染物)体积超过下层(磁粉)体积的 30%时为污染。

(5)用未使用过的标准磁悬液与使用过的磁悬液比较,在黑光下观察荧光磁粉的亮度和颜色明显地降低,或磁悬液沉淀物上载液发出荧光,以及磁悬液变色、结团等都可判定磁悬液污染,应更换新磁悬液。

5.8.3.3　水磁悬液润湿性能试验(水断试验)

应在每次检测前进行,试验方法是将水磁悬液施加在工件表面,停止浇磁悬液后,如果工件表面水磁悬液薄膜是连续不断的,在整个工件表面连成一片,说明润湿性能良好;如果工件表面的水磁悬液薄膜断开,工件有裸露表面,即有水断表面,则说明水磁悬液的润湿性能不合格。此时,应清洗工件表面或添加润湿剂,使之达到完全润湿。

5.8.4　检测工艺的控制

5.8.4.1　技术文件

为了保证磁粉检测的可靠性,必须严格按照有关标准、规程制定检测工艺规程和操作指导书,实际操作过程中认真遵守工艺纪律。所有技术文件应齐全、正确,并应符合现行标准切实可行。

5.8.4.2　综合性能试验

磁粉检测综合性能试验,即系统灵敏度试验,应在初次使用探伤机时及此后每天开始

工作前进行。综合性能试验可采用下列样件之一进行,试验方法如下:

(1)自然缺陷标准样件。

按规定的磁粉检测要求,对自然缺陷标准样件进行检验,如果样件上的已知缺陷磁痕能清晰显示,为综合性能试验合格。

(2)E 型标准试块。

将 E 型标准试块穿在铜棒上,通以 700 A(有效值)的交流电,用中心导体法周向磁化,用湿连续法检验,在 E 型标准试块上应清晰显示出一个人工孔的磁痕,为综合性能试验合格。

(3)B 型标准试块。

将 B 型标准试块穿在直径为 25~38 mm 的铜棒上,用中心导体法周向磁化,用湿连续法检验,所用的磁化电流与所显示孔的最少数量符合表 5-2 时,为综合性能试验合格。

表 5-2 B 型标准试块要求显示出的孔数

方法	磁化电流(A)	所显示出孔的最少数量
荧光/非荧光磁粉 湿法	1 400	3
	2 500	5
	3 400	6
非荧光磁粉 干法	1 400	4
	2 500	6
	3 400	7

注:如果没有获得所要求的孔数,则按下述要求将 B 型试块退火:加热到 760~790 ℃,在此温度下至少保温 1 h,以最大 22 ℃/h 的速率冷却到 540 ℃,随炉或空气冷却至室温。

(4)标准试片。

将标准试片贴在被检工件表面,进行磁化和湿连续法检验,按所要求的灵敏度等级,如果磁痕能清晰显示,为综合性能试验合格。

5.8.5 检测环境的控制

采用非荧光磁粉检测时,检测地点应有充足的自然光或白光;采用荧光磁粉检测时,要有合适的暗区或暗室。

5.8.5.1 可见光照度

在磁粉检测场地应有均匀而明亮的照明,要避免强光和阴影。采用非荧光磁粉检验时,被检工件表面的可见光照度应大于或等于 1 000 lx。若在现场由于条件所限,无法满足时,可以适当降低,但不能低于 500 lx。ASME/SE-709 建议可见光照度采用照度计测量,每周 1 次。而 NB/T 47013.4—2015 中 4.11.9 要求黑光辐光照度计、光照度计至少每年校准一次。

5.8.5.2 黑光辐照度

采用荧光磁粉检测时,应有能产生波长在 320~400 nm,中心波长为 365 nm 的黑光灯。在工件表面的黑光辐照度应大于或等于 1 000 μW/cm²。黑光灯电源线路电压波动超过10%时,应装稳压电源。黑光辐照度采用黑光辐照计测量。ASME. V 要求黑光辐照度最少每 8 h 和每当工作场所改变时测量 1 次,而 NB/T 47013. 4—2015 中 4. 11. 9 要求黑光辐光照度计、光照度计至少每年校准 1 次。

5. 8. 5. 3　**环境光照度**

采用荧光磁粉检测时,暗区或暗室的环境光照度应不大于 20 lx。所谓环境光,是指来自所有光源,包括从黑光灯发出的检验区域的可见光。ASME/SE-709 建议采用环境光照度计测量,每周 1 次。而 NB/T 47013—2015 中 3. 9. 7 要求照度计至少每半年校验 1 次。

第6章　磁痕分析与工件验收

6.1　磁痕分析的意义

磁粉检测是利用磁粉聚集形成的磁痕来显示工件上的不连续性和缺陷的。通常把磁粉检测时磁粉聚集形成的图像称为磁痕,磁痕的宽度为不连续性(缺陷)宽度的数倍,说明磁痕对缺陷的宽度具有放大作用,所以磁粉检测能将目视不可见的缺陷显示出来,具有很高的检测灵敏度。

能够形成磁痕显示的原因很多,由缺陷产生的漏磁场形成的磁痕显示称为相关显示,又叫缺陷显示,如图6-1所示;由于工件截面突变和材料磁导率差异产生的漏磁场形成的磁痕显示称为非相关显示;不是由漏磁场形成的磁痕显示称为伪显示,如图6-2所示。

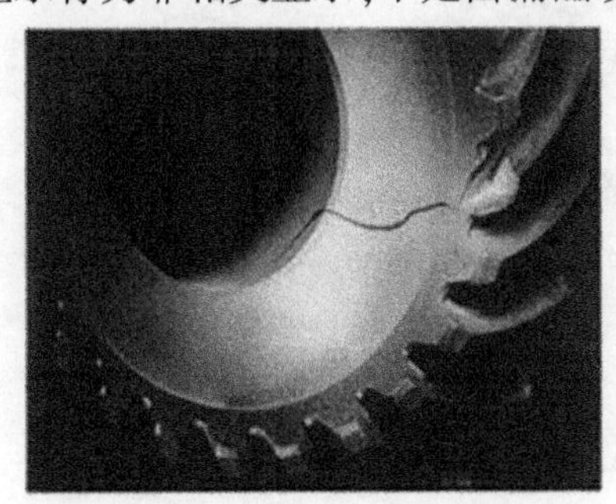

图6-1　真实缺陷显示(裂纹)

图6-2　伪显示(棉纤维引起)

图6-1、图6-2虽然都是磁痕显示,但其区别是:①相关显示与非相关显示是由漏磁场形成的磁痕显示,而伪显示不是由漏磁场形成的磁痕;②只有相关显示影响工件的使用性能,而非相关显示和伪显示都不影响工件的使用性能。因此,磁粉检测人员应具有丰富的实践经验,并能结合工件的材料、形状和加工工艺,熟练掌握各种磁痕显示的特征、产生原因及鉴别方法,必要时用其他无损检测方法进行验证,做到去伪存真是至关重要的,所以磁痕分析的意义很大,主要有以下几方面:

(1)正确的磁痕分析可以避免误判。如果把相关显示误判为非相关显示或伪显示,则会产生漏检,造成重大的质量隐患。相反,如果把非相关显示或伪显示误判为相关显示,则会把合格的工件拒收或报废,造成不必要的经济损失。

(2)由于磁痕显示能反映出不连续性和缺陷的位置、大小、形状和严重程度,并可大致确定缺陷的性质,所以磁痕分析可为产品设计和工艺改进提供较可靠的信息。

(3)在工件使用后进行磁粉检测,用于发现疲劳裂纹和应力腐蚀裂纹。使用磁粉检测-橡胶铸型法,还可间断检测和监视疲劳裂纹的扩展速率,可以做到及早预防,避免设备和人身事故发生。

6.2 伪显示

伪显示(也叫假缺陷显示)的产生原因、磁痕特征和鉴别方法是:

(1)工件表面粗糙(例如焊接接头两侧的凹陷、粗糙的工件表面)滞留磁粉形成磁痕显示,磁粉堆积松散,磁痕轮廓不清晰,在载液中漂洗磁痕可漂洗掉。

(2)工件表面有油污或不清洁,黏附磁粉形成的磁痕显示,尤其在干法中最常见,磁粉堆集松散,清洗并干燥工件后重新检验,该显示不再出现。

(3)湿法检验中,磁悬液中的纤维物线头,黏附磁粉滞留在工件表面,容易误认为磁痕显示,仔细观察即可辨认(见图6-2)。

(4)工件表面的氧化皮,油漆斑点的边缘上滞留磁粉形成的磁痕显示,通过仔细观察或漂洗工件即可鉴别。

(5)工件上形成排液沟的外形滞留磁粉形成的磁痕显示,尤其沟槽底部磁痕显示有的类似缺陷显示,但漂洗后磁痕不再出现。

(6)磁悬液浓度过大,或施加不当会形成过度背景,磁粉松散,磁痕轮廓不清晰,漂洗后磁痕不再出现。

所谓过度背景,是指妨碍磁痕分析和评定的磁痕背景。过度背景是由于工件表面粗糙、工件表面污染、过高的磁场强度或过高的磁悬液浓度产生的。磁粉堆集多而松散,容易掩盖相关显示。

6.3 非相关显示

非相关显示不是来源于缺陷,但却是由漏磁场吸附磁粉产生的。其形成原因很复杂,一般与工件本身材料、工件的外形结构、采用的磁化规范和工件的制造工艺等因素有关。有非相关显示的工件,其强度和使用性能并不受影响,对工件不构成危害,但是它与相关显示容易混淆,也不像伪显示那样容易识别。

非相关显示的产生原因、磁痕特征和鉴别方法分别介绍如下。

6.3.1 磁极和电极附近

产生原因:采用电磁轭检验时,由于磁极与工件接触处,磁力线离开工件表面和进入工件表面都产生漏磁场,而磁极附近磁通密度大。同样采用触头法检验时,由于电极附近电流密度大,产生的磁通密度也大。所以,在磁极和电极附近的工件表面上会产生一些磁痕显示。

磁痕特征:磁极和电极附近的磁痕多而松散,与缺陷产生的相关显示磁痕特征不同,但在该处容易形成过度背景,掩盖相关显示。

鉴别方法:退磁后,改变磁极和电极的位置,重新进行检验,该处磁痕显示重复出现者可能是相关显示,不再出现者为非相关显示。

6.3.2　工件截面突变

产生原因:工件内键槽等部位,由于截面缩小,在这一部分金属截面内所能容纳的磁力线有限,由于磁饱和,迫使一部分磁力线离开和进入工件表面,形成漏磁场,吸附磁粉,形成非相关显示,如图 6-3 所示。

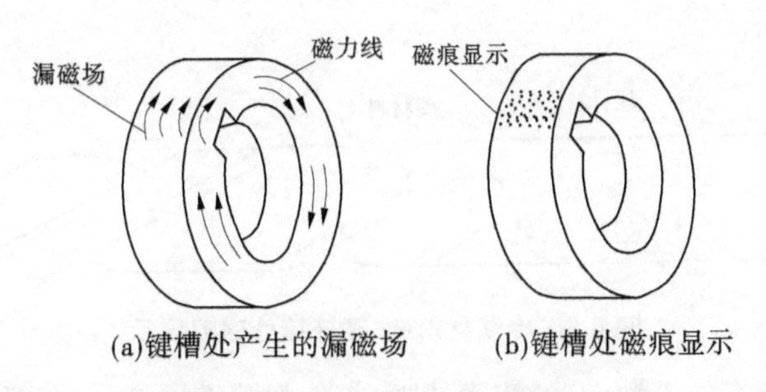

(a)键槽处产生的漏磁场　(b)键槽处磁痕显示

图 6-3　工件截面突变处磁痕显示

磁痕特征:磁痕松散,有一定的宽度。

鉴别方法:这类磁痕显示都是有规律地出现在同类工件的同一部位。根据工件的几何形状,容易找到磁痕显示形成的原因。

6.3.3　磁写

产生原因:当两个已磁化的工件互相接触或用一钢块在一个已磁化的工件上划一下,在接触部位便会产生磁性变化,产生的磁痕显示称为磁写,如图 6-4 所示。

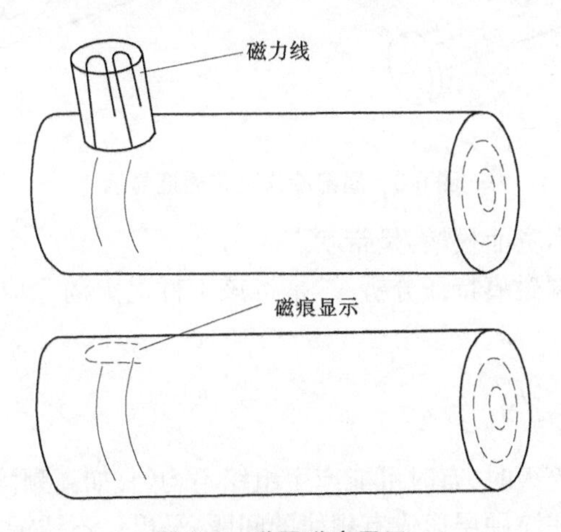

图 6-4　磁写磁痕显示

磁痕特征:磁痕松散,线条不清晰,像乱画的样子。

鉴别方法:将工件退磁后,重新进行磁化和检验,如果磁痕不重复出现,则原显示为磁写磁痕显示。但严重者,应仔细进行多方向退磁,磁痕不再重复出现。

6.3.4　两种材料交界处

产生原因：在焊接过程中，将两种磁导率不同的材料焊接在一起，或母材与焊条的磁导率相差很大，如用奥氏体焊条焊接铁磁性材料，在焊接接头与母材交界处就会产生磁痕显示。如冷凿的头部经过淬火，而柄部未淬火，在其连接处由于磁导率不同，而产生的磁痕显示如图 6-5 所示。

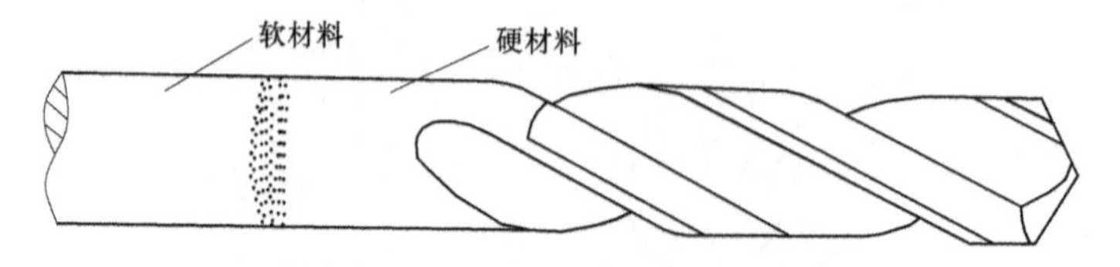

图 6-5　冷凿材料软、硬连接处磁痕显示

磁痕特征：磁痕有的松散，有的浓密清晰，类似裂纹磁痕显示，在整条焊接接头都出现同样的磁痕显示。

鉴别方法：结合焊接工艺、母材与焊条材料进行分析。

6.3.5　局部冷作硬化

产生原因：工件的冷加工硬化，如局部锤击和矫正等，如弯曲再拉直的一根铁钉，弯曲处金属变硬，磁导率变化，在弯曲处就产生漏磁场，如图 6-6 所示。

图 6-6　局部冷作硬化磁痕显示

磁痕特征：磁痕显示宽而松散，呈带状。

鉴别方法：一是根据磁痕特征分析，二是将该工件退火消除应力后重新进行检测，这种磁痕显示不再出现。

6.3.6　金相组织不均匀

产生原因：工件在淬火时，有时可能产生组织不均匀，如高频淬火，由于冷却速度不均匀而导致的组织差异，在淬硬层形成有规律的间距；马氏体不锈钢的金相组织为铁素体和马氏体，二者磁导率的差异；高碳钢和高碳合金钢的钢锭凝固时，所产生的树枝状偏析，导致钢的化学成分不均匀，在其间隙中形成碳化物，在轧制过程中沿压延方向被拉成带状，带状组织导致的组织不均匀性，因磁导率的差异形成磁痕显示。

磁痕特征：磁痕呈带状，单个磁痕类似发纹，磁痕松散不浓密。

鉴别方法：根据磁痕分布和特征及材料进行分析。

6.3.7　磁化电流过大

产生原因:每一种材料都有一定的磁导率,在单位横截面上容纳的磁力线是有限的,当磁化电流过大,在工件截面突变的极端处,磁力线并不能完全在工件内闭合,在棱角处磁力线容纳不下时,会逸出工件表面,产生漏磁场,吸附磁粉形成磁痕,如图 6-7 所示。此外,过大的磁化电流还会把金属流线显示出来,流线的磁痕特征是成群出现的,而且呈平行状态分布。

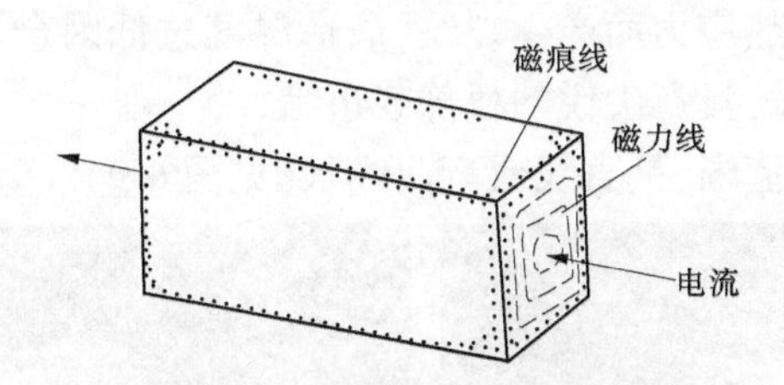

图 6-7　磁化电流过大磁痕显示

磁痕特征:磁痕松散,沿工件棱角处分布,或者沿金属流线分布,形成过度背景。

鉴别方法:退磁后,用合适的磁化规范,磁痕不再出现。

6.4　相关显示

相关显示是由缺陷产生的漏磁场吸附磁粉形成的磁痕显示,相关显示影响工件的使用性能。按缺陷的形成时期,分为原材料缺陷,热加工、冷加工和使用后产生的缺陷及电镀产生的缺陷。以下介绍磁粉检测常见缺陷主要的产生原因和磁痕特征。

6.4.1　原材料缺陷磁痕显示

原材料缺陷指钢材冶炼在铸锭结晶时产生的缩孔、气孔、金属非金属夹杂物及钢锭上的裂纹等。在热加工处理如锻造、铸造、焊接、轧制和热处理时;在冷加工如磨削、矫正时,在使用后,这些原材料缺陷有可能被扩展,或成为疲劳源,并产生新的缺陷,如夹杂物被轧制拉长成为发纹,在钢板中被轧制成为分层等,这些缺陷存在于工件内部,在机械加工后暴露在工件表面和近表面时,才能被磁粉检测发现。原材料裂纹如图 6-8 所示。

图 6-8　原材料裂纹

6.4.2　热加工产生的缺陷

钢材需热加工处理,如锻造、轧制、铸造、焊接和热处理后产生的缺陷,是由于原材料中的缺陷在加热时扩张或新产生的缺陷。

6.4.2.1　锻钢件缺陷磁痕显示

1. 锻造裂纹

产生原因:属于锻造本身的原因有加热不当、操作不正确、终锻温度太低、冷却速度太快等,如加热速度过快因热应力而产生裂纹,锻造温度过低因金属塑性变差而导致撕裂。锻造裂纹一般都比较严重,具有尖锐的根部或边缘。

磁痕特征:磁痕浓密清晰,呈直线或弯曲线状(见图6-9)。

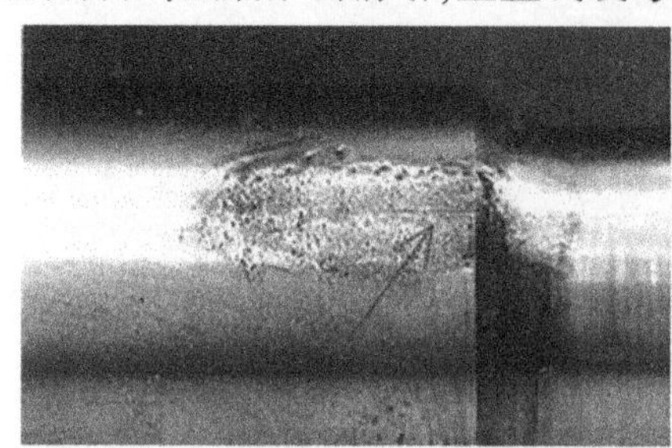
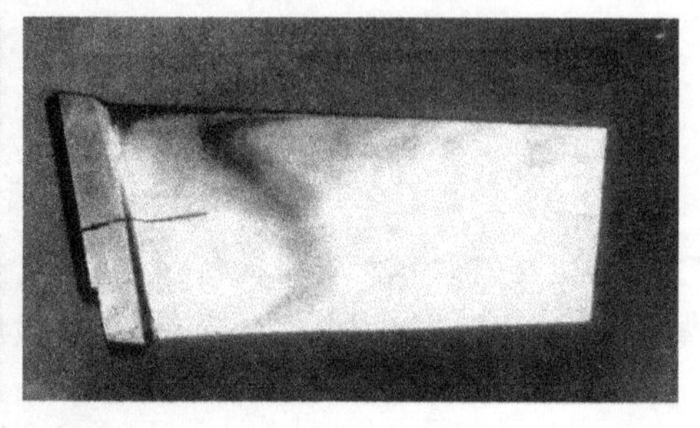

图6-9　锻造裂纹

鉴别方法:磁痕堆集紧密,擦去磁痕再重新磁化,磁痕重新出现。

2. 锻造折叠

锻造折叠(见图6-10)是一部分金属被卷折或重叠在另一部分金属上,即金属间被紧紧挤压在一起但仍未熔合的区域,可发生在工件表面的任何部位,并与工件表面呈一定的角度。产生原因如下:

(1)由于模具设计不合理,金属流动受阻,被挤压后形成折叠,多发生在倒角部位,磁痕呈纵向直线状。

(2)预锻时打击过猛,在滚光过程中嵌入金属,磁痕呈纵向弧形线。锻件拔长过度,入型槽终锻时,两端金属向中间对挤形成横向折叠,多分布在金属流动较差的部位,磁痕不是直线形,多呈圆弧形。锻造折叠缺陷磁痕一般不浓密清晰,但在对表面打磨后,磁痕往往更加清晰。经金相解剖,折叠两侧有脱碳,与表面成一定角度。

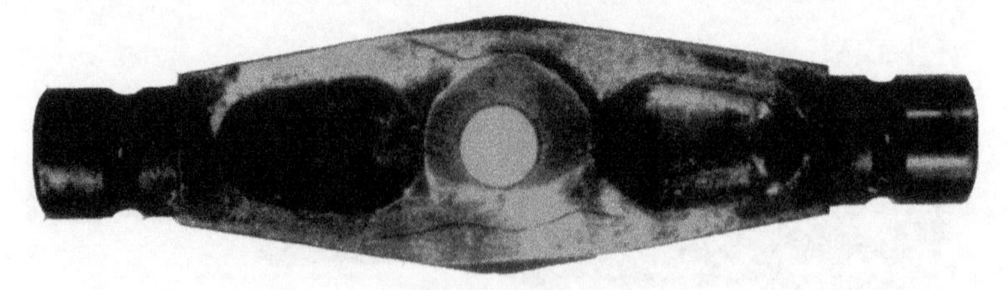

图6-10　锻造折叠

3. 白点

白点是钢材在锻压或轧制加工时,在冷却过程中未逸出的氢原子聚集在显微空隙中并结合成分子状态,对钢材产生较大的内应力,再加上钢材在热压力加工中产生的变形力和冷却过程中相变产生的组织应力的共同作用下,导致钢材内部的局部撕裂。白点多为穿晶裂纹。在横向断口上表现为由内部向外辐射状不规则分布的小裂纹,在纵向断口上呈弯曲线状裂纹或银白色的圆形或椭圆形斑点,故叫白点。

磁痕特征:在横断面上,白点磁痕呈锯齿状或短的曲线状、中部粗、两头尖,呈辐射状分布,如图6-11所示。

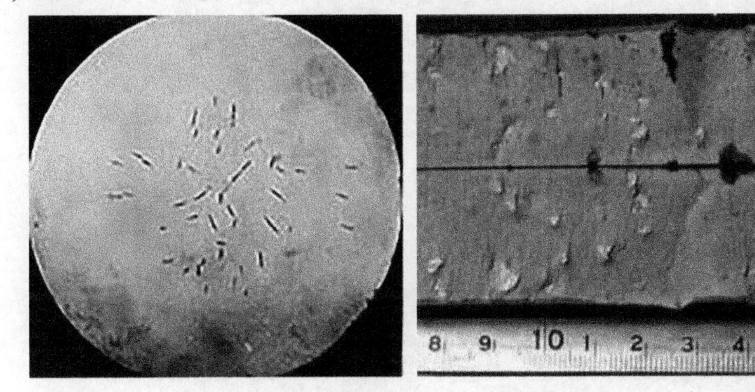

图6-11　白点(横断面)

在纵向剖面上,白点磁痕沿轴向分布,呈弯曲状或分叉,磁痕浓密清晰,如图6-12所示。

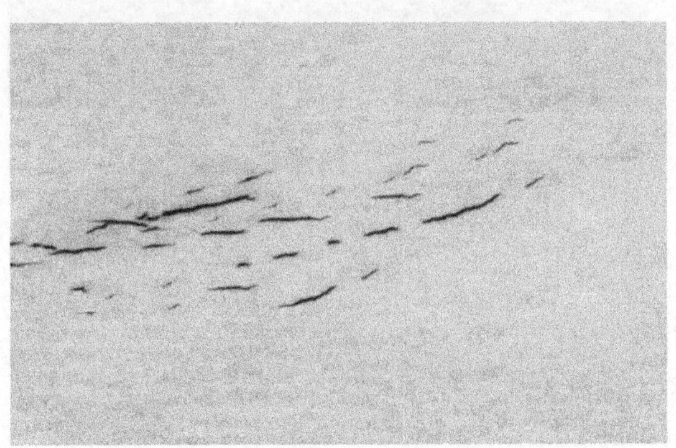

图6-12　白点(纵向剖面)

6.4.2.2　轧制件缺陷磁痕显示

1. 发纹

钢锭中的非金属夹杂物(和气孔)在轧制拉长时,随着金属变形伸长形成类似头发丝细小的缺陷称为发纹,是钢中最常见的缺陷。发纹分布在工件截面的不同深度处,呈连续或断续的直线(锻件的发纹沿金属流动方向分布,有直线和弯曲线状),长短不等,长者可达数10 mm,磁痕清晰而不浓密,两头是圆角,擦掉磁痕,目视发纹不可见,如图6-13所示。

2. 分层

分层是板材中的常见缺陷。如果钢锭中存在缩孔、疏松或密集的气泡,而在轧制时又

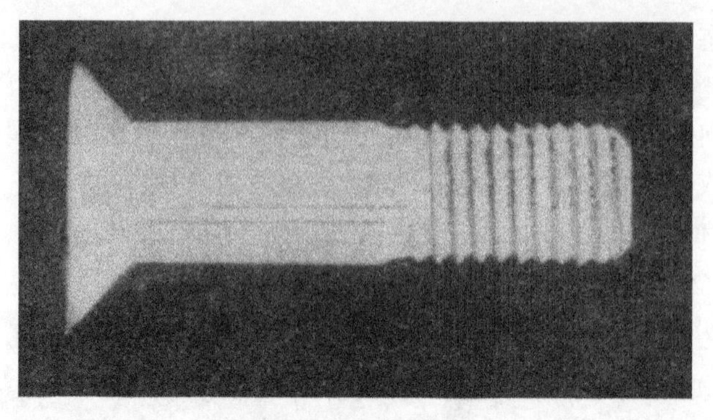

图 6-13　螺栓的发纹

没有熔合在一起,或钢锭内的非金属夹杂物,轧制时被轧扁,当钢板被剪切后,从侧面可发现金属分为两层,称为分层或夹层。分层的特点是与轧制面平行,磁痕清晰,呈连续或断续的线状,如图 6-14 所示。

图 6-14　分层

3. 拉痕

由于模具表面粗糙、残留有氧化皮或润滑条件不良等原因,在钢材通过轧制设备时,便会产生拉痕,也叫划痕。划痕呈直线沟状,肉眼可见到沟底,分布于钢材的局部或全长。宽而浅的拉痕探伤时,不吸附磁粉,但较深者会吸附磁粉。

鉴别时,应转动工件观察磁痕,若沟底明亮不吸附磁粉,即为划痕。

6.4.2.3　铸钢件缺陷磁痕显示

1. 铸造裂纹

金属液在铸型内凝固收缩过程中,表面和内部冷却速度不同产生很大的铸造应力,当该应力超过金属强度极限时,铸件便产生破裂。

根据破裂时温度的高低又分为热裂纹和冷裂纹两种。热裂纹在 1 200~1 400 ℃高温下产生,并在最后凝固区或应力集中区出现,一般是沿晶扩展,呈很浅的网状裂纹,亦称龟裂。其磁痕细密清晰,稍加打磨,裂纹即可排除。铸造冷裂纹在 200~400 ℃低温下产生。低温时,由于铸钢的塑性变坏,在巨大的热应力和组织应力的共同作用下产生冷裂纹,一般分布在铸钢件截面尺寸突变的部位,如夹角、圆角、沟槽、凹角、缺口、孔的周围等部位。这种裂纹一般穿晶扩展,有一定深度,一般为断续或连续的线条,两端有尖角,磁痕浓密清晰。铸造热裂纹如图 6-15 所示,铸造冷裂纹如图 6-16 所示。

图6-15　铸造热裂纹

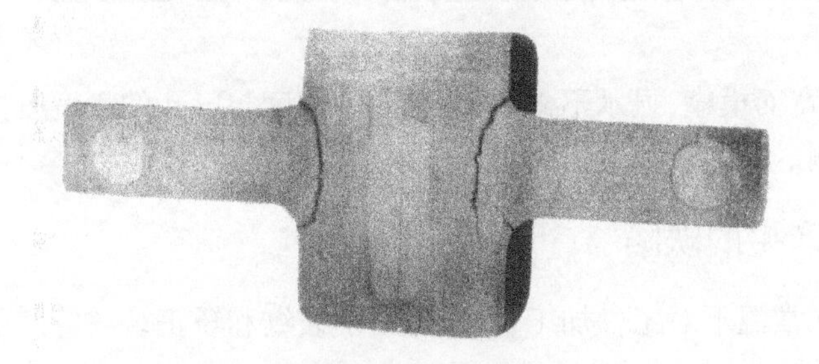

图6-16　铸造冷裂纹

2. 疏松

疏松也是铸钢上的常见缺陷,是由于金属液在冷却凝固收缩过程中得不到充分补缩,形成极细微的、不规则的分散或密集的孔穴,称为疏松。

疏松一般产生在铸钢件最后凝固的部位,例如冒口附近、局部过热或散热条件差的内壁、内凹角和补缩条件差的均匀壁面上。在加工后的铸钢件表面,才容易发现疏松。磁粉检测时,疏松缺陷磁痕一般涉及范围较大,呈点状或线状分布,两端不出现尖角,有一定深度,磁粉堆集比裂纹稀疏。

当改变磁化方向时,磁痕显示方向也明显改变。剖开铸件,在显微镜下观察可见到不连续的微孔。疏松一般不分布在应力集中区和截面急剧变化处,因该处的疏松在应力作用下已形成裂纹,称为缩裂。疏松磁痕如图6-17所示。

3. 冷隔

冷隔是由于两股金属熔液在铸模内流动,冷却过程中被氧化皮隔开,不能完全融为一体,形成对接或搭接面上带圆角的缝隙,称为冷隔,该缝隙呈圆角或凹陷,与裂纹完全不同。磁痕显示稀淡而不浓密清晰。

4. 夹杂

铸造时,由于合金中熔渣未彻底清除干净,浇铸工艺或操作不当等原因,在铸件上出现微小的熔渣或非金属夹杂物。如硫化物、氧化物、硅酸盐等称为夹杂。夹杂在铸件上的位置不定,易出现在浇铸位置上方。磁痕呈分散的点状或弯曲的短线状。

5. 气孔

铸钢件的气孔是由于金属液在冷却凝固过程中气体未及时排出形成的孔穴。其磁痕

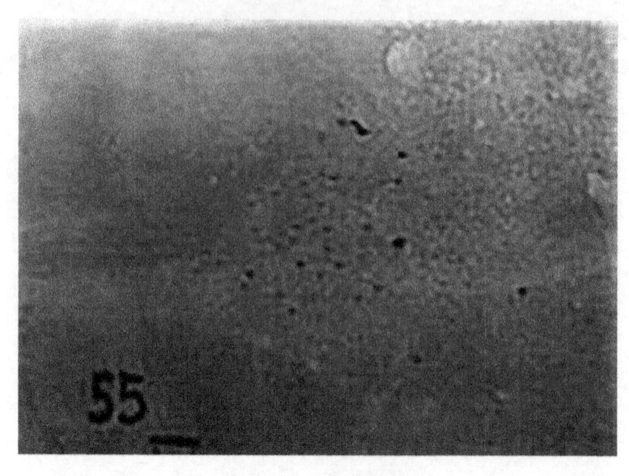

图 6-17　疏松磁痕

呈圆形或椭圆形,宽而模糊,显示不太清晰,磁痕的浓度与气孔的深度有关,皮下气孔一般要使用直流电检测。

6.4.3　冷加工产生的缺陷

冷加工是指在常温下对工件加工,如产生磨削裂纹和矫正裂纹等。

6.4.3.1　磨削裂纹

工件进行磨削加工时,在工件表面产生的裂纹称为磨削裂纹。它是由于热处理和磨削不当等原因产生的。

磨削裂纹方向一般与磨削方向垂直,由热处理不当产生的磨削裂纹有的与磨削方向平行。

磨削裂纹磁痕呈网状、鱼鳞状、放射状或平行线状分布,渗碳表面产生的多为龟裂状。

磨削裂纹一般比较浅,磁痕轮廓清晰,均匀而不浓密,如图 6-18 所示。

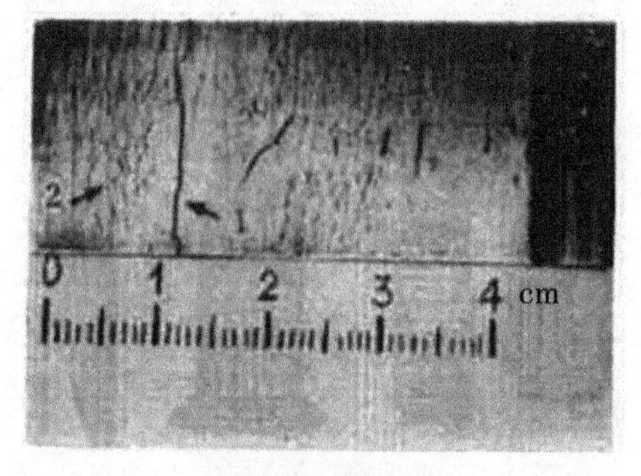

图 6-18　磨削裂纹

6.4.3.2　矫正裂纹

变形工件校直过程中产生的裂纹称为矫正裂纹或校正裂纹。校直过程施加的压力会使工件内部产生塑性变形,在应力集中处产生与受力方向垂直的矫正裂纹,裂纹中间粗、两头尖,呈直线形或微弯曲,一般单个出现,磁痕浓密清晰。

6.4.4　焊接及热处理缺陷

6.4.4.1　裂纹

焊接裂纹焊缝中原子结合遭到破坏,形成新的界面而产生的缝隙称为焊接裂纹。按裂纹的产生温度分为焊接热裂纹和焊接冷裂纹。

1. 焊接热裂纹

热裂纹高温时产生于焊缝金属和热影响区的各种裂纹,热裂纹一般产生在1 100~1 300 ℃高温范围内的焊缝熔化金属内,焊接完毕即出现,沿晶扩展,有纵向、横向或弧坑裂纹,露出工件表面的热裂纹断口有氧化色。热裂纹浅而细小,磁痕清晰而不浓密。

热裂纹一种是中心线附近热裂纹,呈纵向,位于焊道截面的中心线部位,是熔池逐渐凝固,焊缝沉积时始发于表面。另一种是弧坑熔池凝固时产生的裂纹,在弧坑内产生于焊道收弧处,典型的弧坑裂纹在焊缝表面呈星形,是由于弧坑凝固产生的三维收缩应力引起的。焊缝裂纹见图6-19、焊缝弧坑裂纹见图6-20。

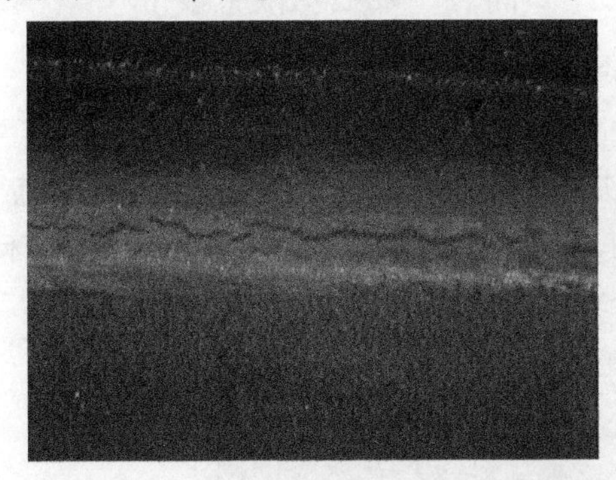

图6-19　焊缝裂纹

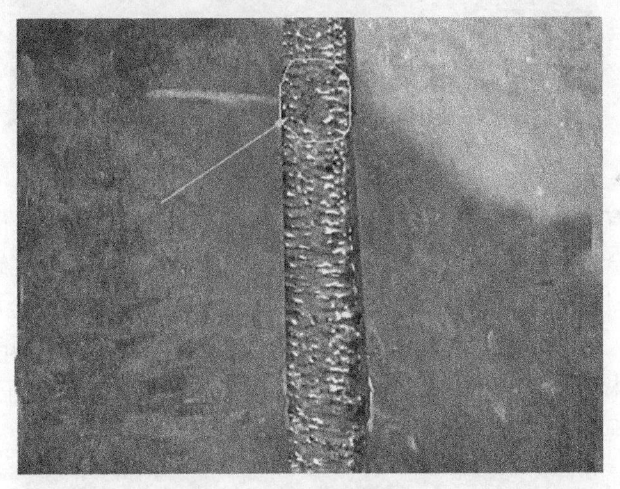

图6-20　焊缝弧坑裂纹

2. 焊接冷裂纹

焊接冷裂纹一般产生在100~300 ℃低温范围内的热影响区(也有在焊缝区的),主要是由于接头的含氢量和拉应力产生的,可能在焊接完毕即出现,也可能在焊完数日后才产生,故又称延迟裂纹。冷裂纹可能是沿晶开裂、穿晶开裂或两者混合出现,断口未氧化,发亮。冷裂纹多数是纵向的,裂纹尖锐明显,一般深而粗大,磁痕浓密清晰。近表面裂纹显示清晰与否或能否检出,一般由其深度决定。焊接冷裂纹如图6-21所示。焊接冷裂纹容易引起脆断,危害最大。磁粉检测一般应安排在焊后24 h或36 h之后进行。

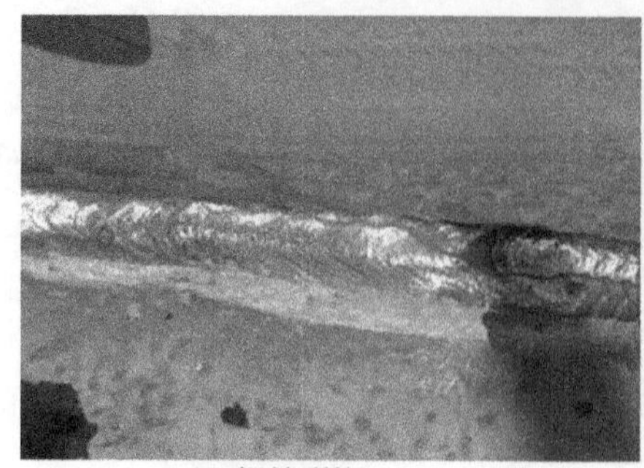
(a)焊缝裂纹

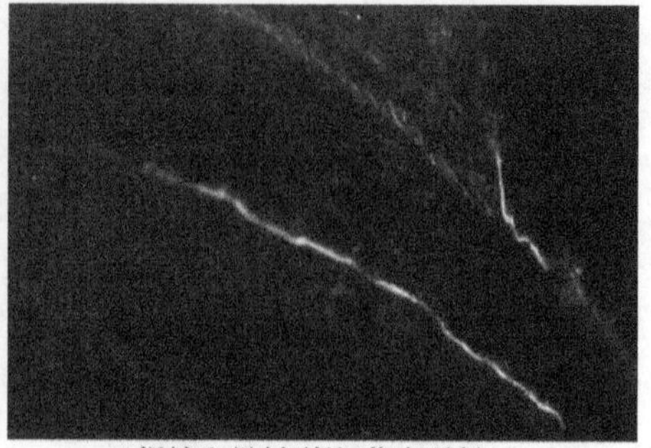
(b)焊缝和母材裂纹(荧光磁粉)

图 6-21　焊接冷裂纹

6.4.4.2　**未焊透**

母材金属未熔化,焊缝金属没有进入接头根部称为未焊透。它是由于焊缝电流小,母材未充分加热和焊根清理不良等原因产生的,磁粉检测只能发现埋藏浅的未焊透,未焊透的磁痕显示松散、较宽,通常位于焊缝的中心线上,如图 6-22 所示。

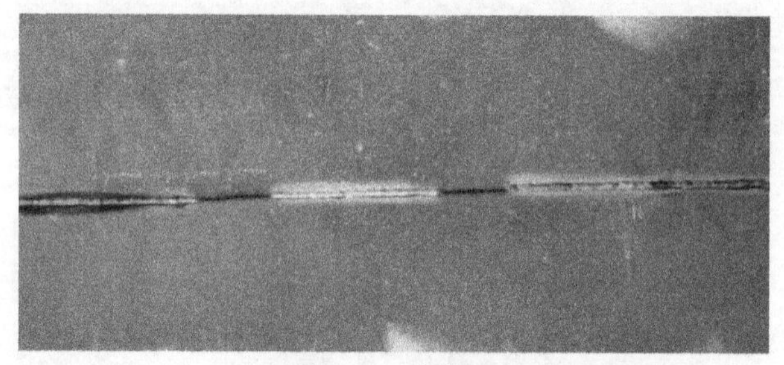
图 6-22　未焊透

6.4.4.3　**未熔合**

金属之间没有熔合在一起称为未熔合。某些部位的填充金属,未能与邻近的母材或填充金属之间完全熔合的现象,便产生未熔合。未熔合也是一种焊接缺陷。在焊接过程中,填充金属与母材之间的未熔合称为坡口未熔合;填充金属与填充金属之间的未熔合称为层间未熔合。未熔合是虚焊,实际上是未焊上,受外力的作用极易开裂,因而也是很危险的缺陷。层间未熔合,磁粉检测很难发现,只有坡口未熔合且延伸至表面或近表面时,磁粉检测才能发现。其显示为曲线状或长条状。未熔合见图 6-23。

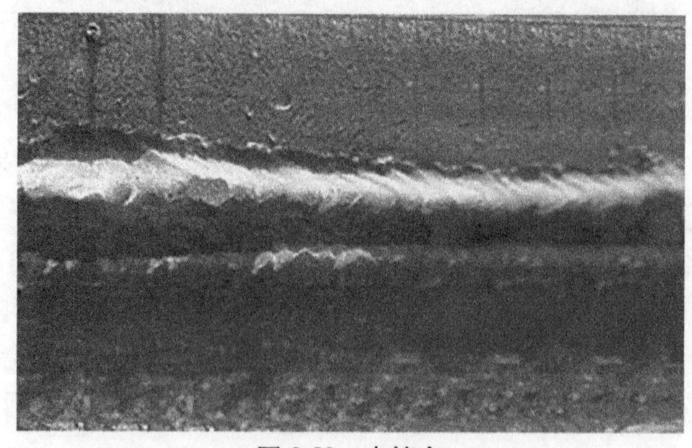
图 6-23　未熔合

6.4.4.4　气孔

焊缝上的气孔是在焊接过程中,气体在熔化金属冷却之前来不及逸出而保留在焊缝中的孔穴内,多呈圆形或椭圆形。它是由于母材金属含气体过多,焊条药皮或焊剂潮湿等原因产生的。有的单独出现,有的成群出现,其典型磁痕显示的近表面气孔比较淡薄,且不大清晰明显,然而,即使是很小的表面气孔的显示也比较明显。

6.4.4.5　夹渣

夹渣是在焊接过程中熔池内未来得及浮出而残留在焊接金属内的焊渣。夹渣总是残留在熔敷焊道金属表面,多呈点状(椭圆形)或粗短的条状,磁痕宽而不浓密。

6.4.4.6　咬边

咬边(见图6-24)是由于焊缝的焊趾处母材厚度减小而形成的。实际上,咬边是焊缝边缘狭窄的沟槽,大致平行于焊趾,能直接看出。由于咬边减小了母材厚度,显然对接头强度有所损失;同时咬边也会产生应力集中,降低焊缝性能。由咬边形成的磁痕比坡口未熔合稍微清晰,目视也容易检验出来。

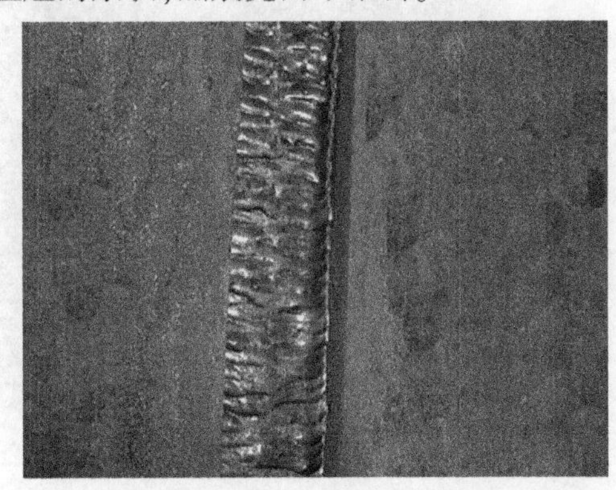

图6-24　咬边

6.4.4.7　热处理缺陷

1. 淬火裂纹

工件淬火冷却时产生的裂纹称为淬火裂纹,它是由于钢在高温快速冷却时产生的热应力和组织应力超过钢的抗拉强度时引起的开裂,所以一般都产生在工件的应力集中部位,如孔、键槽、尖角及截面突变处,淬火裂纹比较深,尾端尖,呈直线或弯曲线状,磁痕显示浓密清晰,应力腐阳裂纹如图6-25所示。

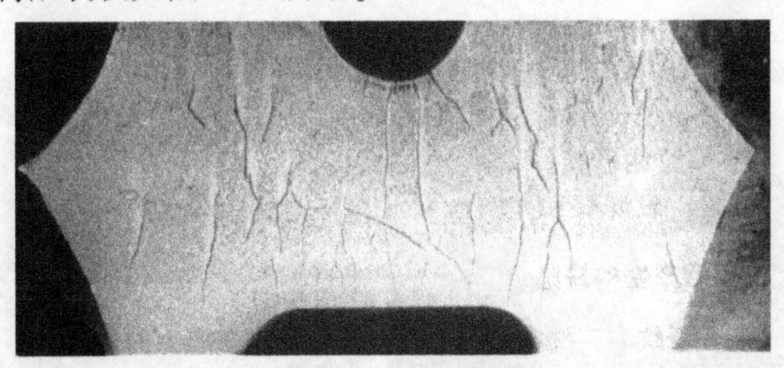

图6-25　淬火裂纹

2. 渗碳裂纹

结构钢工件渗碳后冷却过快,在热应力和组织应力的作用下形成渗碳裂纹,其深度不超过渗碳层。磁痕呈线状、弧形或龟裂状,严重时造成块状剥落。

3. 表面淬火裂纹

为提高工件表面的耐磨性能,可进行高频、中频、工频电感应加热,使工件表面的很薄一层迅速加热到淬火温度,并立即喷水冷却进行淬火,在此过程中,由于加热冷却不均匀而产生喷水应力裂纹。磁痕呈网状或平行分布。面积一般较大,也有单个分布的。感应加热还容易在工件的油孔、键槽、凸轮桃尖、齿轮齿部产生热应力裂纹,多呈辐射状或弧形,磁痕浓密清晰。

6.4.5　使用后产生的缺陷

6.4.5.1　疲劳裂纹

工件在使用过程中反复受到交变应力的作用,工件内原有的小缺陷、带有表面划伤、缺口和内部孔洞的结构都可能形成疲劳源,产生的疲劳裂缝称为疲劳裂纹。疲劳裂纹一般都产生在应力集中部位,其方向与受力方向垂直,中间粗、两头尖,磁痕浓密清晰,如图 6-26 所示。

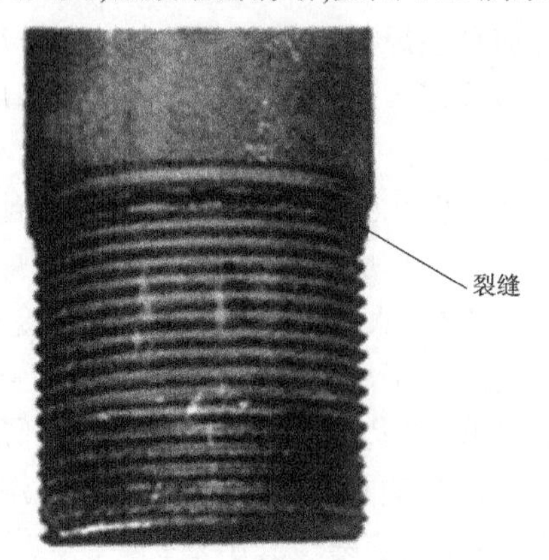

图 6-26　疲劳裂纹

6.4.5.2　应力腐蚀裂纹

工件材料在腐蚀和应力共同作用下产生的裂纹称为应力腐蚀裂纹。

由于工件金属材料受到外部介质(雨水、酸、碱、盐等)的化学作用产生腐蚀坑,起到缺口作用,造成应力集中,成为疲劳源,进一步在交变应力作用下不断扩展(其间腐蚀作用也在不断进行),最终导致疲劳开裂。应力腐蚀裂纹与应力方向垂直,磁粉检测时,对腐蚀表面要清理好,磁痕显示浓密清晰。应力腐蚀裂纹如图 6-27 所示。

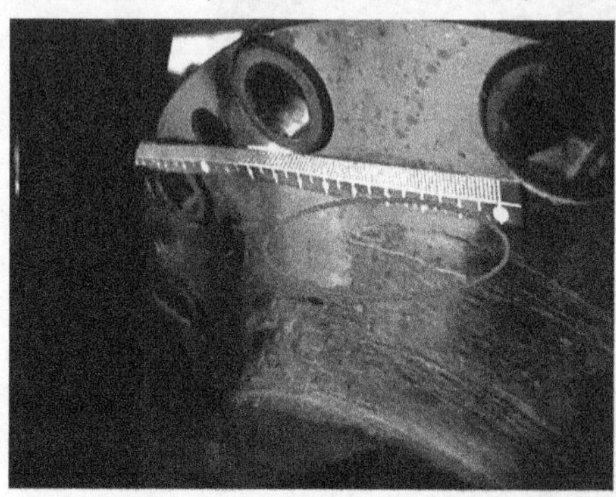

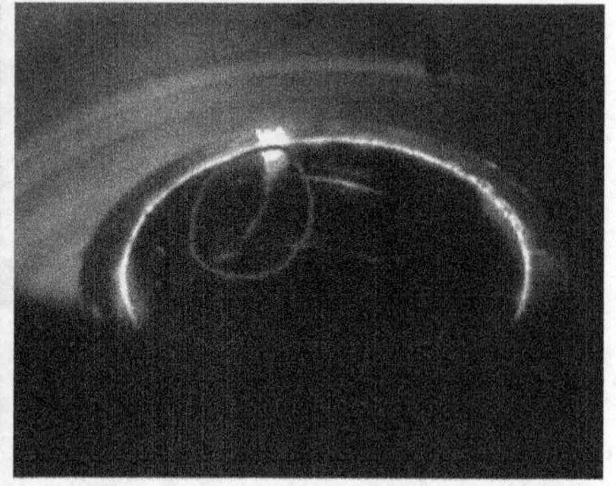

图 6-27　应力腐蚀裂纹

6.4.6　电镀产生的缺陷

工件材料在电镀时由于氢脆产生的裂纹称为脆性裂纹。脆性裂纹的磁痕特征是:一般不单个出现,都是大面积出现,呈曲折线状,纵横交错,磁痕浓密清晰。镀铬裂纹如图 6-28 所示。

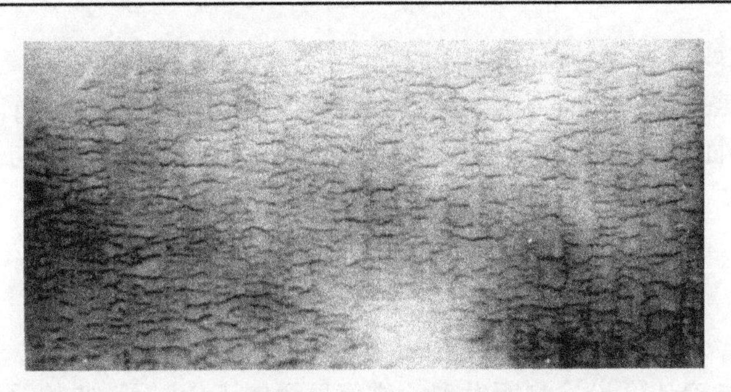

图6-28　镀铬裂纹

6.4.7　常见缺陷磁痕显示比较

6.4.7.1　发纹和裂纹缺陷

发纹和裂纹缺陷虽然都是磁粉检测中最常见的线性缺陷，但对工件使用性能的影响却完全不同，发纹缺陷对工件使用性能影响较小，而裂纹的危害极大，一般不允许存在。因此对它们进行对比分析，提高识别能力十分重要，见表6-1。

表6-1　发纹和裂纹缺陷的对比分析

缺陷	发纹	裂纹
产生原因	发纹是由于钢锭中的非金属夹杂物(和气孔)在轧制拉长时，随着金属变形伸长形成类似头发丝细小的缺陷	裂纹是由于工件淬火、锻造或焊接等原因，在工件表面产生的窄而深的V字形破裂或撕裂缺陷
形状、大小和分布	形状、大小和分布发纹缺陷都是沿着金属纤维方向。分布在工件纵向截面的不同深度处，呈连续或断续的细直线，很浅，长短不一，长者可达到数十毫米	裂纹缺陷一般都产生在工件的耳、孔边缘和截面突变等应力集中部位的工件表面上，呈窄而深的V字形破裂，长短不一，通常边缘参差不齐，弯弯曲曲或有分岔
磁痕特征	磁痕均匀清晰而不浓密，直线形，两头呈圆角	两头呈尖角，磁痕浓密清晰，弯弯曲曲或有分岔
鉴别方法	(1)擦掉磁痕，发纹缺陷目视不可见。 (2)在2~10倍放大镜下观察，发纹缺陷目视仍不可见。 (3)用刀刃在工件表面沿垂直磁痕方向来回刮，发纹缺陷不阻挡刀刃	(1)擦掉磁痕，裂纹缺陷目视可见，或不太清晰。 (2)在2~10倍放大镜下观察，裂纹缺陷呈V字形开口，清晰可见。 (3)用刀刃在工件表面沿垂直磁痕方向来回刮，裂纹缺陷阻断刀刃

6.4.7.2　表面缺陷和近表面缺陷

表面缺陷是指由热加工、冷加工和工件使用后产生的表面缺陷或经过机械加工才暴露在工件表面的缺陷，如裂纹等，有一定的深宽比，磁痕显示浓密清晰、细直、轮廓清晰，呈直线状、弯曲线状或网状,磁痕显示重复性好。

近表面缺陷是指工件表面下的气孔、夹杂物、发纹和未焊透等缺陷,因缺陷处于工件近表面,未露出表面,所以磁痕显示宽而模糊,轮廓不清晰。磁痕显示与缺陷性质、埋藏深度有关。

6.5 磁痕分析与工件验收

磁痕分析是指确认磁粉检测所发现的磁痕显示属于伪显示、非相关显示或相关显示。磁痕评定是对缺陷的性质,如裂纹、发纹和白点等进行评定,必要时还应结合金相分析和其他无损检测方法综合评定。工件验收是指根据工件磁粉检测的质量验收标准和所发现的磁痕显示,判定对工件是验收还是拒收。

磁粉检测的目的,既要发现缺陷,又要依据质量验收标准评价工件质量,所以正确的磁粉检测工艺与合理的质量验收标准对产品都同等重要。

6.5.1 复验和缺陷排除

当出现下列情况之一时,应进行复验:

(1)检测结束时,用标准试片验证检测灵敏度不符合要求时;

(2)发现检测过程中操作方法有误或技术条件改变时;

(3)磁痕显示难以定性时;

(4)供需双方有争议或认为有其他需要时。

若产品技术条件允许,可通过局部打磨减小或排除被拒收的缺陷。进行复验时和打磨排除缺陷后,仍应按原检测工艺要求重新进行磁粉检测和磁痕评定。

6.5.2 《承压设备无损检测 第4部分:磁粉检测》(NB/T 47013.4—2015)质量分级部分摘录

9 质量分级

9.1 不允许任何裂纹显示;紧固件和轴类零件不允许任何横向缺陷显示。

9.2 焊接接头的质量分级按表6进行。

表6 焊接接头的质量分级

等级	线性缺陷磁痕	圆形缺陷磁痕(评定框尺寸为35 mm×100 mm)
Ⅰ	$l \leqslant 1.5$	$d \leqslant 2.0$,且在评定框内不大于1个
Ⅱ	大于Ⅰ级	

注:l 表示线性缺陷磁痕长度,单位为mm;d 表示圆形缺陷磁痕长径,单位为mm。

9.3 其他部件的质量分级按表7进行。

表 7　受压加工部件和材料的磁粉检测质量等级

等级	线性缺陷磁痕	圆形缺陷磁痕 （评定框尺寸为 2 500 mm^2，其中一条矩形边长最大为 150 mm）
Ⅰ	不允许	$d \leqslant 2.0$，且在评定框内不大于 1 个
Ⅱ	$l \leqslant 4.0$	$d \leqslant 4.0$，且在评定框内不大于 2 个
Ⅲ	$l \leqslant 6.0$	$d \leqslant 6.0$，且在评定框内不大于 4 个
Ⅳ	大于Ⅲ级	

注：l 表示线性缺陷磁痕长度，单位为 mm；d 表示圆形缺陷磁痕长径，单位为 mm。

第7章 磁粉检测在承压类特种设备中的应用及防护

7.1 各种磁化方法的应用

磁粉检测的基本要求之一是被检查的工件能得到适当的磁化,使得缺陷所产生的漏磁场能够吸附磁粉形成磁痕显示。为此,发展了各种不同的磁化方法以适用于不同工件的磁化。

下面介绍几种主要的磁化方法的应用场合及其优点。

7.1.1 通电磁化法的应用

工件由接触电极直接通电的磁化方法有三种:工件端头接触通电法、夹钳或电缆接触通电法、触头支杆接触通电法。三者的应用见表7-1。

表7-1 通电磁化法的应用

应用	优点	缺点
工件端头接触通电法		
实心的较小工件(锻、铸件或机加工工件),在固定式探伤机上通电直接检查	1. 过程迅速而简便。 2. 通电部位全部环绕周向磁场。 3. 对表面和近表面的缺陷检查有良好的灵敏度。 4. 通电一次或数次可检测复杂的工件	1. 接触不良会烧伤工件。 2. 长形工件应分段进行检查,以便施加磁悬液,不宜采取过长时间通电磁化
夹钳或电缆接触通电法		
1. 大型铸件。 2. 实心长轴工件,如坯、棒、轴、线材等。 3. 长筒形工件,如管、空心轴等	1. 可在较短时间内进行大面积的检查。 2. 电流从一端流向另一端,工件全长被周向磁化。 3. 所要求的电流强度与工件长度无关,工件端头无漏磁	1. 需要特殊的大功率电源。 2. 工件端头应允许接触通电且能承受电流不过热。 3. 有效磁场仅限于外表面,内壁无磁场。 4. 工件长度增加时,应增大电压、提高电流
触头支杆接触通电法		
1. 焊接件,用来发现裂纹、夹渣、未熔合和未焊透。 2. 大型铸锻件	1. 选择触头位置,在焊区可产生局部周向磁场。 2. 支杆、电缆和电源都可携带至现场。 3. 用通常电流值,可分部检查整个表面。 4. 周向磁场可集中在产生缺陷附近区域。 5. 可现场探伤检查	1. 一次只能检查很小面积。 2. 接触不良会引起电弧烧伤工件。 3. 检查大面积时,多次通电费工费时。 4. 接触不良将引起电弧及工件过烧。 5. 使用干粉,表面必须干燥

7.1.2　间接磁场(磁感应)磁化法的应用

间接磁化法中电流不直接通过工件,通过通电导体产生磁场使工件感应磁化。主要有中心导体法、线圈法和磁轭法。中心导体法产生周向磁场,线圈法和磁轭法产生纵向磁场。其应用分别见表7-2~表7-4。

表7-2　中心导体法间接磁化的应用

应用	优点	缺点
长筒形工件,如管、空心轴	非电接触,内表面和外表面均可进行检查,工件的全长均被周向磁化	对于直径很大,或者管壁很厚的工件,外表面显示的灵敏度略低于内表面
用导电棒或电缆可从中穿过各式带孔短工件,如轴承环、齿轮、法兰盘孔等	重量不大的工件可穿在导电芯棒上,在环绕导体的表面产生周向磁场,不烧伤工件	导体尺寸应能随所需电流、导体放在孔中心最理想,大工件要求将导体贴近工件内表面沿圆周方向磁化,磁化应旋转进行
大型阀门及类似工件	对表面缺陷有良好的灵敏度	导体应能承受所需电流,导体放在孔中心最理想,大直径工件要求将导体贴近工件内表面沿圆周方向磁化

表7-3　线圈法间接磁化的应用

应用	优点	缺点
中等尺寸的纵长工件,如曲轴、凸轮轴	一般来说,所有纵长方向表面都能得到纵向磁化,能有效地发现横向缺陷	工件应放在线圈中才能在一次通电中得到最大有效磁化,长形工件应分段磁化
大型锻件或轴	用缠绕软电缆线的方法得到纵向磁场	由于工件形状尺寸,可能要求多次操作
紧固类小工件	检测容易而迅速,采用剩磁法检查效果很好	工件 L/D 值影响磁化效果明显。工件端头检测灵敏度低

表 7-4　磁轭法间接磁化的应用

应用	优点	缺点
实心或空心的较小工件(锻、铸件或机加工工件),在固定式探伤机上用极间法磁化直接检查	1. 工件非电接触。 2. 所有纵长方向表面都能得到纵向磁化,能有效地发现横向缺陷,检查速度较快	1. 长工件中间部分可能磁化不足。 2. 磁轭与工件截面相差过大可能造成磁通较大变化。 3. 磁轭与工件间的非磁物质间隙过大会造成磁通损失
大型焊接件,大型工件的局部检查采用便携式磁轭	1. 工件非电接触,改变磁轭方向可检查各个方向上的缺陷。 2. 适用于现场及野外检查	每次检查范围太小,检测速度慢,磁极处易形成检测"盲区"

7.1.3　感应电流磁化法的应用

表 7-5 列出了感应电流磁化法的应用。

表 7-5　感应电流磁化法的应用

应用	优点	缺点
环形件,检查与环形方向一致的周向缺陷	1. 工件不直接通电。 2. 整个工件表面均有沿环形件截面的周向磁场,一次磁化可获得全部覆盖	为了增强磁路,需要多层铁芯从环形件中心通过

7.2　大型铸锻件的检查

7.2.1　大型铸锻件检查的特点

大型铸锻件是相对于一般中小工件而言的,如大型发电机转轴、机壳、汽轮叶片、涡轮、一般机械的箱体和传动轴、重型汽车大梁及前后桥,以及锅炉的锅筒、储气环罐等。这些工件多数是采用铸造、锻压或焊接成形,其特点是体积较大、重量较重、外形比较复杂。对于这些工件的检测,应根据不同产品的制造特点,结合材料加工工艺选择合适的检测方法。大型工件的检测如图 7-1 所示。

由于工件尺寸较大,一般中小型固定式磁粉探伤机难以发挥作用,主要采用大型及移动式或便携式探伤机检查,并以局部磁化为主。

当根据工件的特点采用触头通电或磁轭法磁化时,由于是局部磁化,应考虑检测面的覆盖。磁化规范的选择及磁场的计算按有关的规定(标准)进行,在一些形状特殊的地方

图 7-1　大型工件的检测

可以采用试片或测磁仪器来确定磁场强度的大致范围。

7.2.2　锻钢件的磁粉检测

锻钢件是把钢加热到一定温度后进行锻造或挤压成形,然后再经过机械加工成为制品。与铸钢件相比,锻钢件的金属结构紧密并获得细小均匀的晶粒。它的生产效率高,在机械制造中占了很大的比例。

锻造有自由锻和模锻两种形式。其加工方式为:锻造—热处理—机械加工—表面处理等。产生的缺陷主要有锻造裂纹、锻造折叠、淬火裂纹、磨削及矫正裂纹等。在使用过程中,还可能产生应力疲劳引起的裂纹。

锻件的磁粉检测见图 7-2。下面用实例说明锻钢件检测的基本特点。

图 7-2　锻件的磁粉检测

例如曲轴,曲轴有模锻和自由锻两种,以模锻居多。由于曲轴形状复杂且有一定的长度,一般采用连续法轴向通电方式进行周向磁化,线圈分段纵向磁化。

曲轴上的主要缺陷及其分布为:

(1)剪切裂纹分布于大小头端部,横穿截面明显可见。

(2)原材料发纹沿锻造流线分布,出现部位无规律,长者贯穿整个曲轴,短的只有 1～2 mm,且容易在淬火中发展为淬火裂纹。

(3)皮下气孔锻造后是短而齐头的线状分布。

(4)锻造裂纹磁痕曲折粗大,聚集浓密。

(5)折叠在锻造、滚光和拔长对挤时形成,磁痕或与纵向成一角度出现,或成横向圆弧分布。

(6)感应加热引起的喷水裂纹呈网状,成群分布在圆周过渡区。长度不大,浓度较浅,容易漏检。

(7)油孔淬火裂纹由孔向外扩展,以多条呈辐射状分布或单个存在,裂纹始端在厚薄过渡区,而不是在最薄部位。

(8)矫正裂纹多集中在淬硬层过渡带。

(9)磨削裂纹垂直于磨削方向呈平等分布。

在曲轴的检测技术条件中,对曲轴各部分按其使用的重要性进行了分区,检测时,应注意各部分对缺陷磁痕显示的要求。

7.2.3 铸钢件磁粉检测

将熔化的钢水浇注入铸型而获得的工件叫铸钢件。它易于成形为复杂的工件,所以被广泛使用。铸件生产过程由冶炼、造型、浇注、出模、热处理等一系列环节组成。根据其生产特点,又有砂铸、压铸、熔模铸造等多种方法。铸件外表面粗糙,内部晶粒度较粗,组织多不均匀。磁粉检测的主要缺陷有铸造裂纹、疏松、夹杂、气孔等。铸钢件由于内应力的影响,有些裂纹延迟开裂,所以铸后不宜立即检测,而应等一两天后再检测。

下面以实例说明铸钢件的特点。

(1)铸钢阀体。

铸钢阀体形状复杂,表面粗糙,探测面积也很大,并且要求检测出皮下有一定浓度的缺陷。因此,检测时应作如下考虑:

①采用移动式检测机并在现场检查。

②采用直流电或半波整流电作磁化电流。

③采用触头法磁化,常用干法检测。

检测前,要注意清理受检表面,除去污物,使表面干燥。采用干粉法时,磁粉应喷撒均匀,除去多余磁粉时不要影响缺陷磁痕。

阀体上常出现的缺陷有热裂纹和冷裂纹,表现为锯齿状的线条。缩孔表现为不规则的、面积大小不等的斑点。夹杂表现为羽毛状的条纹。

(2)高压外缸。

高压外缸是承受高压的砂型铸钢件。由于该工件承受高压,要求检出表面微小的缺陷,所以采用湿式连续法检验。用触头法分段并改变方向磁化。检测前,应做好工件的预清理,除去砂粒、油污和锈蚀,并对粗糙部分进行打磨。对一些较平坦的表面,可采用交叉磁轭进行磁化,并用中心导体法或穿电缆方法检验孔周围的缺陷。

对检测发现的缺陷,应进行排除,到复查无缺陷为止。

(3)十字空心铸件的检查。

十字铸件可以采用软电缆以中心导体或缠绕的方式用大电流进行磁化。检查时,各个电路分别单独通电。能够发现工件表面各个方向上的缺陷。

7.3　焊接件的检查

7.3.1　焊接件磁粉检测的工序与范围

焊接技术是一种普遍应用的技术。它是在局部熔化或加热加压的情况下,利用原子之间的扩散与结合,使分离的金属材料牢固地连接起来,成为一个整体的过程。

焊接技术广泛用于工业建设中。良好的焊接接头是焊接质量的重要保证。因此,必须加强对焊接件的检测,对危害焊接质量的缺陷及时发现与排除。

焊接件检测主要检查焊接接头,包括其连接部分和热影响区,焊接缺陷主要有裂纹、未熔合与未焊透、气孔、夹渣等。其中,裂纹尤其是表层裂纹对焊接件危害极大,这些裂纹有纵向分布和横向分布,弧坑处、热影响区、熔合线上及根部都有可能形成不同的裂纹。磁粉检测是检测钢制焊接件表层缺陷的最有效方法之一,对裂纹特别敏感。根据焊接件在不同的工艺阶段可能产生的缺陷,焊接件检测主要对坡口、焊接过程及焊接接头的质量及焊接过程中的机械损伤进行检查。

坡口检查是检查焊件母材的质量,范围是坡口和钝边,可能出现的缺陷有分层和裂纹。分层平行于钢板表面,在板厚中心附近。裂纹可能再现于分层端部或火焰切割时产生。对坡口检查常采用触头法,但应防止电流过大烧伤触头与工件的接触面。

焊接过程中的检查主要应用于多层钢板的包扎焊接或大厚度钢板的多层焊接。它在焊接过程的中间阶段,即焊接接头隆起只有一定厚度时进行检查,发现缺陷后将其除掉,中间过程检查时,由于工件温度较高,不能采用湿法,应该采用高温磁粉干法进行。磁化电流最好采用半波整流电。

焊接接头表面质量检查是在焊接过程结束后进行的。采用自动电弧焊的焊接接头表面较平滑,可直接进行检测;手工电弧焊的焊接接头比较粗糙,应进行表面清理后再进行检测。由于一般高强度钢的焊接裂纹有延迟效应(延时开裂),焊接后不能马上检测。通常放置二至三天后再进行检测。焊接接头检测范围应包括整个热影响区,焊接接头检测的主要方法是磁轭法和触头法,磁轭法可采用普通交直流磁轭或十字交叉旋转磁轭,有时也可采用永久磁铁制作的磁轭。对直径不太大的管道,也可采用线圈或电缆缠绕法对焊接接头进行辅助磁化。

坡口和焊接接头的磁粉检测,见图7-3。

7.3.2　检测方法选择

检查焊接接头的方法应根据焊接件的结构形状、尺寸、检验的内容和范围等具体情况加以选择。对于中小型的焊接件如压力容器焊接件、锅炉工件、压力管道及特种设备焊接件等,可采用一般工件检测方法进行。而对于大型焊接结构如房屋钢梁、锅炉压力容器等由于其尺寸、重量都很大,形状也不尽相同,就要用不同的方法进行检测。

图 7-3　坡口和焊接接头的磁粉检测

除小型焊接件外，中大型焊接件大都采用便携式设备进行分段检测，一般有磁轭法、触头法和交叉磁轭法。

使用普通交直流磁轭法时，为了检出各个方向上的缺陷，必须在同一部位进行至少两次的垂直检测，每个受检段的覆盖应在 10 mm，同时行走速度要均匀，以 2 ~ 3 m/min 为宜。磁悬液喷洒要在移动方向的前方中间部位，防止冲坏已形成的缺陷磁痕。在工程实际操作中，由于两次互相垂直的检查，磁极配置不可能很准确，有造成漏检的可能。另外，磁轭法检测效率较低。这些都是它不足的地方。

触头法也是单方向磁化的方法。它的优点是电极间距可以调节，可根据探伤部位情况及灵敏度要求确定电极间距和电流大小。使用触头时，应注意触头电极位置的放置和间距。

触头法同磁轭一样，采用连续法进行。磁化电流可用任一种电流，但以半波整流电效果最佳。施加磁粉的方式可用干法或湿法。检测接触面应尽可能平整，以减小接触电阻。

用交叉磁轭旋转磁场对焊接接头表面裂纹检查，可以得到满意的效果。其主要优点是灵敏可靠，检测效率也较高。在检查对接焊接接头特别是锅炉压力容器检查中得到广泛应用。在使用时，应注意磁极端面与工件的间隙不宜过大，防止因间隙磁阻增大影响焊道上的磁通量。一般应控制在 1.5 mm 以下。另外，交叉磁轭的行走速度也要适宜。观察时，要防止磁轭遮挡影响对缺陷的识别。同时，还应注意喷洒磁悬液的方向。

对管道环焊接接头，可采用线圈法或绕电缆方法进行磁化。对角焊接接头可采用专用磁轭进行检测。

7.3.3　检测实例

以下以球形压力容器的检测为例，进行说明。

球形压力容器是用于储存气体或液体的受压容器，它由多块钢板拼焊而成，外形像一个大球，故又称球罐。

按照国家有关部门的规定，新建或使用一定时期的球罐均应进行检查。检查的部位为球罐的内、外侧所有焊接接头（包括管板接头及柱腿与球皮连接处的角接接头，热影响区及母材机械损伤部分）。

检查前，应将球罐要检查的部位分区、注上编号（纵 1、纵 2、横 3、横 4 等）并标在球罐展开图上。预处理时，将焊接接头表面的焊接波纹及热影响区表面上的飞溅物用砂轮打磨平整,不得有凹凸不平和浮锈。

检测采用水磁悬浮液,浓度为 1.5 g/L,其他添加剂按规定比例均匀混合,也可采用厂家生产的磁膏。

采用交叉磁轭旋转磁场磁化方法进行磁化。用 A 型试片 15/50 或 30/100 进行综合灵敏度检查。检测时,注意磁极端面与工件表面之间应保持一定间隙但不宜过大,以使磁轭能在工件上移动行走,又不会产生较大的漏磁场。间隙一般不超 1.5 mm。在通入磁化电流时,应同时施加磁悬液。采用单磁轭时,磁化电流每次持续时间为 1~3 s,间歇时间不超过 1 s,停施磁悬液至少 1 s 后才可停止磁化。

磁轭行走速度应均匀,通常为 2~3 m/min,一般不超过 4 m/min。当检查纵缝时,方向应自上而下,以免浇磁悬液时冲掉已形成的磁痕。

进出气孔和排污孔管板接头处的角接接头,用交叉磁轭紧靠管子边缘沿圆周方向检测。柱腿与球皮连续处的角接接头、点焊部位、母材机械损伤部分可采用两极式磁轭进行检查。

当采用紫外线灯进行观察时,应遵守有关操作与安全注意事项。对磁痕的分析和评定,应按照相关标准的规定及按照验收技术文件进行记录和发放检测报告。

7.3.4　焊缝的典型磁化方法

焊缝的典型磁化方法包括磁轭法和触头法,绕电缆法和交叉磁轭法。磁轭法和触头法的典型磁化方法见表 7-6,绕电缆法和交叉磁轭法的典型磁化方法见表 7-7。

表 7-6　磁轭法和触头法的典型磁化方法

磁轭法的典型磁化方法		触头法的典型磁化方法	
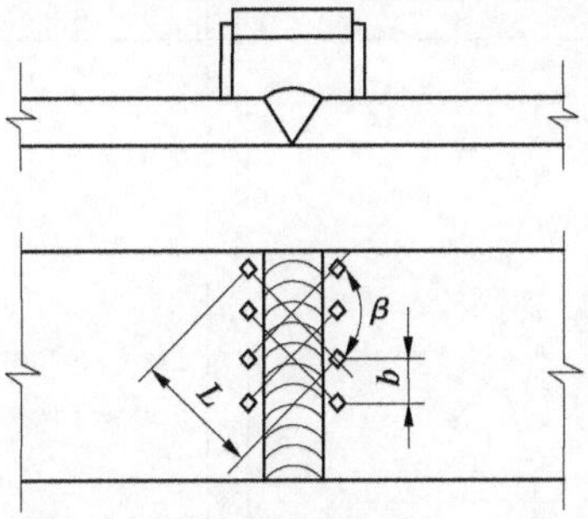	$L \geq 75$ mm $b \leq L/2$ $\beta \approx 90°$	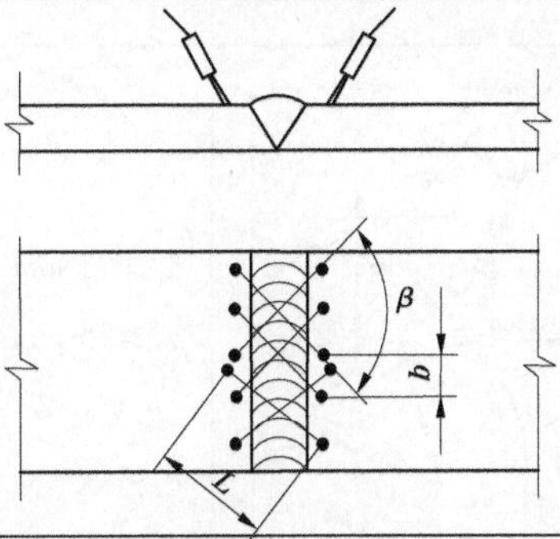	$L \geq 75$ mm $b \leq L/2$ $\beta \approx 90°$
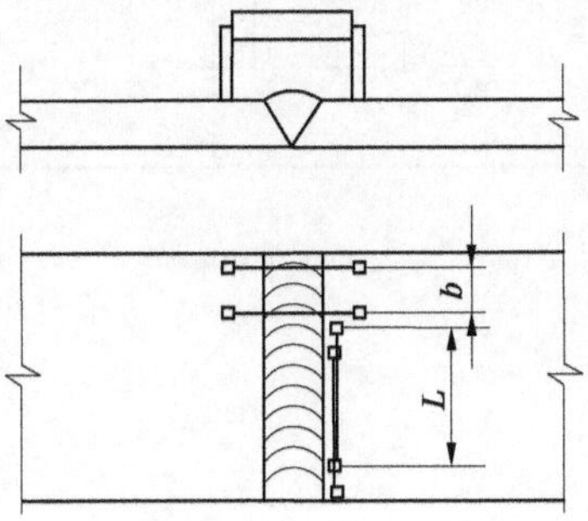	$L \geq 75$ mm $b \leq L/2$	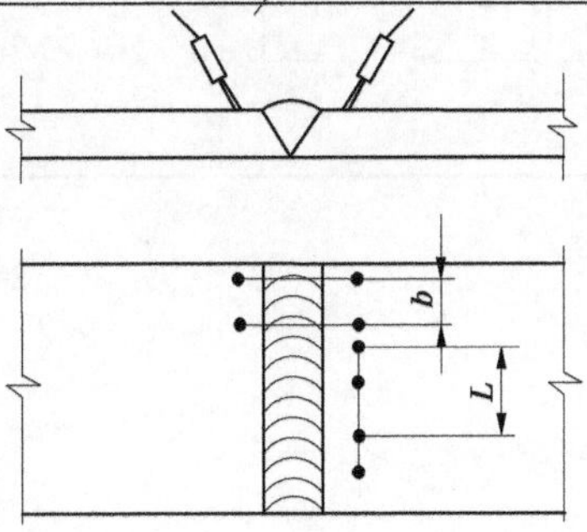	$L \geq 75$ mm $b \leq L/2$

续表 7-6

磁轭法的典型磁化方法		触头法的典型磁化方法	
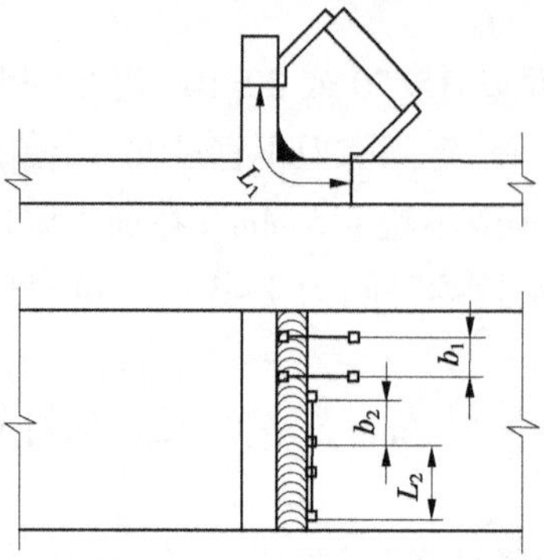	$L_1 \geqslant 75$ mm $b_1 \leqslant L/2$ $b_2 \leqslant L_2-50$ $L_2 \geqslant 75$ mm	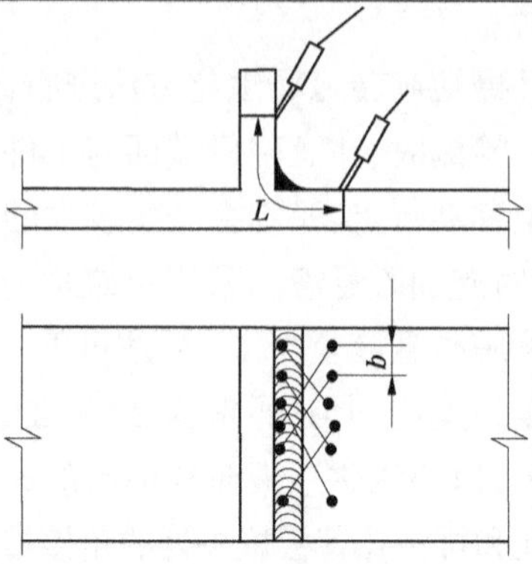	$L \geqslant 75$ mm $b \leqslant L/2$
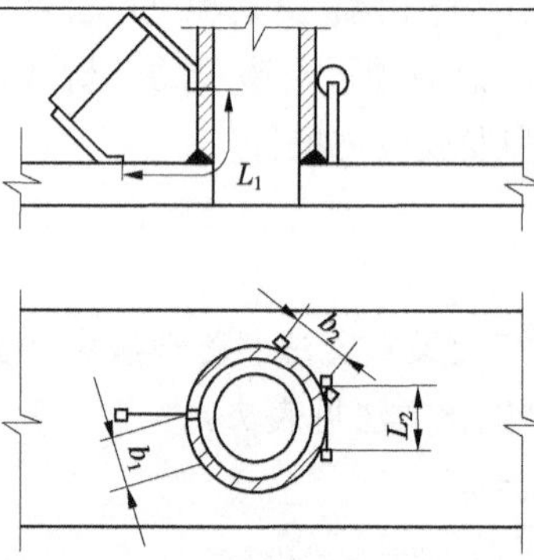	$L_1 \geqslant 75$ mm $L_2 > 75$ mm $b_1 \leqslant L/2$ $b_2 \leqslant L_2-50$	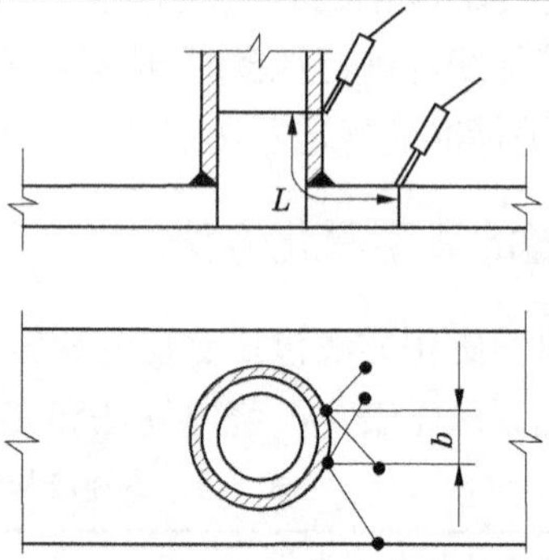	$L \geqslant 75$ mm $b \leqslant L/2$
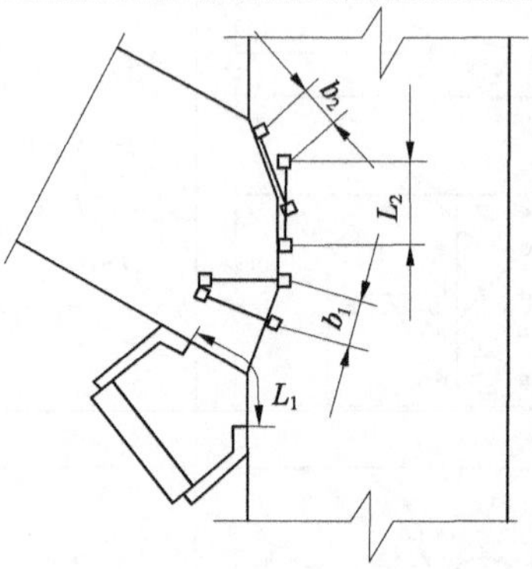	$L_1 \geqslant 75$ mm $L_2 \geqslant 75$ mm $b_1 \leqslant L/2$ $b_2 \leqslant L_2-50$	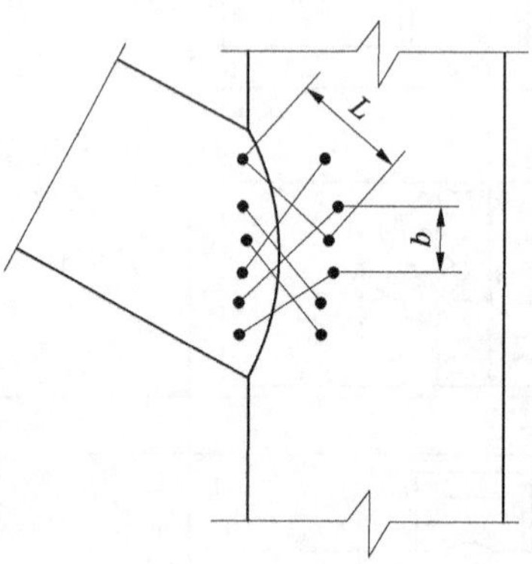	$L \geqslant 75$ mm $b \leqslant L/2$

表7-7　绕电缆法和交叉磁轭法的典型磁化方法

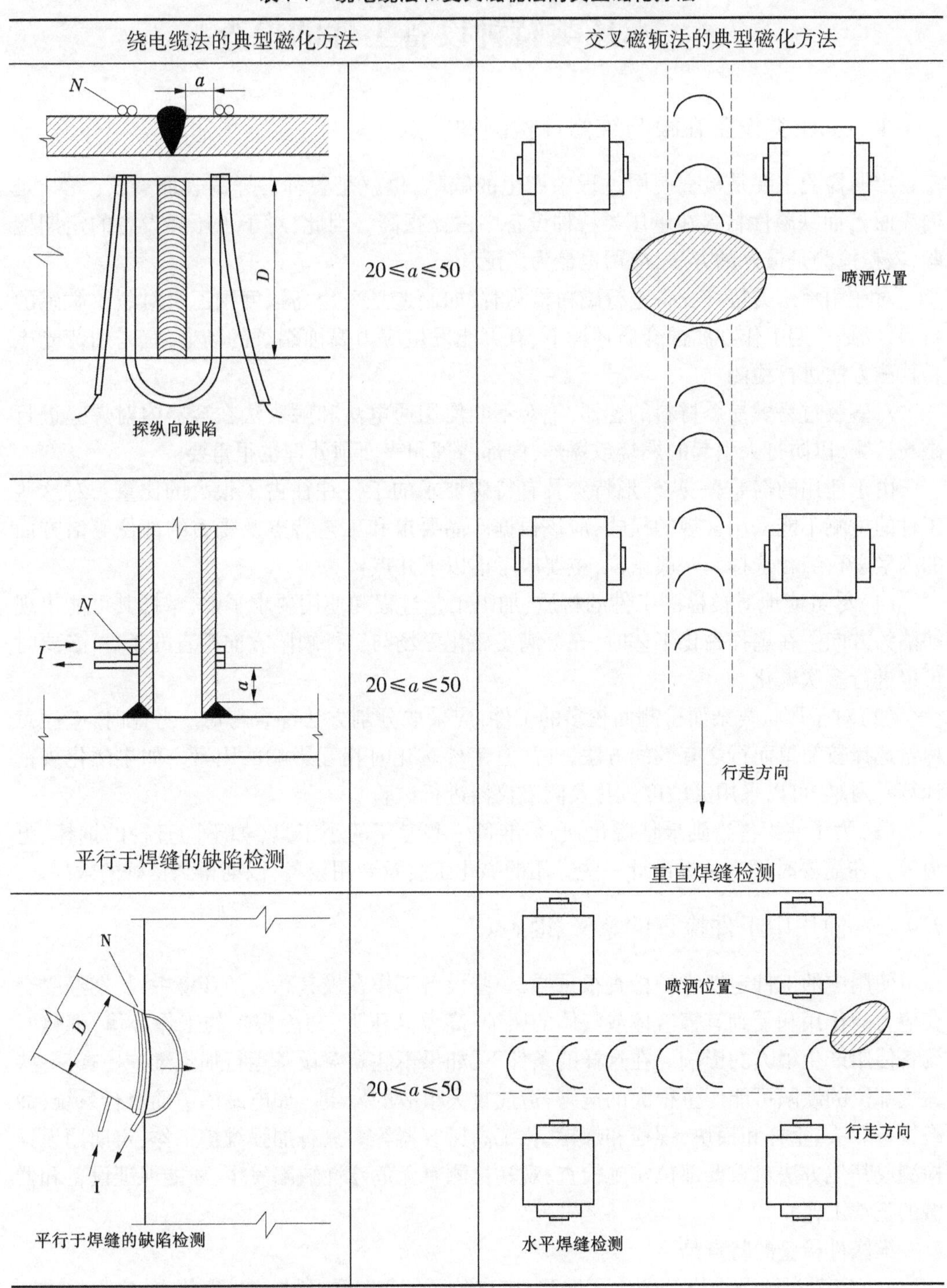

绕电缆法的典型磁化方法		交叉磁轭法的典型磁化方法
探纵向缺陷	$20 \leqslant a \leqslant 50$	
平行于焊缝的缺陷检测	$20 \leqslant a \leqslant 50$	重直焊缝检测
平行于焊缝的缺陷检测	$20 \leqslant a \leqslant 50$	水平焊缝检测

注：1. N 为匝数；I 为磁化电流（有效值）；a 为焊缝与电缆之间的距离。

2. 检测球罐环向焊缝时，磁悬液应喷洒在行走方向的前上方。

3. 检测球罐纵向焊缝时，磁悬液应喷洒在行走方向。

7.4　承压类特种设备工件的检查

7.4.1　承压类设备在役与维修件检测的特点

定期检验主要是检查使用过程中产生的缺陷，也就是各种各样的表面裂纹（尤其是内表面），而铁磁性材料在承压类特种设备中占比很高。因此，对于承压类设备的定期检验，磁粉检测是最好的方法，应用也最为广泛。

对在用承压类特种设备进行磁粉检测时，如制造是采用高强度钢乙级对裂纹敏感的材料，或是长期工作在腐蚀介质环境下、有可能发生应力腐蚀裂纹的场合，宜采用荧光磁粉检测方法进行检测。

对盛装过易燃易爆材料的容器，绝对不能使用通电法和触头法在容器内对焊缝进行磁粉检测，以防打火引起的燃烧或爆炸，内部清理和表面预处理也很重要。

由于使用的需要，一些外形特殊及有特殊要求的工件往往占了很大的比重。对这些工件的检测不能采用常规的模式，应该根据产品要求和工艺特点及受力的部位等诸方面的因素进行综合选择。一般来说，主要应考虑以下几点：

(1)尽可能地对被检测工件的材质、加工工艺过程和使用要求了解，掌握其可能出现缺陷的方向。在选择磁化工艺时，充分满足磁化磁场与工件缺陷方向垂直的条件，必要时可以进行多次磁化。

(2)对于形状复杂而检测面较多的工件，应采取分割方法综合考虑。考虑时，应注意尽量选择较简单而行之有效的方法，并注意工件磁化时相互影响的因素。如果磁化规范计算有困难，可以采用灵敏度试片及测磁仪器进行试验。

(3)为了使工件得到最佳磁化，必须准备一些专用的小工具（如不同直径的铜棒、电缆等），在需要时还应考虑设计一些专用的磁化工装及专用设备，以期得到良好的效果。

7.4.2　使用中工件检查的意义和特点

使用中的工件定期维护检查很重要，一些设备工作在极其恶劣的环境中，长期经受交变应力的作用和受到有害液体或气体的腐蚀，高温高压下，骤冷骤热的工作环境，都将对设备使用产生很大的影响。在这样的条件下，如果不注意对设备运行加强维护检查，一些关键部位的缺陷可能产生很大的危害，造成重大事故的发生。如电站锅炉的运行系统，冲锻设备锻头、垂杆和模块，螺栓和螺帽，化工高压容器等。只有加强维护工作，定期用无损检测或其他方法对重要部位实施检查，观察检测有无危险性缺陷发生，才能保证设备和器械的正常工作。

维修件检验的特点是：

(1)疲劳裂纹是维修件的主要缺陷，应充分了解工件使用中的受力状态、应力集中和易开裂部位及方向。

(2)维修件检测一般实施局部检查，主要检查疲劳裂纹产生的应力最大部位。

(3)用磁粉检测检查时，常用触头、磁轭、线圈等，小的工件也可用固定式磁粉探伤机进行检查。

(4)对一些不可接近或视力不可达部位的检查,可以采用其他检测方法辅助进行。如用光学内窥镜检查管形工件的内壁。对一些重要小孔,可采用橡胶铸型法检查。

(5)有覆盖层的工件,根据实际情况采用特殊工艺或去掉覆盖层后进行检测。

定期检查原来就有磁痕的部位,以观察疲劳裂纹的扩展。

一般大型在用设备的磁粉检测如图7-4所示。

图7-4 一般大型在用设备的磁粉检测

7.5 磁粉检测安全防护

特种设备磁粉检测由于涉及电流、磁场、紫外线、铅蒸汽、溶剂和粉尘等,操作有可能在高空、野外、水下或装过易燃易爆介质的容器中,所以磁粉检测工作者必须掌握安全防护知识,既要完成检测任务,又要保护自身不受伤害,避免人身和设备事故。

7.5.1 紫外线的危害

(1)使用黑光灯时,人眼应避免直接注视黑光光源,防止造成眼球损伤。应经常检查滤光板,不准有任何缝隙或孔洞漏光。因为320 nm以下的短波紫外线若从其中穿过,对人的眼睛和皮肤的伤害是相当严重的。存在漏光的滤光板应立即更换。另外,磁粉检测人员进行检测时,应戴上相应的防护眼镜。

(2)大多数黑光灯工作时温度非常高,皮肤与其接触容易造成灼伤。但只要正确使用黑光灯,并掌握安全防护知识,如UV-A波长范围的黑光对人体危害是甚微的。

(3)检测人员连续工作时,应注意中间适当休息,以避免眼睛疲劳损伤。

7.5.2 电器与机械安全

(1)JB/T 8290规定磁粉探伤机整机绝缘电阻不小于4 MΩ,以防止电器短路给人员带来的威胁。尤其在使用水磁悬液时,绝缘不良会产生电击伤人。

(2)使用冲击电流法磁化时,不得用手接触高压电路,以防高压伤人。

(3)气压和液压部件失效时,也容易造成伤害事故。

7.5.3　材料的潜在危险

（1）磁悬液中的油基载液、荧光磁粉、润湿剂、防锈剂、消泡剂和溶剂等，作为一种组合物，并非是危险的化学品，但长期使用有可能会除去皮肤中的油脂，引起皮肤的干裂或刺激，所以磁粉检测人员应戴防护手套，并避免磁悬液进入人的口腔和眼睛。除水外，几乎所有化合物都会刺激眼睛，许多材料可能会与口腔、喉和胃的组织起反应，所以应通风良好，避免溶剂蒸汽吸入超过安全标准值。

（2）使用干法检测时，磁粉飘浮在空气中，所以检测区域应保持通风良好，避免人吸入超过安全标准值。

7.5.4　磁粉检测系统的潜在危险

（1）使用通电法或触头法时，由于接触不良，与电接触部位有铁锈和氧化皮，或触头带电时接触工件或离开工件，都会产生电弧打火，火星飞溅，有可能烧伤检测人员的眼睛和皮肤，还会烧伤工件，甚至会引起油悬液起火。

（2）为改善电接触，一般在磁化夹头上加装铅皮。如果接触不良或电流过大，也会产生打火并产生有毒的铅蒸气，铅蒸气轻则使人头昏眼花，重则使人中毒，所以只有在通风良好时才允许使用铅皮接触头，并尽量避免产生电弧打火。

（3）磁化的工件和通电线圈周围都产生磁场，它会影响装在附近的磁罗盘和仪表指针读数精度，导致不能正常使用。

（4）安装心脏起搏器者，不得从事磁粉检测工作。

7.5.5　检测场所的潜在危险

特种设备磁粉检测常在高空、野外、水下或容器中操作，磁粉检测人员必须了解这些特殊环境中有哪些特殊的安全防护要求，必须掌握在这类场所检测时的安全知识，保护自身不致受到伤害。

7.5.6　磁粉检测系统与检测环境相互作用的潜在危险

（1）在盛装过易燃易爆介质的特种设备内部检测时，不要使用触头法和通电法，以避免电弧起火，导致伤亡事故。

（2）在附近有易燃易爆材料的场所，禁止使用触头法和通电法进行磁粉检测。

（3）磁粉检测使用低闪点油基载液时，在检测环境区内也不允许有明火或火源。

第 8 章　磁粉检测通用工艺规程和操作指导书

8.1　磁粉检测通用工艺规程

8.1.1　磁粉检测通用工艺规程编制依据

磁粉检测通用工艺规程应根据相关法规、安全技术规范、技术标准、有关的技术文件和 NB/T 47013.4—2015 等相关标准的要求，并针对本单位的所有应检产品（或检测对象）的结构特点和检测能力进行编制。磁粉检测通用工艺规程应涵盖本单位（制造、安装或检验检测单位）产品（或检测对象）的检测范围。

8.1.2　磁粉检测通用工艺规程的作用

磁粉检测通用工艺规程用于指导磁粉检测工程技术人员及实际操作人员进行磁粉检测工作，处理磁粉检测结果，进行质量评定并做出合格与否的结论，从而完成磁粉检测任务的技术文件；它是保证磁粉检测结果的一致性和可靠性的重要措施。

8.1.3　磁粉检测工艺规程的内容

磁粉检测通用工艺规程，一般以文字说明为主，它应具有一定的覆盖性、通用性和可选择性。它至少应包括以下内容：

(1)工艺规程版本号。

(2)适用范围：指明该通用工艺规程适用哪类工件或哪组工件，哪种产品的焊接接头及焊接接头的类型等。

(3)依据的标准、法规或其他技术文件。

(4)检测人员资格要求：对检测人员的资格、视力等要求。

(5)检测设备和器材，以及检定、校准或核查的要求及运行核查的项目、周期和性能指标。

(6)工艺规程涉及的相关因素项目及其范围。

(7)不同检测对象的检测技术和检测工艺选择，以及对操作指导书的要求；指明进行磁粉检测时可选择的磁粉检测方法、磁化电流的选择、磁化方向的选择、磁化规范的确定方法、磁悬液的施加方法、观察方法、退磁和后处理方法等。

(8)检测实施要求：检测时机、检测前的表面准备要求、检测标记、检测后处理要求等。

(9)检测结果的评定和质量分级；指明检测结果评定所依据的技术标准、安全技术规范和验收级别等。

(10)检测记录的要求:规定检测记录内容及格式要求,资料、档案管理要求,安全管理规定,检测记录和资料存档。

(11)检测报告的要求:规定检测报告内容及格式要求,资料、档案管理要求,安全管理规定,检测报告和资料存档。

(12)编制者(级别)、审核者(级别)和批准人。

(13)编制日期。

8.1.4 磁粉检测通用工艺规程的管理

磁粉检测通用工艺规程的编制、审核及批准应符合相关法规、安全技术规范或技术标准的规定。尽量安排无损检测责任人员编写,充分发挥Ⅲ级或Ⅱ级人员的作用,充分发挥无损检测规程在实际检测过程中的作用,保证检测质量。

(1)磁粉检测通用工艺规程的更改。

当产品设计资料、制造加工工艺规程、技术标准等发生更改,或者发现磁粉检测工艺规程本身有错误或漏洞,或磁粉检测工艺方法的改进等,这都要对磁粉检测工艺规程进行更改。更改时,需要履行更改签署手续,更改工作最好由原编制和审核人员进行。

(2)磁粉检测通用工艺规程的偏离。

磁粉检测通用工艺规程必须经过验证以后方可批准实施,经批准后,检测人员应严格执行工艺规程所规定的各项条款;如因磁粉检测设备、仪器的更换,磁粉检测材料或辅助材料的代用等,使磁粉检测的工艺规程产生偏离,应经验证并报技术负责人批准后方可偏离使用。

(3)磁粉检测通用工艺规程的报废。

由于磁粉检测通用工序被取代,或由其他无损检测方法取代,则原磁粉检测通用工艺规程应予报废。磁粉检测通用工艺规程的报废应由编制人员提出报废申请,技术负责人批准即可。

8.1.5 磁粉检测通用工艺规程举例

磁粉检测工艺规程

1 主题内容和适用范围

1.1 本规程规定了磁粉检测人员应具备的资格、所用设备器材、检测工艺和质量分级等。

1.2 本规程依据NB/T 47013.4的要求编写,满足引用标准中相关标准、规范的要求。适用于铁磁性材料制板材、复合板材、管材、管件和锻件等表面或近表面缺陷的检测,以及铁磁性材料对接接头、T形焊接接头和角接接头等表面或近表面缺陷的检测,不适用于非铁磁性材料的检测。

1.3 承压设备有关的支撑件和结构件,也可参照本部分进行磁粉检测。

1.4 本规程与工程所要求执行的有关标准、规范、施工技术文件有抵触时,应以有关标准、规范、施工技术文件为准。

1.5 操作指导书是本规程的补充,由磁粉Ⅱ级人员按合同要求及本规程编写,检测责任师审核,其参数规定的更具体。

2　依据标准

2.1　NB/T 47013.1—2015 承压设备无损检测　第1部分:通用部分

2.2　TSG Z 8001—2019 特种设备无损检测人员考核规则

2.3　GB/T 150.1~150.4—2011　压力容器

2.4　TSG 21—2016 固定式压力容器安全技术监察规程

2.5　GB 12337—2014 钢制球形储罐

2.6　GB 50236—2011 现场设备、工业管道焊接工程施工规范

2.7　GB 50235—2010 工业金属管道工程施工规范

2.8　TSG D0001—2009 压力管道安全技术监察规程——工业管道

2.9　GB 50517—2010 石油化工金属管道工程施工质量验收规范

2.10　SH 3501—2011 石油化工有毒、可燃介质钢制管道工程施工及验收规范

3　检测人员要求

3.1　从事磁粉检测的人员必须经过技术培训,并按照 TSG Z 8001—2019《特种设备无损检测人员考核规则》的要求取得无损检测资格,所持证书经注册且在有效期内。

3.2　从事磁粉检测的工作人员按等级分为Ⅰ(初级)、Ⅱ(中级)、Ⅲ(高级),不同等级的人员,只能从事相应等级的技术工作,并负相应的技术责任。

3.3　磁粉检测人员未经矫正或经矫正的近(距)视力和远(距)视力应不低于5.0(小数记录值为1.0),测试方法应符合 GB 11533 的规定。并一年检查一次,不得有色盲。

4　磁粉检测程序

磁粉检测程序如下:

(1)预处理;

(2)磁化;

(3)施加磁粉或磁悬液;

(4)磁痕的观察与记录;

(5)缺陷评级;

(6)退磁;

(7)后处理。

5　检测工艺文件

5.1　本规程涉及的相关因素如表1所示。

表1　工艺规程涉及的相关因素

序号	相关因素	具体要求和范围
1	被检测对象(形状、尺寸、材质等)	具体要求见本规程“1　主题内容和适用范围”
2	磁化方法	具体要求见本规程“10.2　磁化方法及磁化规范”
3	检测用仪器设备	具体要求见本规程“7.1　磁粉检测设备”
4	磁化电流类型及其参数	具体要求见本规程“10.2　磁化方法及磁化规范”
5	表面状态	具体要求见本规程“9　被检工件表面的准备”

续表 1

序号	相关因素	具体要求和范围
6	磁粉(类型、颜色、供应商)	具体要求见本规程“7.3　磁粉、载体及磁悬液”
7	磁粉施加方法	具体要求见本规程“10.1　检测方法”
8	最低光照强度	具体要求见本规程“12.2　观察”
9	非导电表面反差增强剂(使用时)	具体要求见本规程“9.4　反差增强剂”
10	黑光辐照度(使用时)	具体要求见本规程“12.2　观察”

5.2　凡 5.1 中规定的相关因素的一项或几项发生变化,超出原检测工艺规程时,应重新修订工艺规程并进行必要的验证。

5.3　操作指导书应根据工艺规程的内容和被检工件的检测要求编制,应该将操作指导书文件化和格式化,具体内容应满足 NB/T 47013.1、NB/T 47013.4 和本规程的规定。

5.4　操作指导书在首次应用前应采用标准试件进行工艺验证,以确认是否能达到标准规定的要求。

6　安全要求

6.1　电流短路引起的电击或在所用相对较低电压下的大电流引起的灼伤。

6.2　使用荧光磁粉检测时,黑光灯激发的黑光对眼睛和皮肤产生的有害影响。

6.3　使用或去除多余磁粉时,尤其是干磁粉,其悬浮的颗粒物等被吸入或进入眼睛、耳朵导致的伤害。

6.4　使用不符合要求的有毒磁粉等材料引起的有害影响。

6.5　易燃易爆的场合使用通电法和触头法引发的火灾。

7　检测设备、器材及其要求

7.1　磁粉检测设备

7.1.1　磁粉检测设备清单见表 2。

表 2　磁粉检测设备

型号	结构形式	电流或提升力	技术	制造厂
B310/B310S	便携式	AC 提升力≥45 N	磁轭磁化	美国派克
DA-400S	便携式	AC 提升力≥45 N	磁轭磁化	美国派克
A-2	便携式	AC 提升力≥45 N	磁轭磁化	日本荣进
A-6	便携式	AC 提升力≥45 N	磁轭磁化	日本荣进
CDX-Ⅲ	便携式	AC 提升力≥118 N	交叉磁轭	山东济宁
CEW-15000A	固定式	纵向磁化(交直流) 0~30 000 AT 周向磁化(交直流) 0~15 000 AT	可进行通电法、中心导体法、触头法、磁轭法整体磁化或复合磁化等	

7.1.2　磁化设备的校验

a) 磁粉检测设备的电流表，至少半年校准一次。当设备进行重要电气修理或大修后，或者停用一年以上应重新进行校准。

b) 提升力的校验：至少半年核查一次，磁轭损伤修复后应重新核查。当使用磁轭最大间距时，交流至少应有 45 N 的提升力；直流至少应有 177 N 的提升力。交叉磁轭至少应有 118 N 的提升力（磁极与试件表面间隙为≤0.5 mm）。

c) 用于核查提升力的试块的重量应进行校准，使用、保管过程中发生损坏，应重新进行校准。

7.2　标准试片

7.2.1　标准试片主要用于检验磁粉检测设备、磁粉和磁悬液的综合性能，检查被检件表面有效磁场强度和方向是否符合要求。灵敏度试片可选用 A1 型或 C 型，其类型、规格和图形见表 3。A1 型、C 型灵敏度试片应符合 GB/T 23907 的规定。

表 3　标准试片的类型、规格和图形

试片型号	槽深（m）	试片厚度（m）	图形和尺寸（mm）
A1:15/100	15	100	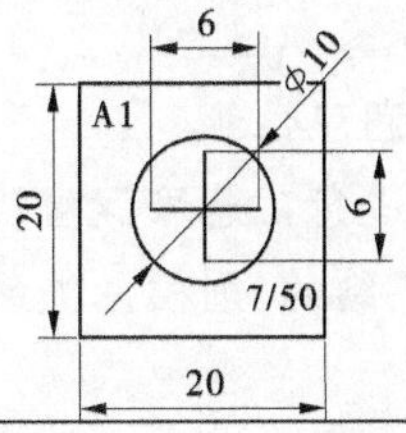
A1:30/100	30	100	
C:8/50	8	50	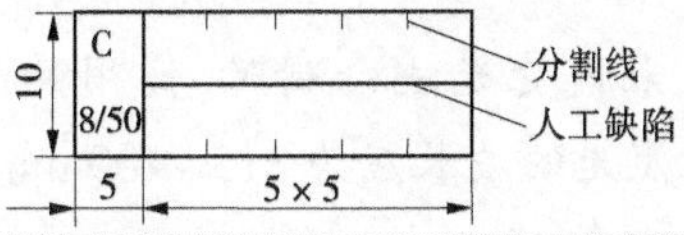
C:15/50	15	50	

注：C 型标准试片可剪成 5 个小试片分别使用。

7.2.2　磁粉检测一般选用 A1:30/100 型标准试片。当检测焊缝坡口等狭小部位，由于尺寸关系，A1 型灵敏度试片使用不便时，可选用 C:15/50 型灵敏度试片。当委托单位有更高要求时，可选 A1:15/100 或 C:8/50 试片。

7.2.3　标准试片适用于连续磁化法，其使用要求如下：

a) 标准试片表面有锈蚀、褶折或磁特性发生改变时，不得继续使用。

b) 试片使用前，应用溶剂清洗防锈油，如果工件表面贴试片处凹凸不平，应打磨平，并除去油污。

c) 使用时，应将试片无人工缺陷的面朝外，并保持与被检工件有良好接触。为使试片与被检面接触良好，可用透明胶带或其他合适的方法将其平整黏贴在被检面上，并注意胶带不能覆盖试片上的人工缺陷。

d) 试片使用后，可用溶剂清洗并擦干，干燥后涂上防锈油，放回原装片袋保存。

e) 标准试片使用后，所采用的磁粉检测技术和工艺规程，应与实际应用的一致。

7.3　磁粉、载体及磁悬液

7.3.1　磁粉分为荧光磁粉和非荧光磁粉，磁粉应具有高磁导率、低矫顽力和低剩磁，相互之间应互相吸引，并应与被检工件表面颜色有较高的对比度。

7.3.2　工件温度在0 ℃以上时，推荐采用水作为分散媒介，也可在水中添加活性剂和防锈剂增加润湿性和抗防腐性。工件温度在0 ℃及其以下时，应采用低黏度油基载体作为分散媒介。

7.3.3　磁悬液浓度应根据工件表面粗糙度和使用方式确定，一般沉淀浓度应控制在表4规定的浓度范围或按制造厂的推荐配比。

表4　磁悬液浓度

磁粉类型	配制浓度(g/L)	沉淀浓度(含固体量)(mL/100 mL)
非荧光磁粉	10~25	1.2~2.4
荧光磁粉	0.5~3.0	0.1~0.4

7.3.4　磁悬液浓度的测定

测定前充分搅拌磁悬液，使其均匀后，取100 mL磁悬液注入沉淀管使其沉淀。煤油和水配制的磁悬液须静置30 min，沉淀在管底的容积即表示磁悬液的浓度。一般情况下，非荧光磁粉沉淀容积值为1.2~2.4 mL，荧光磁粉的沉淀容积值为0.1~0.5 mL。

7.3.5　磁悬液润湿性能

检测前，应进行磁悬液润湿性能核查。将磁悬液施加在被检工件表面上，如果磁悬液的液膜是均匀连续的，则磁悬液的润湿性能合格；如果液膜被断开，则磁悬液的润湿性能不合格。

7.4　黑光灯

a)当采用荧光法检测时，使用的黑光灯在工件表面产生的黑光辐照度应≥1 000 $\mu W/cm^2$，黑光的波长应为315~400 nm，峰值波长约为365 nm。黑光源应符合GB/T 5097的规定。

b)黑光灯首次使用或间隔一周以上再次使用，以及连续使用一周，应进行黑光辐照度核查。

7.5　退磁装置

退磁装置应能保证工件退磁后表面剩磁小于0.3 mT(240 A/m)。

7.6　其他辅助器材

a)2~10倍放大镜；

b)光照度计：用于测量被检工件表面的可见光照度，至少每年校准一次；

c)黑光辐照计：用于测量黑光的辐照度，至少每年校准一次；

d)磁悬液浓度沉淀管；

e)电流表；

f)中心导体方法标准试块：应符合GB/T 23906的规定。

8　检测时机

焊接接头的磁粉检测应安排在焊接工序完成并经外观检查合格后进行；对于有延迟

裂纹倾向的材料，至少应在焊接完成 24 h 后进行焊接接头的磁粉检测。

除另有要求，对于紧固件和锻件的磁粉检测应安排在最终热处理之后进行。

9　被检工件表面的准备

9.1　工件被检区表面及其相邻至少 25 mm 范围内应干燥，并不得有油脂、污垢、铁锈、氧化皮、纤维屑、焊剂、焊接飞溅或其他黏附磁粉的物质；表面的不规则状态不得影响检测结果的正确性和完整性，否则应做适当的修理，修理后的被检工件表面粗糙度 $R_a \leqslant 25$ μm。

被检工件表面有非磁性涂层时，如能够保证涂层厚度不超过 0.05 mm，并经检测单位（或机构）技术负责人同意和标准试片验证不影响磁痕显示后，可带涂层进行磁粉检测，并归档保存验证资料。

9.2　安装接触垫

采用轴向通电法和触头法磁化时，为了防止电弧烧伤工件表面和提高导电性能，应将工件和电极接触部分清除干净，必要时应在电极上安装接触垫。

9.3　封堵

若工件有盲孔和内腔，宜加以封堵。

9.4　反差增强剂

为增强对比度，经标准试片验证后，可以使用反差增强剂。

10　检测方法和磁化规范选择

10.1　检测方法

工件检测应根据不同规格、结构和技术要求采用适宜的检测方法。本规程采用湿连续法。采用湿连续法时应满足如下要求：

a）采用湿法时，应确保整个检测面被磁悬液湿润。

b）磁悬液的施加可采用喷、浇、浸等方法，不宜采用刷涂法。无论采用哪种方法，均不应使检测面上磁悬液的流速过快。

c）采用连续法时，磁粉或磁悬液的施加和磁痕显示的观察应在磁化通电时间内完成，且停施磁粉或磁悬液至少 1 s 后方可停止磁化；磁化通电的时间一般为 1~3 s，且为保证磁化效果应至少反复磁化两次。

10.2　磁化方法及磁化规范

10.2.1　磁场强度

磁场强度可以用以下几种方法确定：

a）用磁化电流表征的磁场强度按本规程 10.2.6 所给出的公式计算。

b）利用材料的磁特性曲线，确定合适的磁场强度。

c）用磁场强度计测量施加在工件表面的切线磁场强度。连续法检测时，应达到 2.4~4.8 kA/m，剩磁法检测时应达到 14.4 kA/m。

d）用标准试片（块）来确定磁场强度是否合适。

10.2.2　轴向通电法和中心导体法

a）轴向通电法和中心导体法的磁化规范按表 5 中公式计算。

b）中心导体法可用于检测环形或空心圆柱形工件内、外表面与电流流向平行或夹角小于等于 45°的纵向缺陷和端面的径向缺陷。外表面检测时，应尽量使用直流电或整流电。

表 5　轴向通电法和中心导体法磁化规范

检测方法	磁化电流计算公式	
	交流电	直流电、整流电
连续法	$I=(8\sim15)D$	$I=(12\sim32)D$
剩磁法	$I=(25\sim45)D$	$I=(25\sim45)D$

注:D 为工件横截面上最大尺寸,单位为 mm。

10.2.3　偏心导体法

对大直径环形或空心圆柱形工件,当使用中心导体法时,如电流不能满足检测要求,应采用偏心导体法进行分区域检测,即将导体靠近内壁放置,依次移动工件与芯棒的相对位置分区域检测。每次外表面有效检测区长度约为 4 倍芯棒导体直径(见图 1),且有一定的重叠,重叠区长度应不小于有效检测区长度的 10%。其磁化电流按表 5 中公式计算,式中 D 的数值取芯棒导体直径加两倍工件壁厚。导体与内壁接触时,应采取绝缘措施。

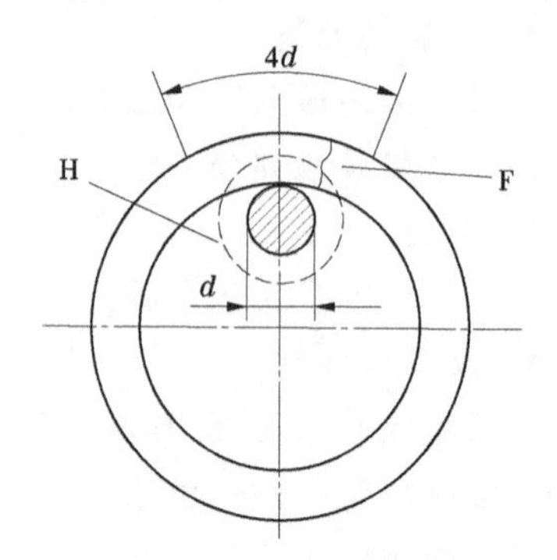

H—磁场;F—缺陷

图 1　偏心导体检测有效区

10.2.4　触头法

a)对于形状复杂的工件,宜采用触头法进行磁化,磁化电流按表 6 计算,并经标准试片验证。

表 6　触头法磁化电流值

工件厚度(mm)	电流值 I(A)
$t<19$	(3.5~4.5)倍触头间距
$t\geqslant19$	(4~5)倍触头间距

b)采用触头法时,电极间距应控制在 75~200 mm。其有效检测宽度为触头中心线两侧 1/4 极距。

c)通电时间为 1~3 s,电极与工件之间应保持良好的接触,触头手柄应有遥控开关,在触头与工件接触好后方可开启开关,取下电极前应先关闭开关,以免烧伤工件。

d)两次磁化区域间应有不小于 10%的磁化重叠区。

10.2.5　磁轭法

磁轭法检测时,要保证磁轭与工件表面的良好接触,且应符合下列规定:

a)磁化时,每一检测部位应进行两次接近相互垂直的磁化。

b)磁极间距应控制在 75~200 mm,检测的有效区域为两极连线两侧各 1/4 极距的范围,磁化区域每次应有不少于 10%的重叠。

c)采用磁轭法磁化工件时,其磁化规范应经标准试片验证。

10.2.6　线圈法

线圈法产生的磁场方向平行于线圈的轴线。其有效磁化区域:低充填因数线圈法为从线圈中心向两侧分别延伸至线圈端外侧各一个线圈半径范围内；中充填因数线圈法为从线圈中心向两侧分别延伸至线圈端外侧各 100 mm 范围内；高充填因数线圈法或缠绕电缆法为从线圈中心向两侧分别延伸至线圈端外侧各 200 mm 范围内。超过上述区域时，应采用标准试片确定。

a)低充填因数线圈法。

当线圈的横截面面积大于或等于被检工件横截面面积的 10 倍时，使用下述公式：

偏心放置时，线圈的磁化电流按式(1)计算(误差为±10%)：

$$I=\frac{45\,000}{N(L/D)} \tag{1}$$

正中放置时，线圈的磁化电流按式(2)计算(误差为±10%)：

$$I=\frac{1\,690R}{N[6(L/D)-5]} \tag{2}$$

式中　I——施加在线圈上的磁化电流，A；

N——线圈匝数；

L——工件长度，mm；

D——工件直径或横截面上最大尺寸，mm；

R——线圈半径，mm。

b)高充填因数线圈法。

用固定线圈或电缆缠绕进行检测，若此时线圈的截面面积小于或等于 2 倍工件截面面积(包括中空部分)，磁化时，可按式(3)计算磁化电流(误差±10%)：

$$I=\frac{3\,500}{N[(L/D)+2]} \tag{3}$$

式中，各符号意义同式(1)。

c)中充填因数线圈法。

当线圈大于 2 倍而小于 10 倍被检工件截面面积时，

$$NI=[(NI)_h(10-Y)+(NI)_l(Y-2)]/8 \tag{4}$$

式中　$(NI)_h$——式(3)高充填因数线圈计算的 NI 值。

$(NI)_l$——式(1)或式(2)低充填因数线圈计算的 NI 值。

Y——线圈的横截面面积与工件横截面面积之比。

d)上述公式不适用于长径比(L/D)小于 2 的工件。对于长径比(L/D)小于 2 的工件，若要使用线圈法，可利用磁极加长块来提高长径比的有效值或采用标准试片实测来决定电流值。对于长径比(L/D)大于等于 15 的工件，式中(L/D)取 15。

e)当被检工件太长时，应进行分段磁化，且应有一定的重叠区。重叠区应不小于分段检测长度的 10%。检测时，磁化电流应经标准试片验证。

f)计算空心工件时，此时工件直径 D 应由有效直径 D_{eff} 代替。

对于圆筒形工件：

$$D_{eff}=(D_0{}^2-D_i{}^2)^{1/2} \tag{5}$$

式中　D_0——圆筒外直径，mm；

D_i——圆筒内直径,mm。

对于非圆筒形工件:

$$D_{eff} = 2\sqrt{\frac{A_t - A_h}{\pi}} \tag{6}$$

式中 A_t——零件总的横截面面积,mm^2;

A_h——零件中空部分的横截面面积,mm^2。

10.2.7 交叉磁轭法

a)使用交叉磁轭装置时,四个磁极端面与检测面之间应保持良好贴合,其最大间隙不应超过 0.5 mm。连续拖动检测时,检测速度应尽量均匀,一般不应大于 4 m/min。

b)使用交叉磁轭一般采用移动的方式磁化工件,磁悬液的施加应覆盖工件的有效磁化范围,并始终保持处于润湿状态,以利于缺陷磁痕的形成。

c)磁痕的观察应在磁化状态下进行,以避免已形成的缺陷磁痕遭到破坏。

d)应使用标准试片对交叉磁轭法进行综合性能验证,验证时宜在移动的状态下进行;当移动速度、磁极间隙等工艺参数的变化有可能影响到检测灵敏度时,应进行复验。

11 在用承压设备的磁粉检测

对在用承压设备进行磁粉检测时,其内壁宜采用荧光磁粉检测方法进行检测。制造时,采用高强度钢及对裂纹(包括冷裂纹、热裂纹、再热裂纹)敏感的材料,或长期工作在腐蚀介质环境下有可能发生应力腐蚀裂纹的承压设备,其内壁应采用荧光磁粉检测方法进行检测。检测现场环境应符合 NB/T 47013.4—2015 中 6.2.2 的要求。

12 磁痕显示分类、观察和记录

12.1 磁痕的分类和处理

12.1.1 磁痕显示分为相关显示、非相关显示和伪显示。

12.1.2 长度与宽度之比大于 3 的缺陷磁痕,按线性磁痕处理;长度与宽度之比不大于 3 的缺陷磁痕,按圆形磁痕处理。

12.1.3 长度小于 0.5 mm 的磁痕不计。

12.1.4 两条或两条以上缺陷磁痕在同一直线上且间距不大于 2 mm 时,按一条磁痕处理,其长度为两条磁痕之和再加间距。

12.2 观察

12.2.1 缺陷磁痕的观察应在磁痕形成后立即进行。

12.2.2 非荧光检测时,缺陷磁痕的评定应在可见光下进行,工件被检表面可见光照度应不小于 1 000 lx。现场检测时,由于条件所限可见光照度应不低于 500 lx。

荧光磁粉检测时,缺陷磁痕的评定应在暗黑区黑光灯激发的黑光下进行,工件被检表面的黑光辐照度应大于或等于 1 000 μW/cm^2;暗黑区或暗处可见光照度应不大于 20 lx。

观察磁痕前,检验人员应至少在暗处停留 5 min,让眼睛得到一个较好的适应过程。如果检验人员戴眼镜或在观察中使用放大镜,这些物品都应当是非光敏的。必要时可用 2~10 倍放大镜进行观察。

12.3 记录

可用下列一种或数种方式记录显示:

a)文字描述。

b)草图。

c)照片。

d)透明胶带。

e)透明漆“凝结”被检表面的显示。

f)可剥离的反差增强剂。

12.4　复检

当出现下列情况之一时,需进行复检:

a)检测结束后,用标准试片验证检测灵敏度不符合要求时。

b)发现检测过程中操作方法有误或技术条件改变时。

c)合同各方有争议或认为有必要时。

d)对检测结果有怀疑时。

13　质量分级

13.1　不允许任何裂纹显示;紧固件和轴类零件不允许任何横向缺陷显示。

13.2　焊接接头的质量分级按表7进行。

表7　焊接接头的质量分级

等级	线性缺陷磁痕	圆形缺陷磁痕(评定框尺寸为35 mm×100 mm)
Ⅰ	l≤1.5	d≤2.0,且在评定框内不大于1个
Ⅱ	大于Ⅰ级	

注:l表示线性缺陷磁痕长度,单位为mm;d表示圆形缺陷磁痕长径,单位为mm。

13.3　其他部件的质量分级按表8进行。

表8　其他部件的质量分级

等级	线性缺陷磁痕	圆形缺陷磁痕(评定框尺寸为2 500 mm^2,其中一条矩形边长最大为150 mm)
Ⅰ	不允许	d≤2.0,且在评定框内不大于1个
Ⅱ	l≤4.0	d≤4.0,且在评定框内不大于2个
Ⅲ	l≤6.0	d≤6.0,且在评定框内不大于4个
Ⅳ	大于Ⅲ级	

注:l表示线性缺陷磁痕长度,单位为mm;d表示圆形缺陷磁痕长径,单位为mm。

14　检测报告和记录的要求

14.1　检测记录的要求

a)检测记录由Ⅰ、Ⅱ级操作人员按磁粉检测原始记录的格式填写。检测部位图由Ⅰ、Ⅱ级人员按本规程的规定绘制。

b)应根据NB/T 47013.1和NB/T 47013.2中要求包含的内容将原始记录文件化和

格式化,并经正式发布实施,有对应于操作指导书和委托单的识别编号。

c)记录内容尽可能接近原条件的情况下能够复现,并能完整、全面覆盖报告。

d)对于现场检测过程中,技术条件不能满足操作指导书要求的(如焦距不满足要求),应在检测记录中说明。

e)记录应有检测人员、复核人员签字,用签字笔或钢笔填写,不得涂改,只准许划改,但修改处应有修改人签字并注明划改日期,记录应填明检测日期和地点。

f)检测记录的保存期应符合相关法规标准的要求,且不得少于7年。

14.2　检测报告的要求

a)应根据NB/T 47013.1和NB/T 47013.2中检测报告的要求将检测报告文件化和格式化,有对应于检测记录的识别编号。

b)报告内容应包括所有检测依据、结果及根据这些结果做出的符合性判断(结论),必要时还应当包括对符合性判断(结论)的理解、解释和所需要的信息。所有这些信息应当正确、准确、清晰地表达。正式的检测报告,不得有修改痕迹。

c)报告格式的选择应该依据相关标准、规范、技术文件和甲方要求确定,没有特殊要求的可以使用公司质量管理体系中经批准发布的正式表格文件。

d)检测报告应当由从事检测的Ⅱ级人员编制,检测责任师审核,机构负责人(最高管理者)或者技术负责人签发。

e)检测报告的保存期应符合相关法规、标准的要求,且不得少于7年。

8.2　磁粉检测操作指导书

8.2.1　磁粉检测操作指导书编制依据

磁粉检测操作指导书应根据通用工艺规程结合检测对象的检测要求编制,操作指导书的内容应完整、明确和具体;操作指导书在首次应用时应进行工艺验证,验证可采用对比试块、模拟试块或直接在检测对象上进行。

8.2.2　磁粉检测操作指导书的作用

磁粉检测操作指导书用于指导磁粉检测操作人员进行磁粉检测工作,处理磁粉检测结果,进行质量评定并做出合格与否的结论,从而完成磁粉检测任务的技术文件;它是保证磁粉检测过程的规范性和技术性的文件。是保证产品质量的关键。

8.2.3　磁粉检测操作指导书的内容

磁粉检测操作指导书,一般以表格说明为主,它应具有一定的针对性、实用性和指导性。它至少应包括以下内容:

(1)操作指导书编号。

(2)依据的工艺规程及其版本号。

(3)检测技术要求:执行标准、检测时机、检测比例(包括局部检测时的检测部位要求)、合格级别和检测前的表面准备。

(4)检测对象:承压设备类别,检测对象的名称、编号、规格尺寸、材质和热处理状态、检测部位(包括检测范围)。

(5)检测设备和器材:名称和规格型号,工作性能检查的项目、时机和性能指标。

(6)检测工艺参数。

(7)检测程序。

(8)检测示意图。

(9)数据记录的规定。

(10)编制(级别)和审核(级别)。

(11)编制日期。

8.2.4　磁粉检测操作指导书的管理

磁粉检测操作指导书的编制、审核应符合相关法规或标准的规定。尽量安排无损检测责任人员编写,充分发挥各级无损检测人员的作用。

当产品设计资料、制造加工工艺规程、技术标准等发生更改,或者发现磁粉检测操作指导书本身有错误或漏洞,或磁粉检测工艺方法的改进等,这都要对磁粉检测操作指导书进行更改。更改时,需要履行更改签署手续,更改工作最好由原编制和审核人员进行。

8.2.5　磁粉检测操作指导书举例

【例 8-1】　如图 8-1 所示,现有长为 2 000 m 的在用压力管道,规格 ϕ57 mm×5 mm,材质 20 g,表面有较厚的油漆防腐层(0.2 mm),定期检验中,要求对外表面对接环向焊接接头进行 100%磁粉检测。

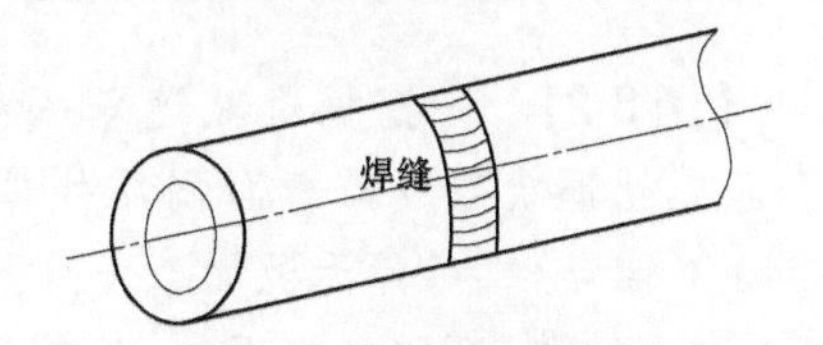

图 8-1　在用压力管道

根据所给出的被检工件情况和磁粉检测设备由编写者自行选定最佳磁化方法及磁化规范。按 NB/T 47013—2015 标准进行检测,合格级别 Ⅰ 级,采用高灵敏度。可选用的设备和器材有:CYD3000 移动式磁粉探伤机、CEW12000 固定式磁粉探伤机、CDX-3 旋转磁场探伤机、磁轭式探伤机、A 型试片等。

磁粉探伤操作指导书

操作指导书编号:G001-01

产品名称	在用压力管道	产品规格(mm)	ϕ57 mm×5 mm
材料牌号	20 g	检测部位	外表面对接环缝
工序安排	表面检验合格后	表面预清理要求	砂轮打磨至金属光泽
探伤设备	磁轭式磁探机	标准试片	A1:30/100
检验方法	连续法	磁化方法	磁轭法

磁粉探伤操作指导书

产品名称	在用压力管道	产品规格(mm)	ϕ57×5 mm
磁化规范	≥45 N	磁化时间	1~3 s
	磁轭间距 200 mm, I=900 A		2~3 次
磁粉、载液 磁悬液配制浓度	黑磁粉、水悬液 10~25 g/L	磁悬液施加 方法及操作要求	在通电的同时喷洒磁悬液,停止浇洒后再停止通电
紫外光辐照度或 试件表面光照度	试件表面光照度 ≥1 000 lx	缺陷记录方式	照相法
探伤方法标准	NB/T 47013.4—2015	质量验收等级	Ⅰ级
不允许缺陷	白点、裂纹和横向缺陷		

磁化方法示意草图:	磁化方法的附加说明:
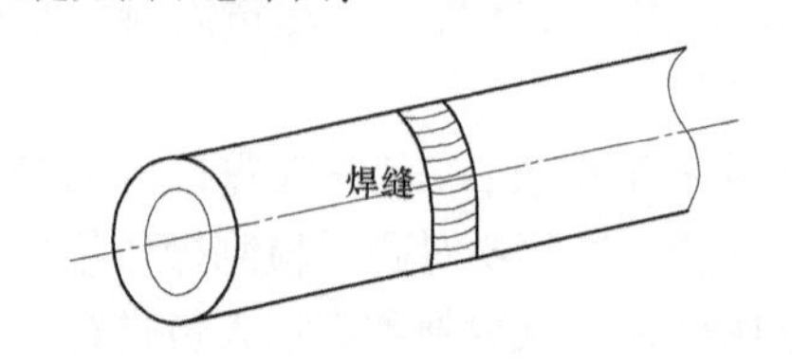	磁轭法时,磁轭的连线垂直于环焊接接头或有一定角度;并且在垂直的位置再磁化 1 次(共磁化两次)。要用 A1:30/100 试片确定磁化规范的正确性

【例 8-2】 一挖掘机减速箱蜗杆轴,结构及几何尺寸如图 8-2 所示。材料牌号为 45Cr,热处理状态为轴表面调质处理(840 ℃油淬,580 ℃回火),蜗杆表面为淬火处理(840 ℃油淬)。工件为机加工表面,该工件经磁粉检测后需精加工。要求检测该轴外表面各方向缺陷(不包括端面)。请按照 NB/T 47013.4—2015,采用高等级灵敏度探伤,验收级别为Ⅰ级,若采用线圈磁化,工件正中放置,请审核、修订并优化磁粉检测操作指导书。

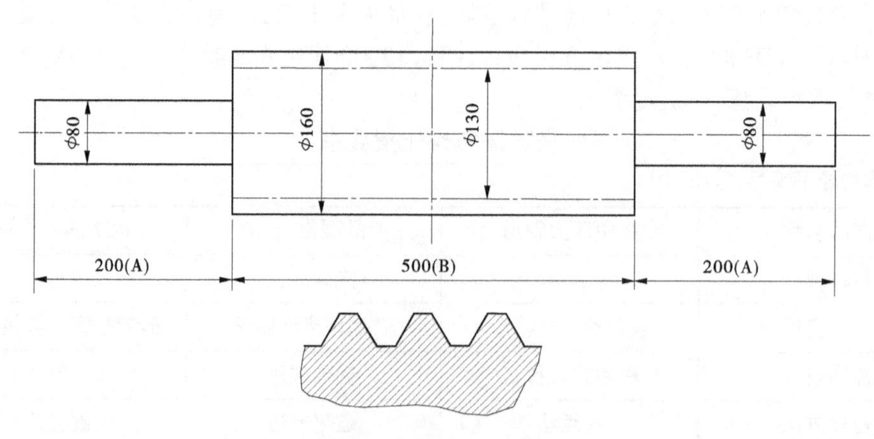

图 8-2　齿轮箱蜗杠轴

制造单位现有如下探伤设备与器材:

(1)CEW-10000 固定式磁粉探伤机、TC-6000 固定式磁粉探伤机、CYD-3000 移动式磁粉探伤机、CEW-2000 固定式磁粉探伤机、CEW-1000 固定式磁粉探伤机，以上探伤机均配置 ϕ200×250 mm 的刚性开闭线圈，5 匝。

(2) GD-3 型毫特斯拉计。

(3) ST-80(C) 型照度计。

(4) UV-A 型紫外辐照度计。

(5) 黑光灯。

(6) YC2 型荧光磁粉、黑磁粉、BW-1 型黑磁膏、水、煤油、LPW-3 号油基载液。

(7) A1、C、D 型试片。

(8) 磁悬液浓度测定管。

(9) 2~10 倍放大镜。

对审核修订、优化磁粉检测操作指导书的要求：

(1) 如认为操作指导书中所填写内容错误、不恰当或不完整，则划去错误或不恰当的内容，在修改栏中填写正确、完整的内容；如认为操作指导书中所填写内容正确、完整，则不做任何修改。

(2) 根据所给出的被检工件情况，由编者自行选择最佳磁化方法及磁化规范，并按上述条件选择所需的磁粉探伤设备与器材。

(3) 磁化方法应通过示意图表达清楚。

(4) 在操作指导书"编制""审核"栏中填写其要求的资格等级和日期。

磁粉探伤操作指导书

<table>
<tr><td>产品名称</td><td>减速箱蜗杆轴</td><td>工件规格</td><td>ϕ160×500 mm,
ϕ80×200 mm</td><td>材料编号</td><td>45Cr</td></tr>
<tr><td rowspan="2">检测部位</td><td rowspan="2">蜗杆轴外表面</td><td rowspan="2">表面状况</td><td rowspan="2">机加工</td><td rowspan="2">探伤设备</td><td>CEW-2000</td></tr>
<tr><td>CYD-3000 或 CEW-6000, CEW-10000</td></tr>
<tr><td rowspan="2">检测方法</td><td>非荧光湿式直流剩磁法</td><td rowspan="2">紫外光照度或工件表面光照度</td><td>工件表面光照度≥500 lx</td><td rowspan="2">标准试片</td><td>A1:30/100</td></tr>
<tr><td>荧光湿式交流连续法
非荧光湿式交流连续法</td><td>荧光≥1 000 μW/cm^2
(非荧光≥1 000 lx)</td><td>①齿面 C:8/50,
D:7/50, A1:7/50
②轴面 A1:7/50</td></tr>
<tr><td rowspan="2">磁化方法</td><td>线圈法</td><td rowspan="2">磁粉、载液及磁悬液沉淀浓度</td><td>黑磁粉+水 10~20 g/L</td><td rowspan="2">磁悬液施加方法</td><td>浸</td></tr>
<tr><td>①轴向通电法 I_1
②线圈法 I_2</td><td>1. 2~2. 4 mL/100 mL</td><td>喷、浇磁悬液均可</td></tr>
<tr><td>磁化顺序</td><td>先轴向通电法
后线圈法磁化</td><td>周向磁化规范</td><td>①I_{1A} = (640~1 200) A
②I_{1B} = (1 280~2 400) A
③最终以试片确定</td><td>纵向磁化规范</td><td>正中放置
①I_{2A} = (535±10%) A
②I_{2B} = (918±10%) A
③最终以试片确定</td></tr>
</table>

续表

<table>
<tr><td>产品名称</td><td>减速箱蜗杆轴</td><td>工件规格</td><td>ϕ160×500 mm，
ϕ80×200 mm</td><td>材料编号</td><td>45Cr</td></tr>
<tr><td>检测方法标准</td><td>NB/T 47013—2015</td><td>质量验收等级</td><td>Ⅰ级</td><td>退磁</td><td>交流退磁法退磁、GD-3 毫特斯拉计测定剩磁应不大于 0.3 mT</td></tr>
<tr><td>不允许缺陷</td><td colspan="5">①任何裂纹和白点。
②任何横向缺陷。
③线性缺陷磁痕显示。
④在 2 500 mm^2(其中一个矩形边的最大长度为 150 mm)内≥2 mm 的分散性缺陷磁痕显示的个数不大于 1 个。
⑤综合评级超标的缺陷磁痕</td></tr>
<tr><td colspan="3">示意草图(画出磁化示意图)：
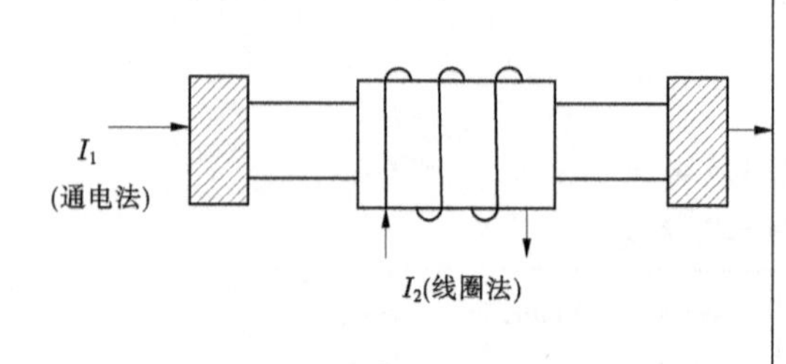
</td><td colspan="3">附加说明(写出线圈法磁化时工件 L/D 值、充填因数及磁化规范计算公式)：
①$Y_A=(100/40)^2=6.25$(中充填)，$Y_B=(100/80)^2=1.5625$(高充填)
②$(L/D)_A=900/80=11.25$，$(L/D)_B=900/160=5.625$
③$I_{1AB}=(8\sim15)D$
④$NI_{2A}=[(NI)_h(10-Y)+(NI)_l(Y-2)]/8$
⑤$NI_{2B}=35\,000/(L/D)_B+2$</td></tr>
<tr><td>编制</td><td></td><td>年　月　日</td><td>审核</td><td></td><td>年　月　日</td></tr>
</table>

【**例 8-3**】 某压力容器制造厂为聚丙烯装置生产一台丙烯蒸发器(见图 8-3)。容器设计压力为 2.5 MPa(壳程)/1.0 MPa(管程)，设计温度为-45 ℃(壳程)/220 ℃(管程)，盛装介质为丙烯(壳程)/蒸汽(管程)，容器规格为 ϕ800 mm×24 mm×6 465 mm，壳体和 ϕ159 mm×12 mm 接管材质为 09MnNiDR；焊后要求整体热处理、水压试验、气密性试验，现要求按 NB/T 47013—2015 标准，采用高等灵敏度、Ⅰ级合格，编制该产品 ϕ159 mm×12 mm 接管角接接头磁粉检测工艺。

制造单位现有如下探伤设备与器材：

(1)CYE-1 单磁轭磁粉探伤仪，CYE-3 型交叉磁轭磁粉探伤仪，CYD3000 移动式磁粉探伤机，支杆 1 副。

(2)GD-3 型毫特斯拉计。

(3)ST-80(C)型照度计。

(4)黑磁粉、BW-1 型黑磁膏、水。

(5)A1 试片。

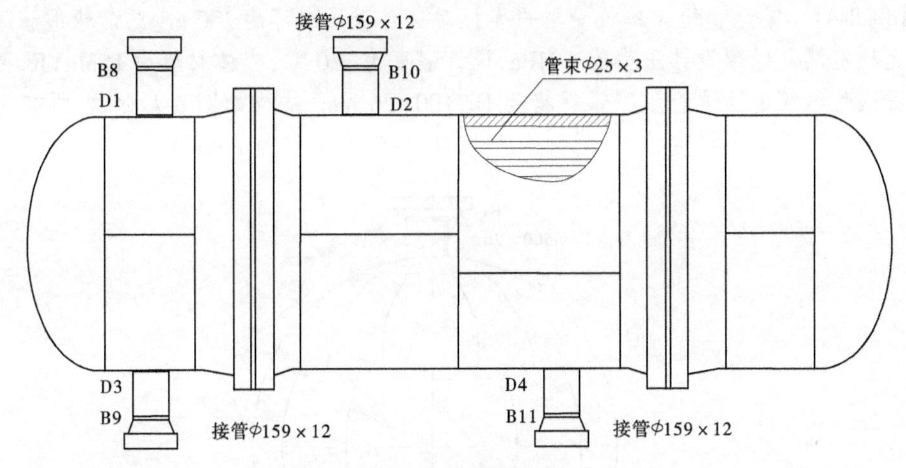

图 8-3　丙烯蒸发器

(6)磁悬液浓度测定管。

(7)2~10 倍放大镜。

对编制磁粉检测操作指导书的要求：

(1)根据所给出的被检工件情况由编者自行选择最佳磁化方法及磁化规范，并按上述条件选择所需的磁粉探伤设备与器材。

(2)磁化方法应通过示意图表达清楚。

(3)在操作指导书"编制""审核"栏中填写其要求的资格等级和日期。

磁粉探伤操作指导书

操作指导书编号：G001-03

<table>
<tr><td colspan="2">产品名称</td><td>丙烯蒸发器</td><td>材料牌号</td><td>09MnNiDR</td><td>检测部位</td><td>接管 D 类
角接接头</td></tr>
<tr><td colspan="2">检测时机</td><td>焊后</td><td>表面状况</td><td>焊态
（或打磨表面）</td><td>探伤设备</td><td>CYE-1
单磁轭或
CYD3000</td></tr>
<tr><td colspan="2">检测方法</td><td>非荧光湿式
连续法</td><td>紫外光照度或
工件表面光照度</td><td>工件表面可见度
≥1 000 lx</td><td>标准试片</td><td>A1:30/100</td></tr>
<tr><td colspan="2">磁化方法</td><td>接管角焊接接头：
单磁轭法
（或触头法）</td><td>磁粉、载液及磁悬
液配制浓度</td><td>黑磁粉+水
10~25 g/L</td><td>磁悬液施加方法</td><td>喷洒</td></tr>
<tr><td>磁化
规范</td><td>电流
种类</td><td>交流电</td><td>电流值或
提升力</td><td>单磁轭≥45 N
触头法：
(3.5~4.5)倍
触头间距</td><td>灵敏度校验</td><td>用 A1:30/100
试片校验
灵敏度</td></tr>
<tr><td colspan="2">检测方法标准</td><td>NB/T 47013.4—2015</td><td>质量验收等级</td><td>Ⅰ级</td><td colspan="2"></td></tr>
<tr><td colspan="2">不允许缺陷</td><td colspan="5">不允有许任何裂纹</td></tr>
<tr><td colspan="2" rowspan="2">编制</td><td colspan="2"></td><td rowspan="2">审核</td><td colspan="2"></td></tr>
<tr><td colspan="2">年　月　日</td><td colspan="2">年　月　日</td></tr>
</table>

【例 8-4】 某无损检测单位受用户委托对一台现场组焊的 200 m^3 乙烯球形储罐焊缝进行无损检测。球罐设计压力为 4 MPa，设计温度为−20 ℃，壳体材质为 15MnVR，要求进行水压试验和气密性试验。球罐规格为 Di7100×26 mm，结构如图 8-4 所示，所有壳体对接焊缝均采用双面全焊透结构（对称 X 形坡口，两侧余高均为 2 mm）。

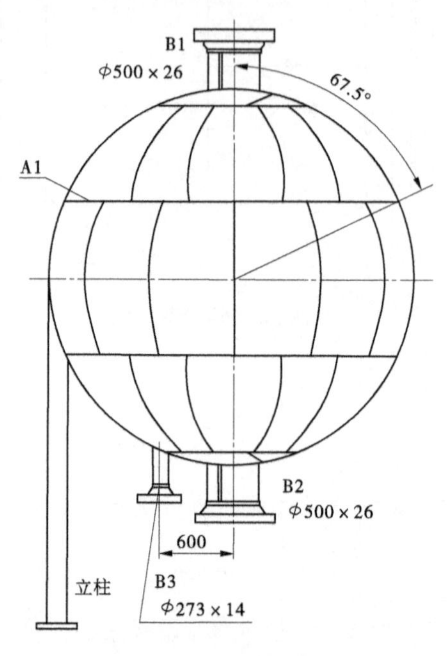

图 8-4　乙烯球形储罐

该容器检验中的磁粉检测执行 NB/T 47013—2015，合格级别为Ⅱ级。请回答下列问题：

1. 内表面对接焊接接头用交叉磁轭、角焊接接头用单磁轭进行磁粉检测，如何确定磁化规范满足要求？为保证检测灵敏度应注意哪些问题？

2. 对内表面焊接接头进行磁粉探伤，请比较使用水悬液和油悬液、荧光磁粉与非荧光磁粉、交叉磁轭与单磁轭的区别。

3. 用触头法检测接管角焊接接头，请确定磁化规范和磁化次数，并说明依据和理由。

答：1.（1）确定磁化规范：

①校验设备提升力是否满足标准要求，使用磁轭的最大间距时，交流电磁轭（单磁轭）至少应有 45 N 的提升力，交叉电磁轭应有 118 N 的提升力（磁极与试件表面间隙为 0.5 mm）。

②现场实际应用时，极间距和电流（如可调）应根据标准试片实测结果来校验磁化规范是否满足要求。

（2）保证检测灵敏度：

①采用规定的磁化规范进行磁化。

②采用磁轭法磁化时，磁轭的磁极间距应控制在 75～200 mm，检测的有效区域为两极连线两侧各 50 mm 的范围内，应进行两次互相垂直的磁化，磁化区域每次应有不少于

15 mm 的重叠。

③采用交叉磁轭时，四个磁极端面与检测面之间应尽量贴合，最大间隙不应超过 1.5 mm。连续拖动检测时，检测速度应尽量均匀，一般不应大于 4 m/min。

④保证所用的磁悬液浓度满足标准要求。

⑤保证观察的光照度(白光和黑光)满足标准要求。

⑥最终用标准试片来验证灵敏度是否达到要求。

2.(1)水悬液的流动性好，价格便宜，但水的润湿性能不好，而且容易使内表面生锈，应加入适当的防锈剂和表面活性剂；油悬液的润湿性好，不使工件生锈，但后处理困难且成本高；用水悬液容易后处理且成本低。

(2)荧光磁粉与被检工件对比度较非荧光磁悬液高，缺陷检出率高，磁悬液浓度低，但观察时需要黑光灯。非荧光磁粉粒度小，但与工件表面对比度不如荧光的高，磁悬液浓度较荧光磁悬液高，观察时需要较高照度的白光。考虑到球罐内部可见光的照度小，因此选用荧光磁粉。

(3)对内表面对接焊接接头而言，使用交叉磁轭和单磁轭都可以。但单磁轭在同一区域需要垂直磁化两次，不同区域至少重叠 15 mm，因此工作效率较交叉磁轭低。

3. 两触头连线垂直角焊接接头通电时：

(1)磁化次数：采用触头间距为 200 mm，其在焊接接头上的有效磁化区是 100 mm，每次重叠 15 mm。

(2)磁化规范：管壁厚为 14 mm(不等厚角焊接接头以薄壁厚度为计算依据)，此时磁化电流 $I=(4\sim5)\times200=800\sim1\ 000(A)$。

(3)最终的磁化次数和磁化规范以标准试片来验证。

第 9 章　检测人员资格考核

9.1　总体要求

(1)特种设备无损检测人员是指从事《特种设备目录》适用范围内特种设备无损检测工作的人员。无损检测人员应当按照《特种设备无损检测人员考核规则》取得相应的《特种设备检验检测人员证(无损检测人员)》(简称《检测人员证》),方可从事相应的无损检测工作。

(2)常用的无损检测方法,包括射线检测、超声检测、磁粉检测、渗透检测、声发射检测、涡流检测、漏磁检测。无损检测人员级别,分为Ⅰ级(初级)、Ⅱ级(中级)和Ⅲ级(高级)。无损检测的方法、项目、代号和级别见表 9-1。

表 9-1　无损检测的方法、项目、代号和级别

方法	项目	代号	级别
射线检测	射线胶片照相检测	RT	Ⅰ、Ⅱ、Ⅲ
	射线数字成像检测	RT(D)	Ⅱ
超声检测(注)	脉冲反射法超声检测	UT	Ⅰ、Ⅱ、Ⅲ
	脉冲反射法超声检测(自动)	UT(AUTO)	Ⅱ
	衍射时差法超声检测	TOFD	Ⅱ
	相控阵超声检测	PA	Ⅱ
磁粉检测	磁粉检测	MT	Ⅰ、Ⅱ、Ⅲ
渗透检测	渗透检测	PT	Ⅰ、Ⅱ、Ⅲ
声发射检测	声发射检测	AE	Ⅱ、Ⅲ
涡流检测(注)	涡流检测	ECT	Ⅱ、Ⅲ
	涡流检测(自动)	ECT(AUTO)	Ⅱ
漏磁检测	漏磁检测(自动)	MFL(AUTO)	Ⅱ

注 1:脉冲反射法超声检测项目覆盖脉冲反射法超声检测(自动)项目,涡流检测项目覆盖涡流检测(自动)项目。

(3)申请射线胶片照相检测(RT)、脉冲反射法超声检测(UT)、磁粉检测(MT)、渗透检测(PT)项目Ⅰ级和Ⅱ级《检测人员证》的人员,应当向省级市场监督管理部门(简称省级发证机关)提出申请,经考试合格,由省级发证机关批准颁发《检测人员证》。

(4)申请前述以外的其他无损检测项目和级别的人员,应当向国家市场监督管理总局(简称国家级发证机关)提出申请,经考试合格,由国家级发证机关批准颁发《检测人员证》。

(5)《检测人员证》有效期为5年。有效期满需要继续从事无损检测工作的,应当按照《特种设备无损检测人员考核规则》的规定办理换证。

9.2　工作职责

(1) Ⅰ级无损检测人员:

①正确调整和使用无损检测仪器。

②按照无损检测操作指导书进行无损检测操作。

③记录无损检测数据,整理无损检测资料。

④了解和执行有关安全防护规则。

(2) Ⅱ级无损检测人员:

①从事或者监督Ⅰ级无损检测人员的工作。

②按照工艺文件要求调试和校准无损检测仪器,实施无损检测操作。

③根据无损检测工艺规程编制针对具体工件的无损检测操作指导书。

④编制和审核无损检测工艺规程(限持Ⅱ级资格4年以上的人员)。

⑤按照规范、标准规定,评定检测结果,编制或者审核无损检测报告。

⑥对Ⅰ级无损检测人员进行技能培训和工作指导。

(3) Ⅲ级无损检测人员:

①从事或者监督Ⅰ级和Ⅱ级无损检测人员的工作。

②负责无损检测工程的技术管理、无损检测装备性能和人员技能评价。

③编制和审核无损检测工艺规程。

④确定用于特定对象的特殊无损检测方法、技术和工艺规程。

⑤对无损检测结果进行分析、评定或者解释。

⑥对Ⅰ级和Ⅱ级无损检测人员进行技能培训和工作指导。

⑦未设置Ⅲ级项目的,Ⅲ级无损检测人员的工作由Ⅱ级无损检测人员承担。

9.3　取　证

(1)取证程序包括申请、受理、考试与发证。

(2)无损检测人员的申请条件:

①年龄18周岁以上且不超过60周岁,具有完全民事行为能力。

②学历、无损检测经历等资历满足申请项目和级别的要求。

③申请射线检测、磁粉检测、渗透检测、漏磁检测的,单眼或者双眼裸视力或者矫正视力达到《标准对数视力表》(GB 11533—2011)的5.0级以上,申请超声检测、声发射检测、涡流检测的,单眼或者双眼裸视力或者矫正视力达到《标准对数视力表》(GB 11533—2011)的4.8级以上。申请磁粉检测、渗透检测的,不得有色盲。

④具备相应的特种设备无损检测知识和技能。

(3)持有有关行业或者专业组织颁发的Ⅱ级、Ⅲ级无损检测资格证书,并且满足表9-2所列学历要求的申请人,在满足相应级别的学历和实践经历要求的情况下,可以申请相应项目和级别的特种设备无损检测人员资格,并且免除理论知识考试闭卷科目的考试。

表 9-2　特种设备无损检测人员申请资历条件(注 2)

学历与无损检测经历						
无损检测方法(项目)	级别	理工类本科及以上	理工类大专	非理工类本科及以上	非理工类大专、工科类中专、职高、技校	其他中专、职高、技校,初、高中
RT、UT、MT、PT、AE、ECT	Ⅲ	持Ⅱ级 3 年	持Ⅱ级 4 年	持Ⅱ级 6 年		(注 3)
RT、UT、MT、PT	Ⅱ	直接申请		持Ⅰ级 6 个月	持Ⅰ级 1 年	持Ⅰ级 3 年
TOFD、PA		持 UT-Ⅱ级 2 年,或者持 UT-Ⅲ级可直接申请				
RT(D)		持 RT-Ⅱ级 2 年,或者持 RT-Ⅲ级可直接申请				
AE、ECT、UT(AUTO)、ECT(AUTO)、MFL(AUTO)		直接申请				
RT、UT、MT、PT	Ⅰ	直接申请				

注2:申请Ⅱ级、Ⅲ级资格时,所持相应要求的证书应当在有效期内。

3:其他中专、职高、技校,初、高中学历人员不能申请Ⅲ级无损检测人员资格证。

(4)申请人应当向发证机关提交以下申请资料并对所提交资料的合法性、真实性、有效性负责:

①《特种设备检测人员资格申请表》(简称《申请表》,内容见《特种设备无损检测人员考核规则》附件 A,1 份);

②视力证明(1 份)。

(5)发证机关在收到申请后 5 个工作日内,应当做出是否受理的决定,需要申请人补充材料的,应当一次性告知申请人需要补正的内容。予以受理的,发证机关应当在申请网站上告知申请人受理结果。申请人持受理结果到发证机关委托的考试机构报名,并按时参加考试。自受理之日起,申请人应当在 2 年内参加全部科目的考试并合格,方可获得《检测人员证》。不予以受理的,发证机关应当告知申请人不予受理结果,并说明原因。发证机关应当在申请网站上公告其委托的考试机构地址及其联系方式。

(6)射线胶片照相检测、脉冲反射法超声检测、磁粉检测、渗透检测的无损检测人员考试按照《特种设备无损检测人员考核规则》附件 C 规定的考试大纲进行。其他项目无损检测人员的考试大纲由发证机关确认。

(7)无损检测人员的考试方式,包括理论知识考试(闭卷、开卷)和实际操作技能考试。理论知识考试采用国家统一题库。

(8)各科考试评分采用百分制,理论知识考试和实际操作技能考试均为 70 分合格。考试成绩未达到合格标准的科目允许在原考试机构补考 1 次;自受理之日起 2 年内未通过全部科目的,应当重新申请。

(9)发证机关应当在收到申请人的考试成绩后20个工作日内完成审批发证工作,并将《检测人员证》相关信息上传到“全国特种设备公示信息查询平台”向社会公示。

(10)以欺骗、贿赂等不正当手段取得《检测人员证》被发证机关撤销的,申请人在3年内不得再次申请。

9.4 换　证

(1)持证人证书有效期届满,需要继续从事持证项目和级别的无损检测工作,并且未违反、未涉及本章9.6条(2)中⑥~⑧所规定的情况,应当在证书有效期届满的6个月以前、18个月以内,向发证机关提出换证申请。换证申请时,申请人年龄应当不超过65周岁,并且视力满足本章9.3条(2)中③的规定。

(2)换证包括免考换证和考试换证两种方式。Ⅱ级、Ⅲ级无损检测人员满足下列要求的可以申请免考换证,Ⅰ级无损检测人员满足下列②、③项要求可以申请免考换证:

①上次为考试换(取)证的;

②申请换证的相应项目和级别的证书在有效期内,并且未中断执业6个月以上;

③执业期间未发生过无损检测违规行为和责任事故。

(3)不满足免考换证条件的,应当申请考试换证。考试换证采用实际操作技能考试的方式。

(4)考试换证不合格的,允许1年内在原考试机构补考1次。

(5)换证申请时,申请人应当向发证机关提交以下资料:①《申请表》(1份);②视力证明(1份)。

(6)已持有Ⅱ级以上《检测人员证》的人员,原《检测人员证》失效不超过1年的,可以直接申请原项目和级别的考试换证;原《检测人员证》失效1年以上不超过5年的,应当申请原项目和原级别以下(含原级别)的取证。

(7)证书失效期间,禁止从事相关无损检测工作。

9.5 考试机构

(1)发证机关委托考试机构进行考试,并且对考试机构的考试工作进行监督管理。考试机构应当符合以下基本要求:

①具备独立法人资质。

②不得从事特种设备生产、维护保养、经销和检验检测活动。

③具有满足与所承担的考试项目相适应的资源条件,考试前在考场使用信息化手段进行人证比对,留存考试影像资料。

④具有健全的考试管理、实际操作设备及试件管理、考评人员管理、保密管理、档案管理、财务管理、应急预案等各项规章制度及人证比对等计算机管理系统。制定有效的考场纪律规定及考评人员守则,并且有效实施。

(2)考试机构不得发布与考试相关的培训信息,不得推荐或者指定与考试相关的培训机构,不得参与与考试相关的培训与辅导活动。

(3)考试机构应当在考试前对申请人的身份证明原件、学历证明原件进行核查,发现申请人隐瞒有关情况或者提供虚假材料申请的,取消考试资格,并且报发证机关。

(4)考试机构应当在考试结束后的 20 个工作日内公布考试合格人员名单,并将考试结果报送发证机关。申请人向考试机构查询成绩的,考试机构应当告知。

(5)考试机构应当在每年 2 月底前在网上公布本年度考试计划,以及相关报名方式、报名截止日期、考试时间和考试项目等。每个项目和级别每年至少组织一次考试。

(6)考试机构公布的考试地点应相对固定,一般不设置在培训机构。考试机构按照公布的考试项目、考试时间组织考试。考试工作应当严格执行保密、监考等各项规章制度,确保考试工作公开、公正、公平、规范。

(7)考试机构应当将考试试卷或者答题卡和机考记录、成绩汇总表、考场记录等资料(电子或者纸质)存档,保存时间不少于 8 年。

(8)申请人如果对考试结果有异议,可以在考试成绩发布之日起的 1 个月以内向考试机构提出复核要求,考试机构应当在收到复核申请 20 个工作日以内予以答复;对考试机构答复结果有异议的,可以书面向发证机关提出申诉。

9.6 人员管理

(1)对考试作弊的申请人,根据情节轻重,由考试机构给予取消考试资格、考试成绩无效的处理,并将处理结果报告发证机关,发证机关记入无损检测人员档案。

(2)无损检测人员应当遵守如下执业要求:

①按照《中华人民共和国特种设备安全法》的有关规定,无损检测人员取得《检测人员证》后,应当承诺只在一个机构执业,变更执业机构的,应当办理变更注册手续;

②遵守法律、行政法规的规定,严格执行安全技术规范和管理制度,从事无损检测工作;

③客观、公正、真实地出具检测报告,并且对检测结果和鉴定结论负责;

④在无损检测中发现存在严重事故隐患时,立即告知相关单位,并及时向特种设备安全监管部门报告;

⑤在执业过程中,应当保守国家、行业、受聘单位及服务对象的商业、技术秘密,主动回避可能与本人发生利害关系的业务;

⑥坚持独立、客观、公正原则,拒绝签发虚假的检测报告;

⑦正确保管和使用本人的《检测人员证》,不得涂改、倒卖、出租、出借或者以其他形式转让;

⑧不得同时在两个或者两个以上单位执业。

(3)无损检测人员提供虚假材料及承诺、不履行岗位职责、违反操作规程和有关安全规章制度的,发证机关依照《中华人民共和国特种设备安全法》《特种设备安全监察条例》等法律法规处理并记入无损检测人员档案。

第 10 章　磁粉检测相关试验

10.1　磁粉检测综合性能试验

10.1.1　试验目的

(1)掌握使用自然缺陷样件、交流试块、直流试块和标准试片测试性能的方法。

(2)了解和比较使用交流电磁粉检测的检测深度。

10.1.2　试验设备器材

(1)交流磁粉探伤机 1 台。

(2)直流(或整流)电磁粉探伤机 1 台。

(3)交流试块和直流试块各 1 个。

(4)带有自然缺陷(如发纹、磨削裂纹、淬火裂纹等)的试块若干,标准试片 1 套(A 型)。

(5)标准铜棒 1 根。

(6)磁悬液 1 瓶。

10.1.3　试验原理

磁粉检测的综合灵敏度是指在选定的条件下进行检测时,通过自然缺陷和人工缺陷的磁痕显示情况来评价和确定磁粉检测设备、磁粉及磁悬液和磁粉检测方法的综合性能。通过对交流电和直流(或整流)电磁粉检测的深度,了解和比较使用交流电和整流电磁粉检测的深度。

10.1.4　试验方法

(1)将带有自然缺陷的样件按规定的磁化规范,用湿连续法检验,观察磁痕显示情况。

(2)将交流试块穿在标准铜棒上,夹在两磁化夹头之间,用 700 A(有效值)或 1 000 A(峰值)交流电磁化,并依次将第一、二、三孔放在 12 时位置。用湿连续法检验,观察在试块环圆周上的磁痕显示的孔数。

(3)将直流试块在标准铜棒上,夹在两磁化夹头之间,分别用表 10-1 中所列的磁化规范,用直流电(或整流电)和交流电分别磁化,并用湿连续法检验,观察在试块圆周上有磁痕显示的孔数。

(4)分别将标准试片用透明胶纸贴在交流试块、直流试块及自然缺陷试块上(贴时不要掩盖试片缺陷)，用湿连续法检验，观察磁痕显示。

10.1.5　试验报告要求

(1)记录带有自然缺陷样件的试验结果。

(2)记录交流标准试块的试验结果。

(3)将交流电和直流电(或整流电)磁化直流标准试块的试验结果填入表 10-1 中。

(4)根据要求填写试验报告。

表 10-1　标准试块的试验结果

磁悬液种类	磁化电流	交流显示孔数	直流显示孔数
非荧光磁粉	1 400		
	2 500		
	3 400		
荧光磁粉	1 400		
	2 500		
	3 400		

(5)试验讨论：

①比较直流磁化和交流磁化的检测深度。

②比较荧光磁悬液和非荧光磁悬液的检测灵敏度。

③讨论电流种类和大小对自然缺陷检测灵敏度的影响。

10.2　磁轭法检验压力容器焊接接头试验

10.2.1　试验的目的

(1)了解磁轭法磁化磁场的分布规律。

(2)了解有效磁化区域。

(3)了解用交流电磁轭分别检测平板对接焊接接头、T 形角接接头、管板角接接头上纵向及横向缺陷的方法。

(4)了解用交流和直流电磁轭检验厚板焊接接头的效果。

(5)了解磁极与工件表面间隙大小对磁化效果的影响。

10.2.2　试验设备器材

(1)毫特斯拉计 1 台。

(2)交流和直流电磁轭检测仪 1 台。

(3)标准试片 A1 型 1 套。

(4)角接接头工件。

(5)平板对接接头。

(6)管板焊接接头。

(7)磁悬液 1 瓶。

(8)大于等于 10 mm 厚钢板 1 块。

10.2.3　试验方法

(1)用交直流电磁轭分别检测平板对接接头、角接接头工件和管板焊接接头上的纵向及横向缺陷。

(2)用磁轭法磁化焊接试板,当磁极间距为 150 mm 时,用特斯拉计测量焊接试板上各点的磁场分布。并用 A1-30/100 标准试片贴在试板表面不同位置,用湿连续法检验,找出标准试片上磁痕显示清晰、工件表面磁场强度又能达到 2 400 A/m 的范围,从而画出磁轭法的有效磁化范围。

(3)当电磁轭磁极与工件表面紧密接触与保持不同间隙时,试验对磁化效果的影响,用贴标准试片试验。

(4)将 A1-30/100 标准试片贴在厚板表面,分别用交流电磁轭和直流电磁轭进行磁化检验,观察磁痕显示的差异。

(5)用交流和直流电磁轭同时检验厚板焊接接头表面的同一自然缺陷,观察磁痕显示的差异。

10.2.4　试验结果

(1)记录磁轭法磁化,焊接试板上各点的磁场强度和试片磁痕显示,并绘出有效磁化区。

(2)记录磁轭间隙和行走速度对检测效果的影响。

(3)记录检测平板对接接头、角接接头、管板角接接头发现的缺陷。

(4)记录用交流和直流电磁轭检验厚板焊接接头结果的差异。

10.2.5　试验结果讨论

(1)讨论磁轭间距变化时有效磁化区的变化。

(2)讨论最佳磁轭间距和行走速度。

10.3　磁悬液浓度和磁悬液污染测量试验

10.3.1　试验的目的

(1)掌握磁悬液浓度的测量方法。

(2)熟悉磁悬液浓度范围。

(3)掌握磁悬液污染的试验方法。

(4)了解磁悬液污染的特征。

(5)了解磁悬液浓度不同对检测的影响。

10.3.2　试验设备器材

(1)未使用的荧光磁悬液和非荧光磁悬液及使用过的磁悬液。
(2)梨形沉淀管两只。
(3)白光灯和黑光灯各1台。
(4)焊板1块。
(5)交流电磁轭1台。

10.3.3　试验方法

(1)将磁悬液(非荧光磁悬液和荧光磁悬液)按教材方法进行浓度测量,读取磁悬液浓度。
(2)将磁悬液按教材方法进行磁悬液污染测定。
(3)使用超标浓度的磁悬液进行磁粉检测。

10.3.4　试验结果

(1)记录磁悬液浓度。
(2)记录磁悬液污染测定结果,并记录污染的特征,据此决定是否应该更换新磁悬液。

10.4　可见光照度和黑光强度测定

10.4.1　试验目的

(1)掌握照度计和黑光辐照计的使用方法。
(2)熟悉可见光照度和黑光辐照度的质量控制标准。
(3)测定符合要求的可见光照度和黑光辐照度的有效照度范围。
(4)了解光强度单位的换算关系。

10.4.2　试验设备

(1)照度计1台。
(2)黑光辐照计1台。
(3)黑光灯1台。
(4)硬纸板1块。
(5)有刻度的标尺。

10.4.3　试验原理

(1)根据照度第一定律可知,在点光源垂直照射下,被照面的照度与光源的发光强度成正比。与光源到被照面之间的距离平方成反比。因此,用测出的照度值乘以距离平方即为发光强度。

(2)磁粉检测关心的是被检工件表面上的可见光和黑光的照度,一般不必进行发光强度的换算。磁粉检测时,在工作区域工件表面上的可见光照度应达到1 000 lx,在工件表面的黑光辐照度应达到1 000 $\mu W/cm^2$。

10.4.4　试验方法

(1)将可见光照度计放在工作区域的工件表面上,测量可见光照度值。

(2)测量符合要求的可见光有效照射范围。

(3)将黑光辐照计放在黑光灯下40 cm处,测量黑光辐照度值。

(4)在黑光灯下40 cm处放一硬纸板,将黑光辐照计放在硬纸板上移动,描出符合要求的黑光有效照射范围。

10.4.5　试验结果

(1)记录工件表面的可见光照度。

(2)记录符合要求的可见光的有效照射范围。

(3)记录距黑光灯40 cm处的黑光辐照度。

(4)画出工件表面达到1 000 $\mu W/cm^2$ 的黑光有效照射范围的轮廓。

10.5　退磁方法与退磁效果试验

10.5.1　试验目的

(1)了解各种退磁方法的操作及其退磁效果。

(2)熟悉各种剩磁测量设备的使用方法。

(3)了解工件上允许剩磁的标准。

10.5.2　试验设备

(1)交直流磁粉探伤机1台。

(2)退磁机1台。

(3)磁强计1个。

(4)毫特斯拉计1台。

(5)磁罗盘1个。

(6)标准退磁样件1个。

(7)被检工件1个。

10.5.3　试验原理

各种退磁方法的原理,都是基于不断改变磁场方向的同时,磁场衰减到零,从而使工件上的剩磁接近于零。不同的工件，对退磁后的剩磁大小要求不一，NB/T 47013—2015 规定，退磁后，剩磁不能大于 0.3 mT(240 A/m)。

10.5.4　试验方法

(1)用通过法和衰减法分别对标准退磁样件和工件进行退磁。

(2)用换向衰减法和超低频退磁法分别对标准退磁样件和工件进行退磁。

(3)每次退磁后，分别用上述测剩磁仪器测量剩磁大小并记录，见表 10-2。

表 10-2　各种退磁方法的退磁结果

测量仪器	磁强计		毫特斯拉计		磁罗盘	
	退磁样件	工件	退磁样件	工件	退磁样件	工件
交流电通过法						
直流电衰减法						
换向衰减法						
超低频退磁法						

10.6　磁悬液润湿性测定

10.6.1　试验目的

(1)了解水磁悬液润湿性的水断试验方法。

(2)了解水磁悬液润湿性能的意义。

10.6.2　试验设备和器材

(1)水磁悬液样品适量。

(2)量杯 500 mL 1 只。

(3)碳结构试棒(ϕ40×80 mm)2 个。要求试棒表面光滑，允许上面有油污。

(4)清洗剂适量。

(5)添加剂、消泡剂、防锈剂和乳化剂等适量。

10.6.3　试验原理

使用水磁悬液时，如果工件表面有油污或者磁悬液本身润湿性能差，则该磁悬液不能均匀地浸润到工件的整个表面，出现磁悬液覆盖层的破断，在检测时容易造成缺陷的漏检。因此，对于用水磁悬液的工件，应先用清洗剂进行去油污处理，然后对水磁悬液进行润湿性能试验，即水断试验。当将水磁悬液喷洒在工件表面上时，如果磁悬液覆盖层在工件表面上断开，出现工件表面部分裸露，或者形成水悬液的液珠，则可认为表面为水断表面，说明在该磁悬液中缺少润湿剂。

10.6.4　试验方法

(1)在每升干净的自来水中,加入 5%的清洗剂,搅拌均匀,配制时水温为 40 ℃。

(2)将试棒放入清洗剂中清洗。两试棒可采用不同清洗剂对应的清洗时间。

(3)将清洗过的试棒放入含有润湿剂、防锈剂和消泡剂的水磁悬液中,取出后观察工件表面的水磁悬液薄膜是连续的还是断开,或是破损的。

10.6.5　试验报告要求

(1)对试验结果作以记录。说明选择的水磁悬液的种类、配方、清洗情况和水断试验结果。

(2)试验讨论。

①试验前清洗工件表面的目的是什么?

②润湿剂的作用是什么?

10.7　工件 *L/D* 值对纵向磁化效果的影响

10.7.1　试验目的

(1)了解工件纵向磁化时产生反向磁场的原理。

(2)了解工件 *L/D* 值对磁化效果的影响。

(3)掌握用 A 型试片测试技术确定反磁场影响的方法。

10.7.2　试验设备和器材

(1)带磁化线圈的磁粉探伤机 1 台。

(2)试棒 4 个,用 20 号退火钢制作,规格 ϕ40×400(1 号)、ϕ40×160(2 号)、ϕ40×80(3 号)、ϕ40×40(4 号)。

10.7.3　试验原理

具有一定长度的工件放到线圈中进行纵向磁化,因为工件中退磁因子影响将产生反向磁场,使施加的外磁场减弱。其减弱程度同工件长度 *L* 和工件截面直径 *D* 之比(*L/D*)有关,*L/D* 越大,反磁场越小;反之,*L/D* 越小,则反磁场越大。

利用 A 型灵敏度试片进行反磁场定性认识的试验,是基于选定的 A 型灵敏度试片测试的试件为同种材料和相同外径情况下,其刻槽的磁痕显示的有效磁场是相对稳定的。这样就可以对 A 型灵敏度试片的磁场定性分析,不用确定反磁场的大小。

10.7.4　试验方法

(1)将 A 型灵敏度试片贴于 1 号试棒外圆中间位置,试棒放置于线圈中心,与轴线相互重合。线圈通电使试棒磁化,观察试片磁痕显示直到清晰完整的显示磁痕,记录此时的充磁电流,并根据公式计算出线圈中心的磁场强度。

(2)按以上办法分别对 2 号、3 号和 4 号试棒测量并计算磁场,计算试验结果。

10.7.5 试验报告要求

(1)试验结果填入表 10-3 中。

(2)试验讨论:

①当 L/D 无限大时,说明什么情况? 此时磁化场有什么特点?

②如何理解球形工件无法用线圈纵向充磁?

③试讨论本试验方法中如何计算退磁因子?

表 10-3　试件 L/D 值对纵向磁化的影响

试棒编号	1	2	3	4
试棒规格	ϕ40×400	ϕ40×160	ϕ40×80	ϕ40×40
试棒 L/D 值	10	4	2	1
试片型号规格	A	A	A	A
试片显示电流				
线圈中心磁场				

附录 常用单位及换算

量的名称	量符号	SI 制		CGS 制		换算关系
		单位	符号	单位	符号	
磁场强度	H	安/米	A/m	奥斯特	Oe	1 A/m＝$4\pi\times10^{-3}$ 1 Oe＝$10^{3}/4\pi$ A/m≈80 A/m
矫顽力	H_{c}					
饱和磁场强度	H_{max}					
最大磁导率时所对应的磁场强度	$H_{\mu m}$					
磁感应强度	B	特斯拉	T	高斯	Gs	1 Gs ＝10^{4} T＝10^{4} Wb/m^{2}
饱和磁感应强度	B_{m}					
剩余磁感应强度	B_{r}					
磁导率	μ	亨/米	H/m	高斯/奥斯特	Gs/Oe	1 H/m＝$1/4\pi\times10^{7}$ Gs/Oe
最大磁导率	μ_{max}					
磁能积	HB	千焦/米^{3}	kJ/m^{3}	兆高奥	MGs · Oe	1 kJ/m^{3}＝$4\pi\times10^{-2}$ MGs · Oe
最大磁能积	$(HB)_{max}$					
磁化强度	M	安/米	A/m	奥斯特	Oe	
磁化率	K					
磁通量	Φ	韦	Wb	麦克斯韦	Mx	1 Wb＝10^{3} Mx
磁阻	R	安匝/韦	AN/Wb	奥 · 厘米/麦	Oe · cm/Mx	1 AN/Wb＝$4\pi\times10^{-9}$ Oe · cm/Mx
电流	I	安培	A、kA			1 kA＝1 000 A
电压	U	伏特	V、kV			1 kV＝1 000 V
电阻	R	欧姆	Ω			
光(亮度)	L	坎德拉/平方米	cd/m^{2}			
发光强度	I	坎德拉	cd			
光通量	Φ	流明	lm			
光(照度)	E	勒克斯	lx			
辐射照度	E	瓦特每平方米	W/m^{2}			
		微瓦特每平方米	μW/m^{2}			

参 考 文 献

[1] 美国无损检测学会. 美国无损检测手册・磁粉卷[M]. 北京:世界图书出版公司,1994.
[2] 美国金属学会. 金属手册・第八版第十一卷・无损检测与质量控制[M]. 北京:机械工业出版社,1998.
[3] 宋志哲. 磁粉检测[M]. 北京:中国劳动社会保障出版社,2007.
[4] 国防科技工业无损检测人员资格鉴定与认证考委会. 磁粉检测[M]. 北京:机械工业出版社,2004.
[5] 强天鹏.《承压设备无损检测》学习指南[M]. 郑州:新华出版社,2005.
[6] 中国机械工程学会无损检测分会. 磁粉检测[M]. 2 版. 北京:机械工业出版社,2015.
[7] 王俊. 承压设备无损检测责任师工作指南[M]. 沈阳:东北大学出版社, 2006.
[8] 国家市场监督管理总局. 特种设备无损检测人员考核规则:TSG Z 8001—2019[S]. 2019.